全国高等职业教育“十二五”规划教材
中国电子教育学会推荐教材
全国高职高专院校规划教材·精品与示范系列

国家精品课
配套教材

机械制图

陈桂芬　主编
孙燕华　主审

電子工業出版社
Publishing House of Electronics Industry
北京·BEIJING

内容简介

本书根据教育部最新的职业教育教学改革要求和国家示范院校建设项目成果进行编写。本书采用最新的《技术制图》与《机械制图》国家标准，以学生就业为导向，力求与实际工程相结合，使学生牢固地掌握制图的基本知识与操作技能。全书分为8个学习单元，主要包括制图的基本知识、投影基础、基本几何体、组合体、图样画法、标准件与常用件、零件图、装配图等。

本书内容由浅入深、通俗易懂。在投影基础部分以较规则的几何体、实用零件或类似形体进行叙述，同时配有立体造型加以说明；在机械制图部分以机械行业的典型零件和装配体为主要内容，具有很强的实用性。

本书是高职高专院校非机械类和近机械类专业机械制图课程的教材，也可作为应用型本科、成人教育、自学考试、电视大学、中职学校、培训班的教材，同时也是机械工程技术人员的一本好参考书。

本书配有《机械制图习题集》（ISBN 978－7－121－13840－9）和免费的电子教学课件、精品课网站，详见前言。

图书在版编目(CIP)数据

机械制图/陈桂芬主编．—北京：电子工业出版社，2011.8
全国高职高专院校规划教材．精品与示范系列

ISBN 978－7－121－13839－3

Ⅰ．①机… Ⅱ．①陈… Ⅲ．①机械制图－高等职业教育－教材 Ⅳ．①TH126

中国版本图书馆CIP数据核字(2011)第112564号

策划编辑：陈健德(E-mail:chenjd@phei.com.cn)
责任编辑：毕军志
印　　刷：涿州市京南印刷厂
装　　订：涿州市京南印刷厂
出版发行：电子工业出版社
　　　　　北京市海淀区万寿路173信箱　邮编100036
开　　本：787×1092　1/16　印张：12.25　字数：312千字
版　　次：2011年8月第1版
印　　次：2014年12月第3次印刷
定　　价：23.00元

凡所购买电子工业出版社图书有缺损问题，请向购买书店调换。若书店售缺，请与本社发行部联系，联系及邮购电话：(010)88254888。

质量投诉请发邮件至zlts@phei.com.cn，盗版侵权举报请发邮件至dbqq@phei.com.cn。

服务热线：(010)88258888。

职业教育　继往开来（序）

自我国经济在新的世纪快速发展以来，各行各业都取得了前所未有的进步。随着我国工业生产规模的扩大和经济发展水平的提高，教育行业受到了各方面的重视。尤其对高等职业教育来说，近几年在教育部和财政部实施的国家示范性院校建设政策鼓舞下，高职院校以服务为宗旨、以就业为导向，开展工学结合与校企合作，进行了较大范围的专业建设和课程改革，涌现出一批示范专业和精品课程。高职教育在为区域经济建设服务的前提下，逐步加大校内生产性实训比例，引入企业参与教学过程和质量评价。在这种开放式人才培养模式下，教学以育人为目标，以掌握知识和技能为根本，克服了以学科体系进行教学的缺点和不足，为学生的顶岗实习和顺利就业创造了条件。

中国电子教育学会立足于电子行业企事业单位，为行业教育事业的改革和发展，为实施“科教兴国”战略做了许多工作。电子工业出版社作为职业教育教材出版大社，具有优秀的编辑人才队伍和丰富的职业教育教材出版经验，有义务和能力与广大的高职院校密切合作，参与创新职业教育的新方法，出版反映最新教学改革成果的新教材。中国电子教育学会经常与电子工业出版社开展交流与合作，在职业教育新的教学模式下，将共同为培养符合当今社会需要的、合格的职业技能人才而提供优质服务。

近期由电子工业出版社组织策划和编辑出版的“全国高职高专院校规划教材·精品与示范系列”，具有以下几个突出特点，特向全国的职业教育院校进行推荐。

（1）本系列教材的课程研究专家和作者主要来自于教育部和各省市评审通过的多所示范院校。他们对教育部倡导的职业教育教学改革精神理解得透彻准确，并且具有多年的职业教育教学经验及工学结合、校企合作经验，能够准确地对职业教育相关专业的知识点和技能点进行横向与纵向设计，能够把握创新型教材的出版方向。

（2）本系列教材的编写以多所示范院校的课程改革成果为基础，体现重点突出、实用为主、够用为度的原则，采用项目驱动的教学方式。学习任务主要以本行业工作岗位群中的典型实例提炼后进行设置，项目实例较多，应用范围较广，图片数量较大，还引入了一些经验性的公式、表格等，文字叙述浅显易懂。增强了教学过程的互动性与趣味性，对全国许多职业教育院校具有较大的适用性，同时对企业技术人员具有可参考性。

（3）根据职业教育的特点，本系列教材在全国独创性地提出“职业导航、教学导航、知识分布网络、知识梳理与总结”及“封面重点知识”等内容，有利于老师选择合适的教材并有重点地开展教学过程，也有利于学生了解该教材相关的职业特点和对教材内容进行高效率的学习与总结。

（4）根据每门课程的内容特点，为方便教学过程对教材配备相应的电子教学课件、习题答案与指导、教学素材资源、程序源代码、教学网站支持等立体化教学资源。

职业教育要不断进行改革，创新型教材建设是一项长期而艰巨的任务。为了使职业教育能够更好地为区域经济和企业服务，我们殷切希望高职高专院校的各位职教专家和老师提出建议，共同努力，为我国的职业教育发展尽自己的责任与义务！

中国电子教育学会

前　　言

《机械制图》是高职高专院校许多理工类专业开设的一门专业基础课，它是工程界技术人员相互交流设计思想和技术经验的通用语言。本书在作者多年开展课程改革的基础上，根据教育部最新的职业教育教学改革要求和国家示范院校建设项目成果进行编写，采用最新的国家标准，以学生就业为导向，力求与实际工程相结合，注重应用型人才实践能力和职业技能的培养。

本书将机械工程图学、尺规绘图、最新国家标准有机地融为一体，采用由浅入深、通俗易懂的方式进行讲解。本书内容重点突出，文字简练，具有以下几个特点：

1. 突出职业技能培养，着力使课程内容与机械工程实践相融合。

2. 采用最新的《技术制图》、《机械制图》国家标准。

3. 配有大量的精美插图，采用多幅三维实体造型图片，生动直观，易于理解，给学习者带来很大方便。

4. 每个单元配有“教学导航”，说明各单元能力培养要求；各单元结尾设有“知识梳理与总结”，以便使学习者高效率地对本单元内容进行归纳与总结。

本书由无锡职业技术学院陈桂芬主编并进行统稿和定稿，参加本书编写的还有华红芳、姚民雄、严勇等。其中学习单元1、学习单元6由华红芳编写，学习单元2～5由陈桂芬、严勇编写，学习单元7～8由姚民雄编写。本书由无锡职业技术学院孙燕华副教授主审。在编写过程中还得到了无锡职业技术学院张小红副教授等许多同行与专家的大力支持和帮助，在这里表示衷心感谢。

由于编者水平有限，书中难免有欠妥和错误之处，恳请读者批评指正。

为了方便教师教学，本书配有免费的电子教学课件，请有需要的教师登录华信教育资源网（http://www.hxedu.com.cn）免费注册后再进行下载，有问题时请在网站留言或与电子工业出版社联系（E-mail:hxedu@phei.com.cn）。读者也可通过该精品课的课程网站（http://jpkc.wxit.edu.cn/2008_Jxlbj/index.html）浏览和参考更多的教学资源。

编　者

目 录

绪　论

1. 为什么学？

工程技术行业中，根据投影原理，并按照国家标准，准确地表达工程对象的形状、大小和技术要求的图形，称为工程图样。

图样和文字一样，也是人类借以表达、构思、分析和交流技术思想的基本工具。在工程界，设计部门用图样表达设计意图，而制造和施工部门依照图样进行制造和建造，因此图样是生产中的基本技术文件。人们常把图样称为“工程技术界的共同语言”。

在不同性质的生产部门，尽管对图样有不同的要求和名称，但无论企业的管理人员、设计部门的设计师，还是工厂的生产人员、检验和维修人员，都必须会看机械图，学会画机械图。所以，“机械制图”课程是一门既有理论又有实践的重要的技术基础课程。

2. 学什么？

本课程的主要任务是培养学生具有一定的看图、绘图、空间想象能力和空间思维能力，所学内容及通过学习应达到如下要求：

（1）掌握用正投影法图示空间物体的基本理论和方法。

（2）能正确使用绘图仪器，掌握用仪器和徒手画图的技巧和能力。

（3）能根据国家标准，运用所学的基本理论知识和技能，看懂和绘制常见的零件图和装配图，并初步掌握查阅有关手册、标准的能力。

（4）绘制的图样能做到投影正确、视图选用合适、尺寸完整、图面整洁，符合国家标准的规定。

3. 怎么学？

要学好一门课程，首先必须明确学习目的，掌握本课程的主要知识，注意学习方法。机械制图课程的特点是实践性很强，所以多动手、多练习也是学好本课程的一大诀窍。

（1）在学习过程中，除了掌握投影基本理论和制图基本知识外，重要的是通过由浅入深的绘图和看图实践，逐步提高空间分析能力，培养空间想象能力。

（2）本课程配有一定量的作业，在完成作业过程中，学会正确使用绘图仪器的方法，重视绘图技巧的训练，不断提高绘图能力。每次作业前，必须认真阅读作业指导书，做到绘图前心中有数；同时应勤于思考，认真、独立地完成每一次练习。

（3）坚持理论联系实际，加强“由物到图”和“由图到物”的训练，提高看图和绘图能力。

（4）经常查阅制图国家标准，了解标准的更新与变动。

学习单元 1

制图的基本知识

教学导航

教	学习目标	了解制图国家标准中图幅、比例、字体的一般规定；掌握绘图工具的使用方法；掌握国家标准中图线的画法及应用、尺寸注法及机械制图中常见的一些几何作图方法，规范绘制零件的平面图形
	学习重点	比例、图线、尺寸，平面图形的尺寸分析、线段分析
学	学习难点	平面图形的作图规范
	建议课时	4～6 课时

如图 1-1 所示为轴承座的零件工作图，即表达该零件制造、检验等相关信息的图样。绘制这样的一张图样需要遵循制图的基本理论及相关国家标准。

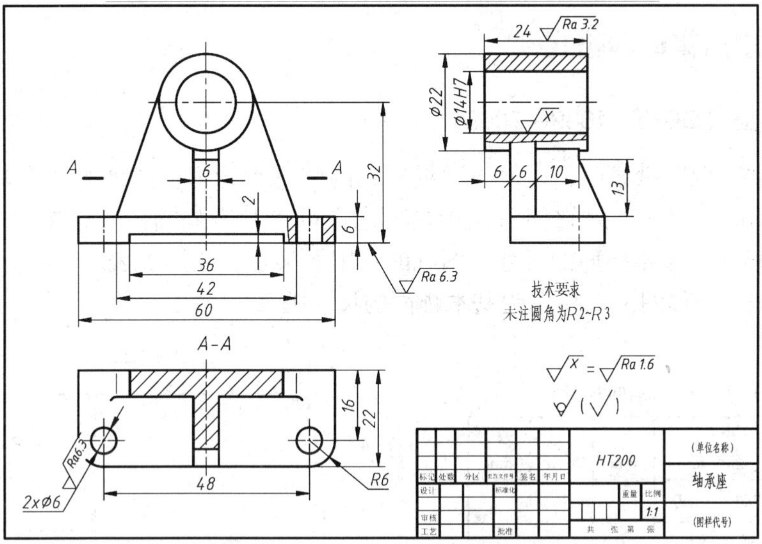

（a）轴承座零件图

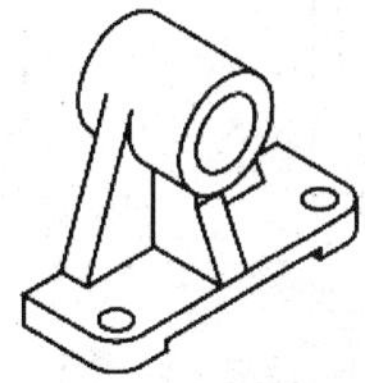

（b）轴承座轴测图

图 1-1　轴承座

注意： 国家标准《技术制图》和《机械制图》是工程界重要的技术基础标准，是绘制和阅读机械图样的准则和依据。《机械制图》标准适用于机械图样，《技术制图》标准普遍适用于工程界各种专业技术图样。

如图 1-2 所示介绍了常见的国家标准号的含义。

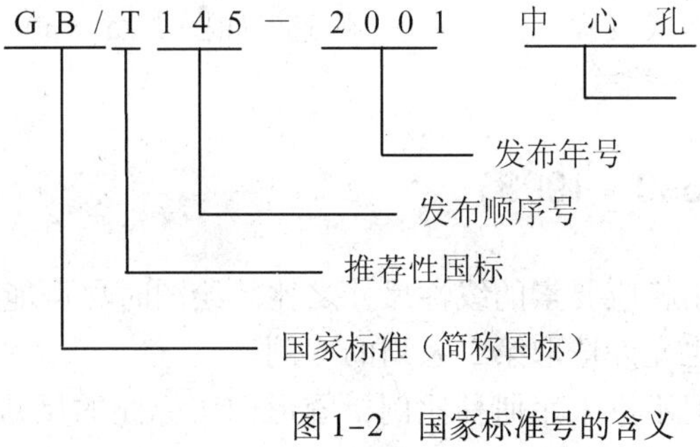

图 1-2　国家标准号的含义

1.1 基本制图标准

1.1.1 图纸幅面和格式

1. 图纸幅面（GB/T 14689—2008）

绘图时先要选取图纸幅面，以便于图纸资料的装订和管理。图纸的基本幅面分为五种：A0、A1、A2、A3、A4。如果它们不能满足要求，可按基本幅面的短边乘整数倍增加后得出。如表 1-1 所示为基本幅面的尺寸，图纸的宽用 B 表示，长用 L 表示，图框外的周边分别用 c 和 a 或 e 表示。如图 1-3 所示为基本幅面的尺寸关系。

表 1-1 图纸幅面尺寸

幅面代号	$B \times L$（mm × mm）	c（mm）	a（mm）	e（mm）
A0	841 × 1189			
A1	594 × 841	10		10
A2	420 × 594		25	
A3	297 × 420	5		5
A4	210 × 297			

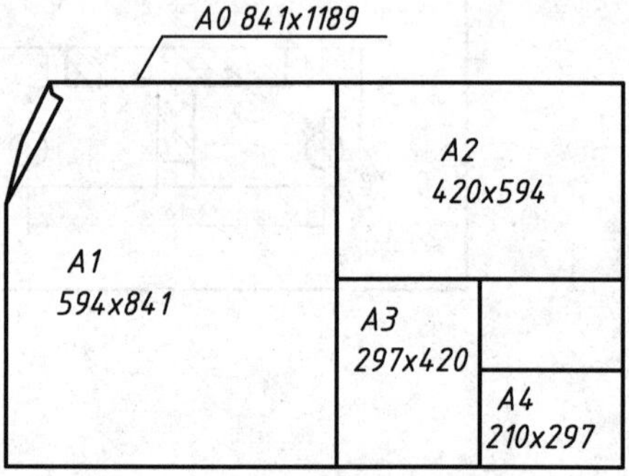

图 1-3 基本幅面的尺寸关系

2. 图框（GB/T 14689—1993）

图纸上必须用粗实线画框，其格式一般分为留装订边和不留装订边两种。但同一产品的图样只能采用同一种格式，如图 1-4（a）、（b）所示。

3. 看图方向和对中符号

标题栏在图框的右下角，标题栏中的文字方向为看图方向。如果使用预先印制好的图纸，需要改变标题栏的方位时，必须将其旋转至图纸的右上角。这时要按方向符号看图，即在图纸下边中点处画上一等边三角形作为方向符号，如图 1-4（c）所示。

4. 标题栏（GB/T 10609.1—2008）

国家标准对标题栏的内容、格式及尺寸做了统一规定。如图 1-5（a）所示为标题栏应用最多的格式，图 1-5（b）为简易格式。

1.1.2 比例（GB/T 14690—1993）

比例是指图样中图形与其实物相应要素的线性尺寸之比。绘图时尽可能按表 1-2 在第一系列中选取适当的比例，必要时也允许选取第二系列的比例。

画图时优先采用原值比例。但不论采用何种比例，图形中所标注的尺寸数值均填写机件的实际尺寸，与比例无关；另外角度的大小也与比例无关，如图 1-6 所示。

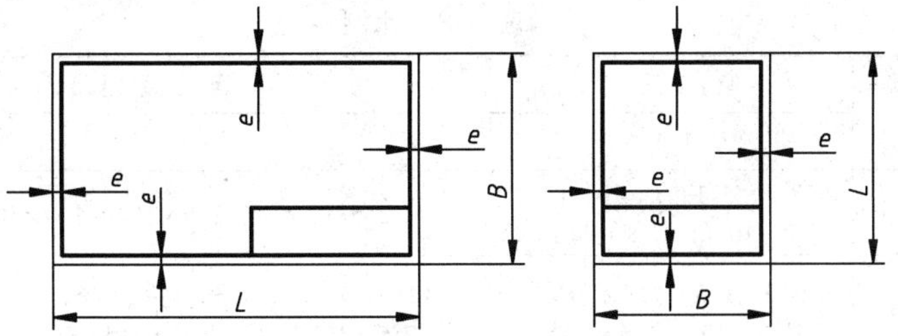

（a）不留装订边图纸的图框格式

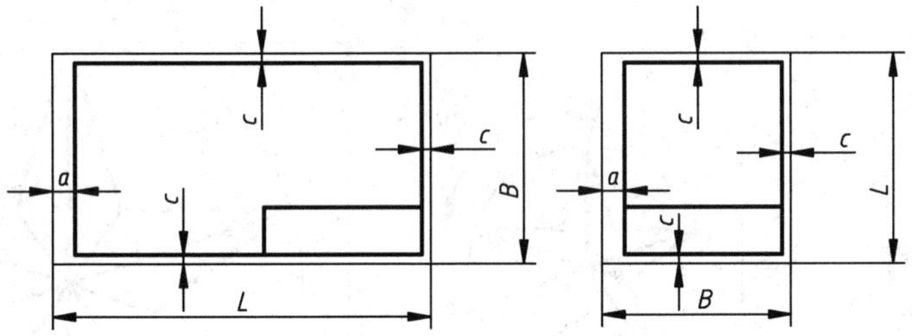

（b）留装订边图纸的图框格式

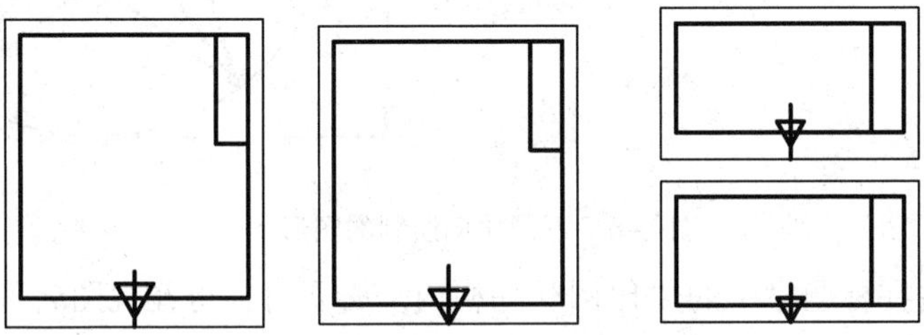

（c）看图方向

图 1-4　图纸幅面与图框格式

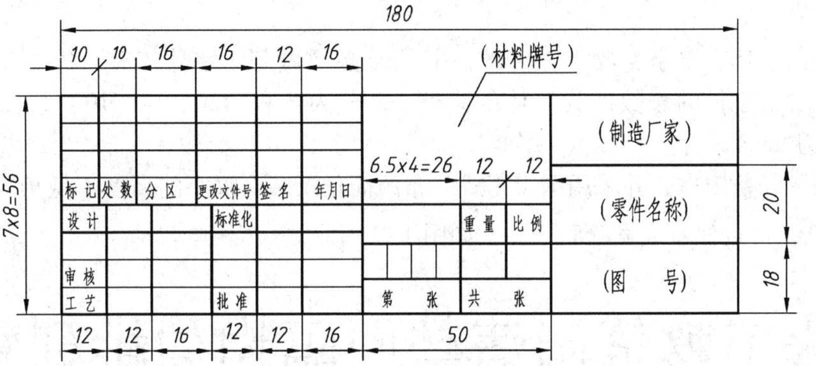

（a）标题栏

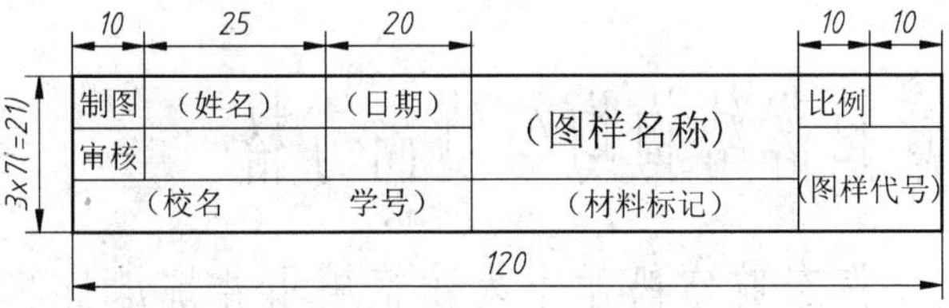

（b）简易标题栏

图 1-5　标题栏格式、内容及主要尺寸

表 1–2 比例

种　类	第一系列	第二系列
原值比例	1:1	
放大比例	2:1，5:1，1×10^n:1，2×10^n:1，5×10^n:1	2.5:1，4:1，2.5×10^n:1，4×10^n:1
缩小比例	1:2，1:5，1:1×10^n，1:2×10^n，1:5×10^n	1:1.5，1:2.5，1:3，1:4，1:6，1:1.5×10^n，1:2.5×10^n，1:3×10^n，1:4×10^n，1:6×10^n

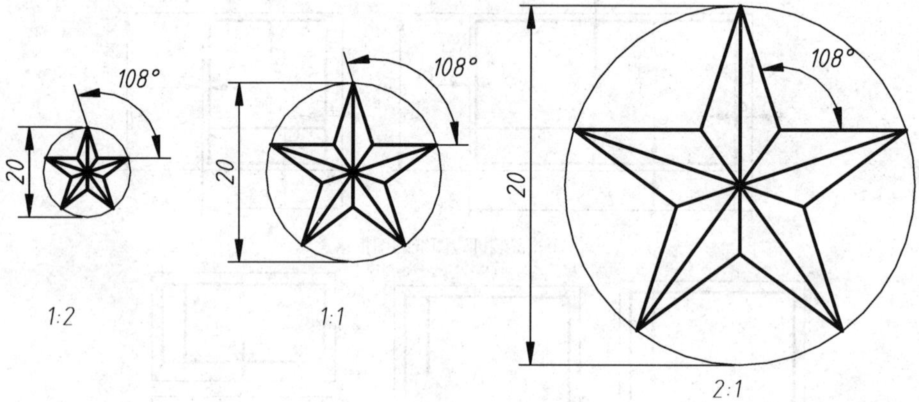

图 1–6 不同比例绘制的图形

比例一般应标注在标题栏中的“比例”一栏内。必要时，可在视图名称的下方或右侧标注比例。

1.1.3 字体（GB/T 14691—1993）

图样中的字体有汉字、数字、字母，书写时必须做到：字体工整、笔画清楚、间隔均匀、排列整齐。字体的号数即为字体的高度 h，分为 8 种：20、14、10、7、5、3.5、2.5、1.8（单位为 mm）。

汉字采用长仿宋体，并采用国家正式公布的简化汉字。汉字的高度不低于 3.5mm，其宽高比为 $1/\sqrt{2}$，可近似看成宽/高 = 2/3，如图 1–7 所示。

10 号汉字

字体工整笔画清楚间隔均匀排列整齐

7 号字

横平竖直注意起落结构均匀填满方格

5 号字

技术制图机械电子汽车航空船舶土木建筑矿山井坑港口纺织服装

图 1–7 字体示例

A型　　　　　　B型

图 1-7　字体示例（续）

1.1.4　图线（GB/T 17450—1998、GB/T 4457.4—2002）

绘图时应采用国家标准规定的图线线型和画法。机械制图中常用到的图线的线型及其应用示例如表 1-3 和图 1-8 所示。机械图样中采用粗、细两种图线宽度，其比例为 2∶1，粗线宽度通常采用 d = 0.5mm 或 0.7mm。

表 1-3　图线的线型及其应用

图线名称	图线的线型	图线宽度	应用举例
粗实线		$d\approx$0.5mm 或 0.7mm	可见轮廓线
细实线		$d/2$	尺寸线、尺寸界线、剖面线、重合断面的轮廓线、过渡线
细虚线	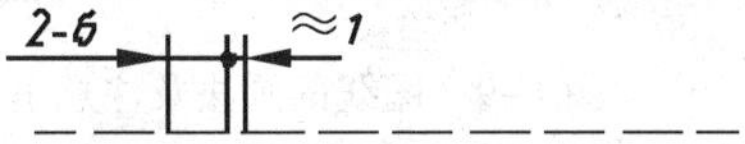	$d/2$	不可见轮廓线
细点画线	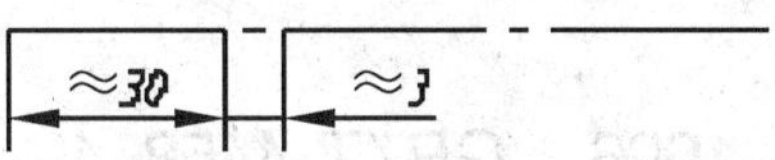	$d/2$	轴线、对称中心线、轨迹线
粗点画线	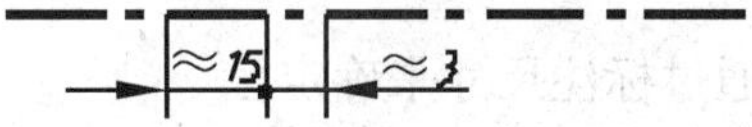	d	限定范围表示线
细双点画线	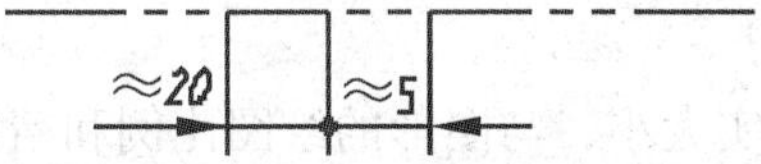	$d/2$	相邻辅助零件的轮廓线、极限位置的轮廓线
波浪线		$d/2$	断裂处的边界线、视图与剖视的分界线
双折线		$d/2$	断裂处的边界线、视图与剖视的分界线
粗虚线		d	允许表面处理的表示线

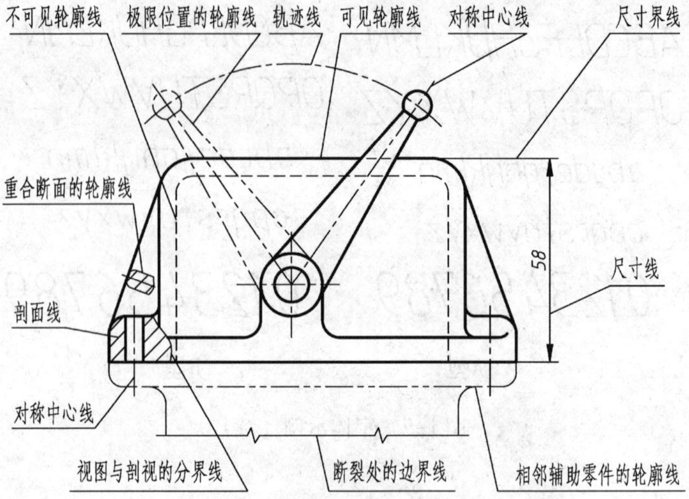

图 1-8 图线应用示例

注意：绘制各种图线时，如图 1-9 所示，应注意以下几点。

(1) 同一图样中，同类图线的宽度应基本一致。虚线、点画线及双点画线的线段和间隔应各自大小相等。

(2) 绘制圆的对称中心线时，圆心应为线段的交点，且超出轮廓 3 ～ 5mm。点画线和双点画线的首末两端应是线段而不是短画。在较小的图形上绘制点画线、双点画线有困难时，可用细实线代替。

(3) 两条平行线（包括剖面线）之间的距离应不小于粗实线宽度的两倍，其最小距离小于 0.7mm。

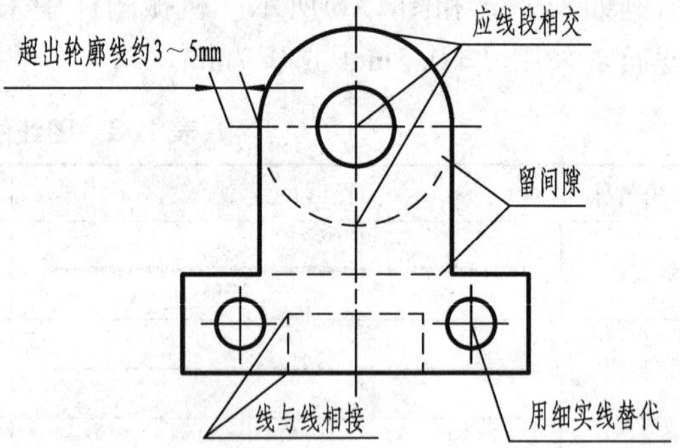

图 1-9 图线的画法及注意事项

1.2 尺寸标注（GB/T 16675.2—1996、GB/T 4458.4—2003）

图形只能表示物体的形状结构，物体的大小通过标注尺寸来确定。

1. 标注尺寸的总则

(1) 图样上标注的尺寸数值必须是物体的真实大小，与图形的绘图比例和精度无关。
(2) 图样中的尺寸以 mm 为单位，不必注明。若用其他单位则必须注明单位符号。
(3) 所标注的尺寸数值是物体的最后完工尺寸。
(4) 对机件的每一尺寸一般只标注一次。

2. 标注尺寸的要素

标注尺寸由尺寸界线、尺寸线和尺寸数字三个要素组成，如图 1-10 所示。

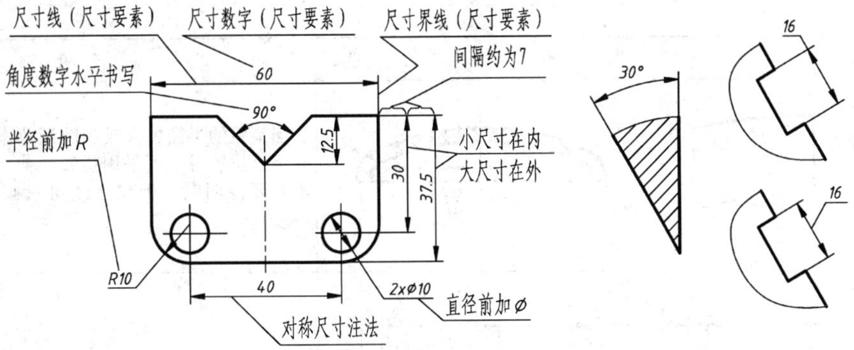

图 1-10　标注尺寸的要素和尺寸标注法示例

尺寸线用细实线画出，尺寸界线用细实线画出或由中心线、轮廓线代替，如图 1-9 所示。尺寸线的终端有箭头（通常机械图样用）和斜线（通常土建图样用）两种，当没有足够的空间时，可用小圆点代替，如图 1-11 所示。尺寸数字一般注写在尺寸线的上方或中断处，并尽量避免在图示 30°范围标注尺寸，当无法避免时，可按图 1-10 所示标注。

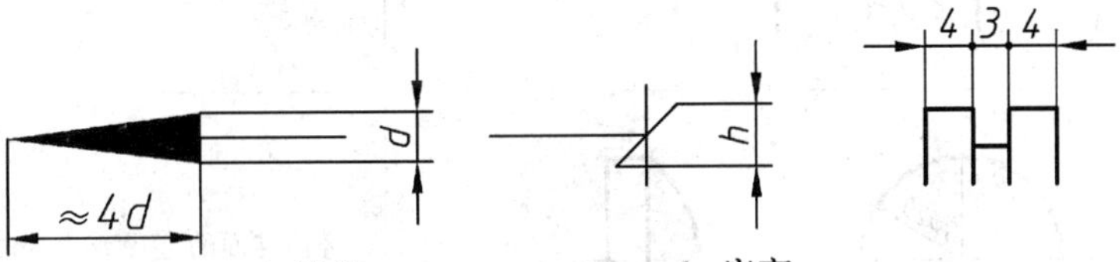

图 1-11　尺寸线终端的形式

常用尺寸标注法的基本规则如表 1-4 所示。

表 1-4　常用尺寸标注法的基本规则

标注内容		示　　例	说　　明
线性尺寸		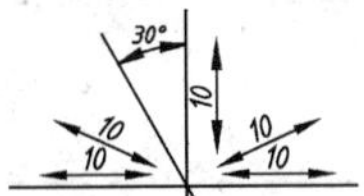 (a) 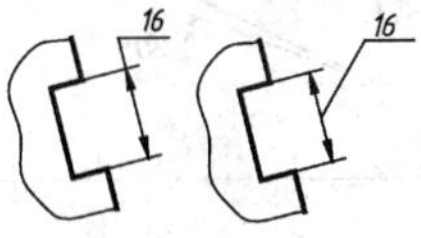 (b)	尺寸线必须与所标注的线段平行，大尺寸要标注在小尺寸的外面，尺寸数字应按图（a）中所示的方向标注。如果尺寸线在图示 30°范围内，则应按图（b）的形式标注
圆弧	直径尺寸	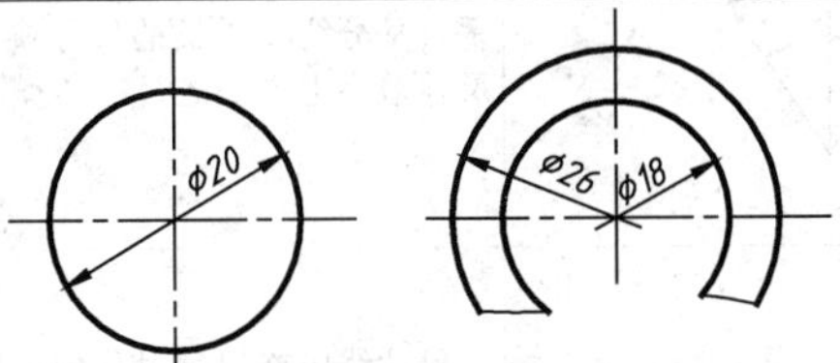	标注圆或大于半圆的圆弧时，尺寸线通过圆心，以圆周为尺寸界线，尺寸数字前加注直径符号“ϕ”
	半径尺寸	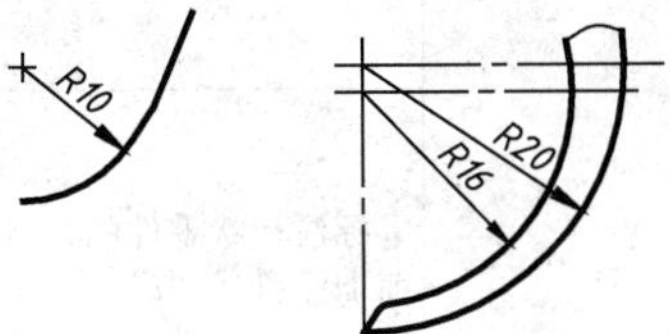	标注小于或等于半圆的圆弧时，尺寸线自圆心引向圆弧，只画一个箭头，尺寸数字前加注半径符号“*R*”

续表

标注内容	示　　例	说　　明
大圆弧	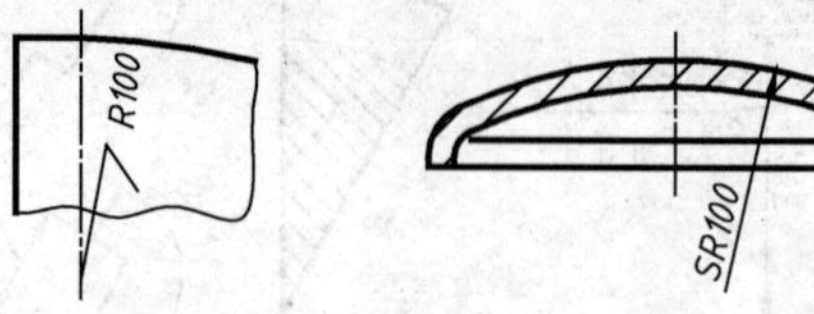	当圆弧的半径过大或在图纸范围内无法标注其圆心位置时，可采用折线形式。若圆心位置不需要注明时，则尺寸线可只画靠近箭头的一段
小尺寸	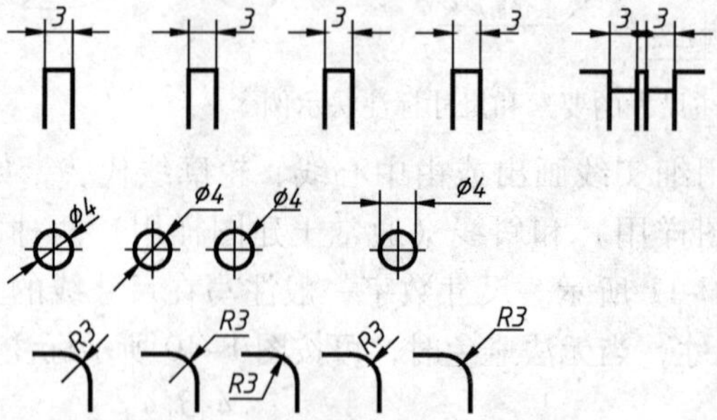	对于小尺寸在没有足够的位置画箭头或标注数字时，箭头可画在外面，或用小圆点代替两个箭头；尺寸数字也可采用旁注或引出标注
球面	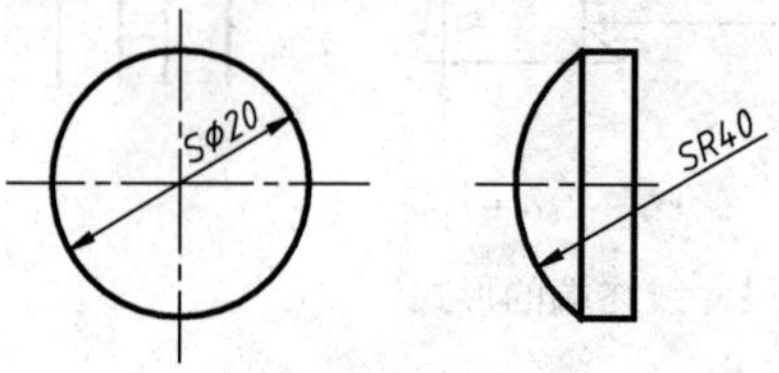	标注球面的直径或半径时，应在尺寸数字前分别加注符号“*S*ϕ”或“*SR*”
角度	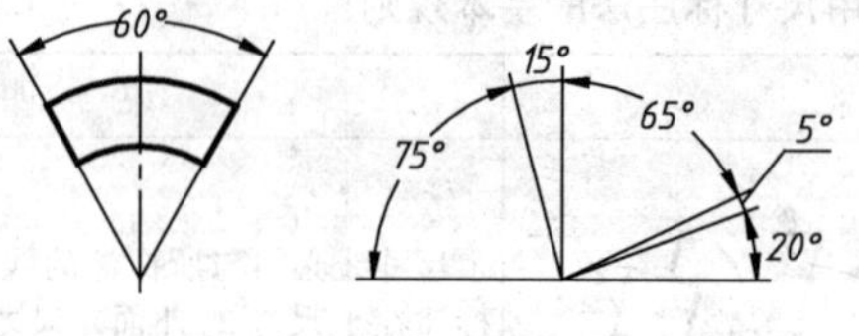	尺寸界线应沿径向引出，尺寸线画成圆弧，圆心是角的顶点。尺寸数字一律水平书写，一般注写在尺寸线的中断处，必要时也可按右图的形式标注
弦长和弧长	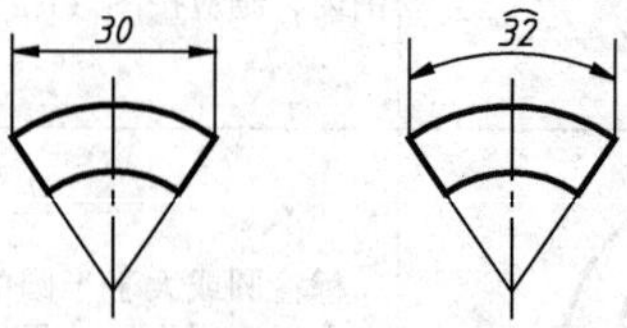	标注弦长和弧长时，尺寸界线应平行于弦的垂直平分线。弧长的尺寸线为同心弧，并应在尺寸数字上方加注符号“⌒”
只画一半或大于一半时的对称机件	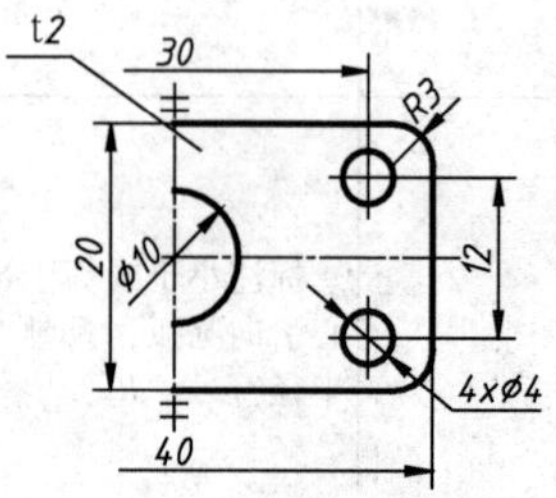	尺寸线应略超过对称中心线或断裂处的边界线，仅在尺寸线的一端画出箭头
板状零件		标注板状零件的尺寸时，在厚度的尺寸数字前加注符号“*t*”

续表

标注内容	示　例	说　明
光滑过渡处的尺寸	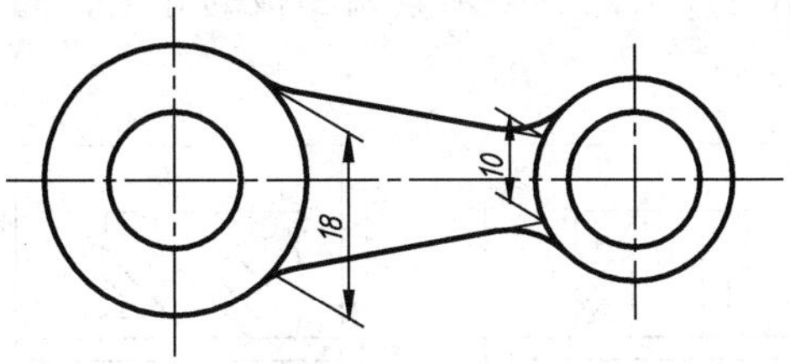	在光滑过渡处，必须用细实线将轮廓线延长，并从它们的交点处引出尺寸界线
允许尺寸界线倾斜		尺寸界线一般应与尺寸线垂直，必要时允许倾斜
正方形结构	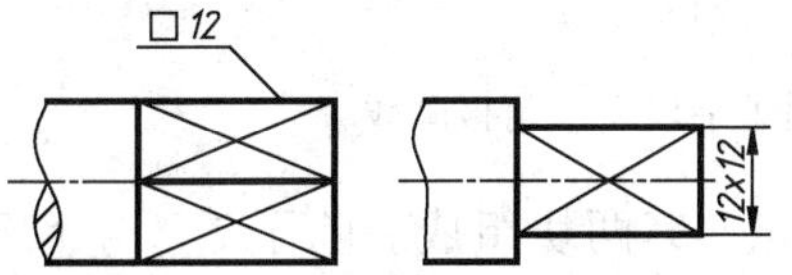	标注机件的剖面为正方形结构的尺寸时，可在边长尺寸数字前加注符号“□”，或用“12×12”代替“□12”。图中相交的两条细实线是平面符号

1.3　绘图工具的使用

正确有效地使用绘图工具可以提高绘图的速度和图形的准确性。下面介绍几种常用的绘图工具及其用法。

1. 图板、丁字尺、三角板

如图1-12所示为常用的绘图工具及其实物外形。

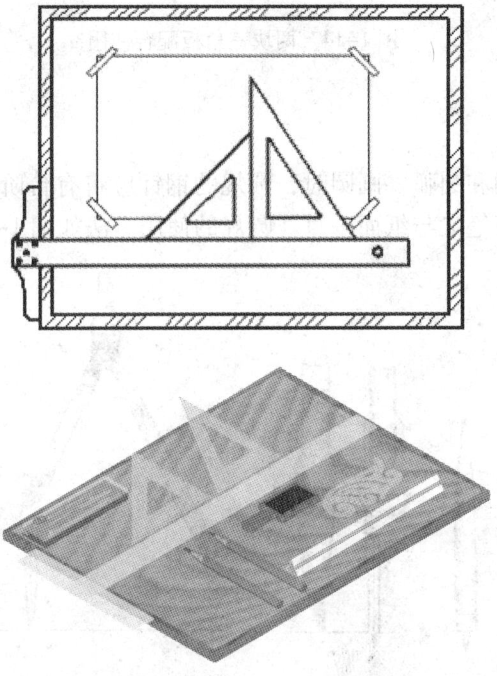

图1-12　图板、丁字尺、三角板

（1）图板：用来贴放图纸，板面要求平整，左边为导边，必须平直。

（2）丁字尺：由尺头和尺身构成，用来画水平线，与三角板配合使用可画铅垂线以及与水平线成30°、45°、60°的倾斜线。使用时尺头内侧必须紧贴图板的导边，上下移动，由左向右画水平线，如图1-13所示。

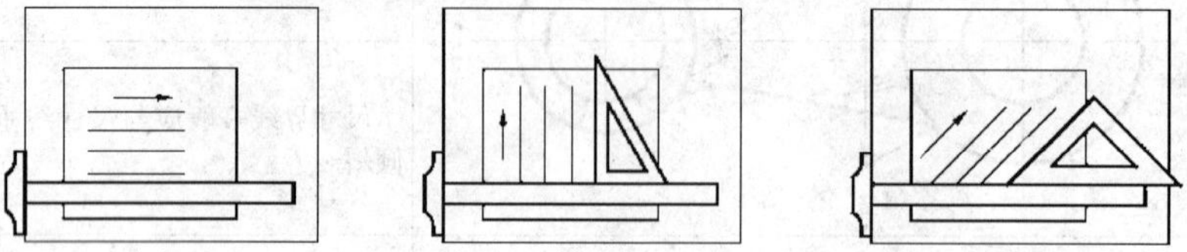
(a)　　(b)　　(c)

图1-13　用丁字尺、三角板画线

（3）三角板：一副三角板由30°（60°）、45°两块组成。除了与丁字尺配合使用画线外，两块三角板配合起来可画与水平线成15°、75°的倾斜线，以及任意已知直线的平行线或垂直线，如图1-14所示。

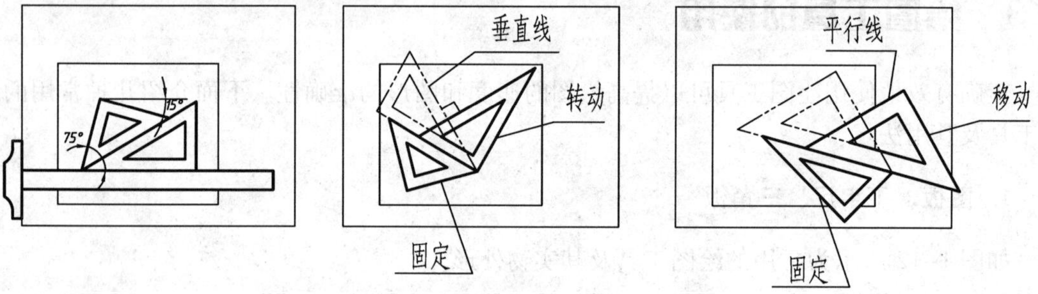

图1-14　两块三角板配合使用

2. 圆规、分规

（1）圆规：用来画圆和圆弧。画圆时，圆规的钢针应将有台阶的一端朝下，以避免图纸上的针孔不断扩大，并使笔尖与纸面垂直。圆规的使用方法如图1-15所示。

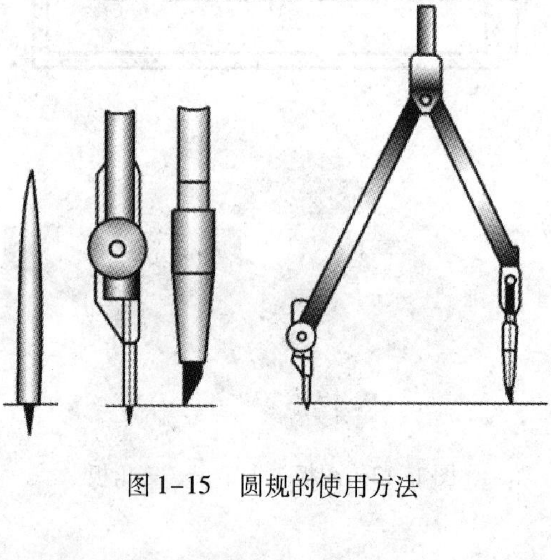

图1-15　圆规的使用方法

（2）分规：用来截取线段、等分直线或圆弧（常用于试分法），以及从尺子上量取尺寸。分规的两个针尖并拢时应对齐，如图1–16所示。

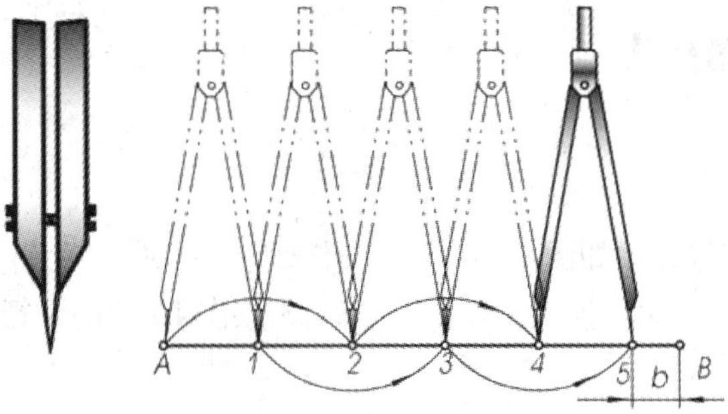

图1–16 分规的使用方法

3. 绘图铅笔

绘图用铅笔的铅芯分别用“B”和“H”表示其软硬程度，绘图时根据不同使用要求来选择。绘图铅笔按如图1–17（a）所示削好备用。

H（Hard）：表示硬的铅芯，有H、2H等型号，数字越大铅芯越硬。通常用H或2H的铅笔打底稿和加深细线。该类铅笔打磨时一般磨成圆锥形，如图1–17（b）所示。

B（Black）：一般理解为软（黑）的铅芯，有B、2B等型号，数字越大表示铅芯越软。通常用B或2B的铅笔描深粗实线。该类铅笔打磨时一般磨成成扁平状，其断面为矩形状，如图1–17（c）所示。

HB：铅芯软硬适中，多用于写字。

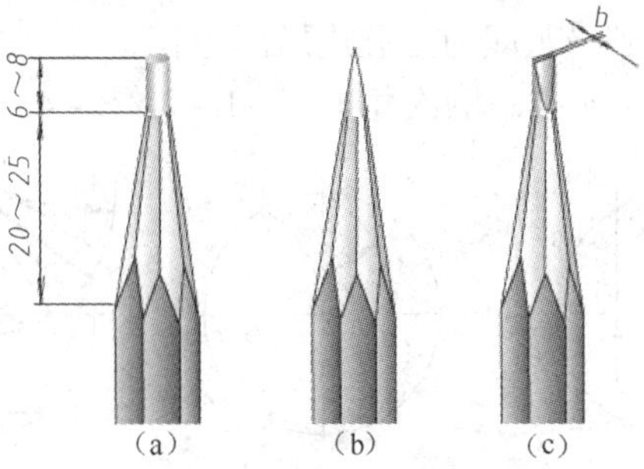

图1–17 铅笔的打磨方法

4. 其他

绘图时还需备有削铅笔的小刀、磨铅芯的砂纸、橡皮及固定图纸的胶带纸，等等。

1.4 绘制平面图形

机件的轮廓形状是由点、线、面这些最简单的几何要素构成的，因此在绘制图样时，必须熟练掌握几何作图的方法，提高图面质量和绘图的速度。几何作图内容包括：等分线段、等分圆周、斜度和锥度及圆弧连接等。

1.4.1 几何作图方法

1. 等分线段

例如，将 AB 线段四等分，如图 1-18 所示。步骤为：过 A 点任意作一条斜线，在斜线上取四个距离相等的点 1、2、3、4，连接 $4B$，过 1、2、3 点作 $4B$ 线的平行线，即得 AB 线四等分。

2. 等分圆周

（1）圆周的三等分和六等分：利用圆规的作图方法如图 1-19 所示，也可用丁字尺、三角板直接绘制。

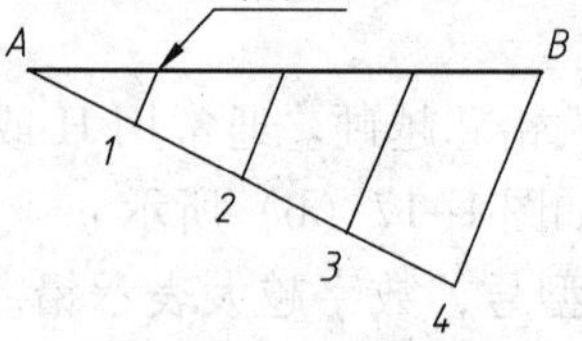

图 1-18 等分线段

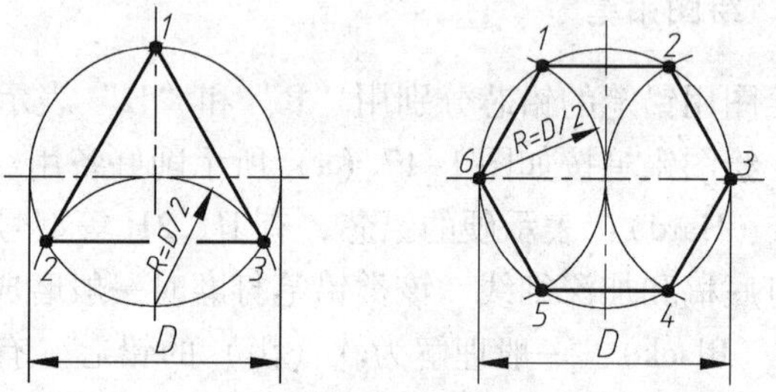

图 1-19 圆周的三、六等分

（2）圆内接正五边形的画法，如图 1-20 所示。

（a）作出已知圆半径 OC 的中垂线 AB，得到半径中点 D；

（b）过 D 点作圆弧 EF，则 EF 即为正五边形的边长；

（c）等分圆周得 1、2、3、4 点，顺次相连 $E-1-2-3-4-E$，即得圆的内接正五边形。

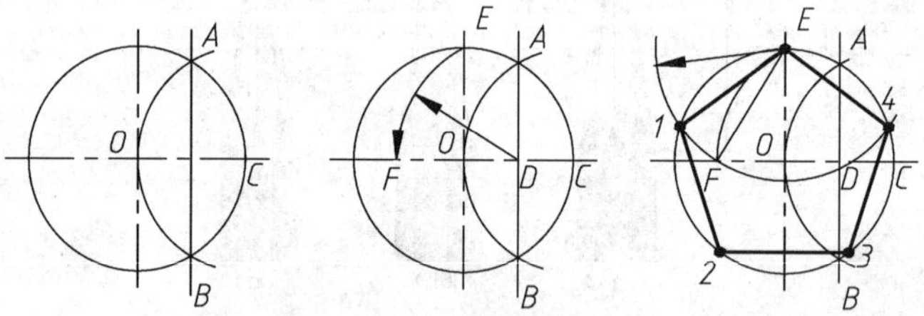

图 1-20 圆周的五等分

3. 斜度和锥度

斜度和锥度的画法及标注如表 1-5 所示。

（1）斜度：直（平面）线对另一直线（平面）的倾斜程度，在图样中以 1∶n 的形式标注。其符号中斜线的方向应与斜度的方向一致。斜度符号的夹角为 30°，高度与字高相等。

（2）锥度：正圆锥的底圆直径与圆锥高度之比，如果是圆台则为上下两底圆的直径差与圆台高度的比值，在图样中以 1∶n 的形式标注。其符号所示的方向应与锥度的方向一致。锥度符号的顶角为 30°，高度与字高相等。

表 1–5　斜度和锥度的画法及标注

类　别	定　义	标　注	画　法
斜度	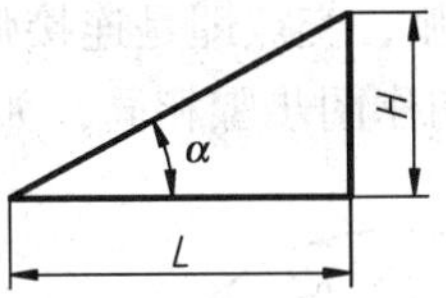 斜度=H/L	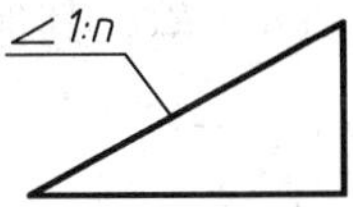	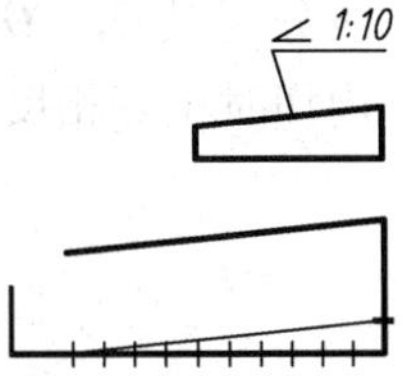
锥度	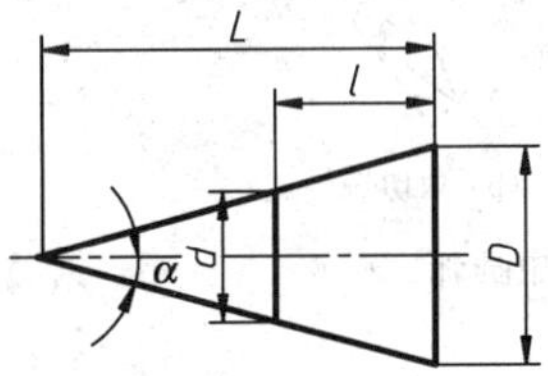 锥度 =D/L 或 (D–d)/l	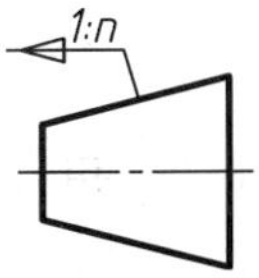	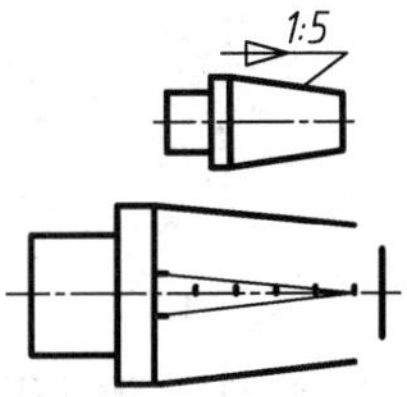

4. 圆弧连接

1）作图原理

圆弧连接无论是弧与弧的连接还是弧与直线的连接，都要以切点连接才属于光滑连接。因此圆弧连接的作图，可归结为求连接圆弧的圆心和切点的问题。用一段圆弧光滑地连接另外两条已知线段（直线或圆弧）的作图方法如图 1–21 所示，图中的点画线表示连接圆弧的圆心轨迹。

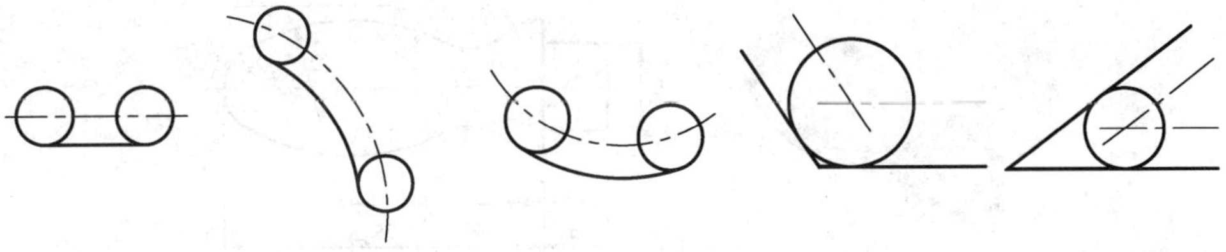

图 1–21　连接圆弧的圆心轨迹

2）作图方法

作图方法有以下两种。

（1）用圆弧连接两条已知直线，如图 1–22 所示。

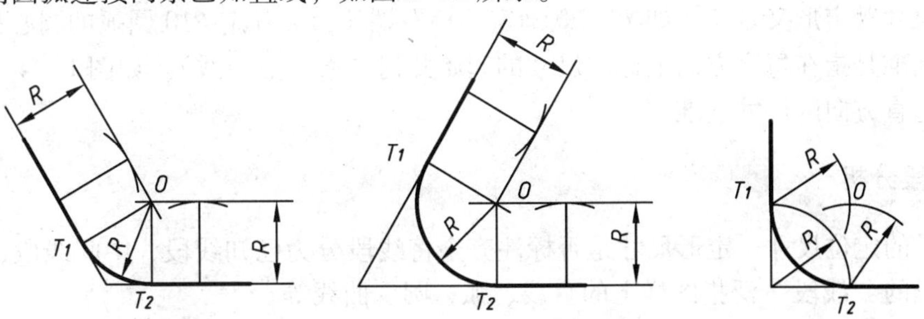

图 1–22　两直线间的圆弧连接

(2) 用圆弧连接两段已知圆弧有外切、内切两种方法。

外切时，连接弧的圆心定位：用连接弧半径分别与两被连接弧半径相加，$R+R_1$、$R+R_2$，再分别以 O_1、O_2为圆心，以 $R+R_1$、$R+R_2$为半径作弧，交点即是连接弧的圆心。

内切时正好相反，取 $R-R_1$、$R-R_2$，其他步骤与外切作图步骤相同，如图 1-23 所示。

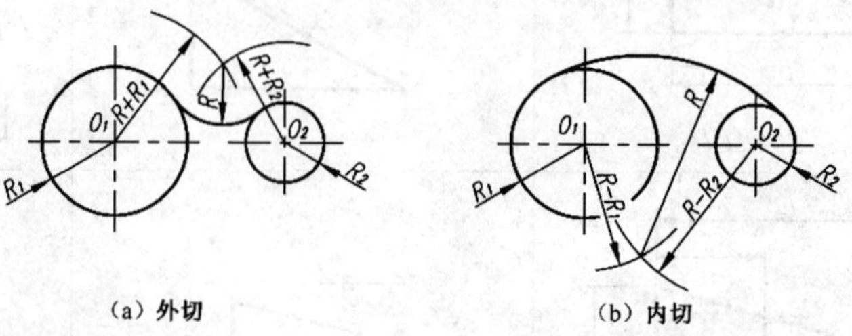

图 1-23　用圆弧连接两段已知圆弧

1.4.2　平面图形的绘制方法

画平面图形前，首先要对平面图形进行尺寸分析和线段分析，才能正确画出平面图形。

1. 尺寸分析

平面图形中所标注尺寸按其作用可分为两类：定形尺寸和定位尺寸。

(1) 定形尺寸：用于确定几何图形的线段长度、圆的直径或半径等大小的尺寸。如图 1-24 中的 $R10$、$R50$、$R12$、$R15$、$\phi5$、$\phi20$、15 等尺寸。

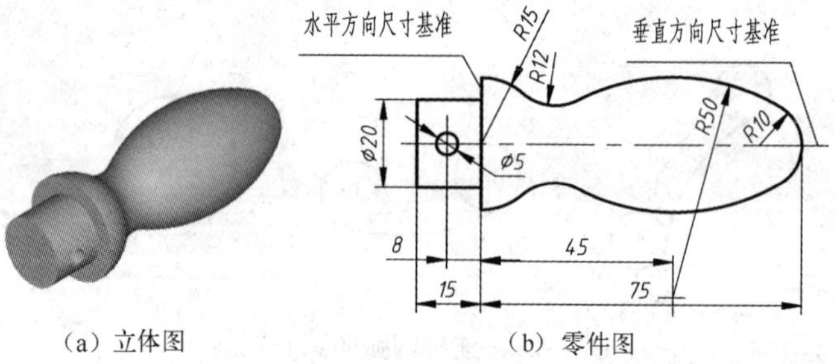

图 1-24　手柄

(2) 定位尺寸：用于确定几何图形的线段、圆心、对称中心等位置的尺寸。如图 1-24 中的 8、45 等尺寸。

有些尺寸既定形又定位，如 75，既确定手柄右端长，又确定 $R10$ 圆弧的圆心位置。

尺寸基准是指在每个方向上标注尺寸的起始几何要素（点、线）。如图 1-24 中指出的水平方向和垂直方向的尺寸基准。

2. 线段分析

以线段的定位尺寸、定形尺寸是否标注齐全将线段分为已知线段、中间线段、连接线段三类，这里的“线段”泛指图样上的直线、弧、圆、曲线等。

(1) 已知线段：具有定形尺寸和定位尺寸，能直接画出的线段。如图 1-24 中的 $R10$ 弧、$R15$ 弧、$\phi5$ 圆、$\phi20$ 圆与尺寸 15 组成的矩形框等线段。

（2）中间线段：有定形尺寸和一个定位尺寸的线段，它必须依靠某一端与相邻线段间的连接关系才能画出。如图 1–24 中的 *R*50 圆弧。

（3）连接线段：具有定形尺寸而无定位尺寸的线段，它必须依靠两端与另两相邻线段的连接关系方能画出。如图 1–24 中的 *R*12 圆弧。

3. 平面图形的画法

平面图形的画法，关键在于根据图形及所标注的尺寸进行尺寸分析及线段分析，以确定尺寸基准。以手柄平面图形为例，画图步骤如图 1–25 所示。

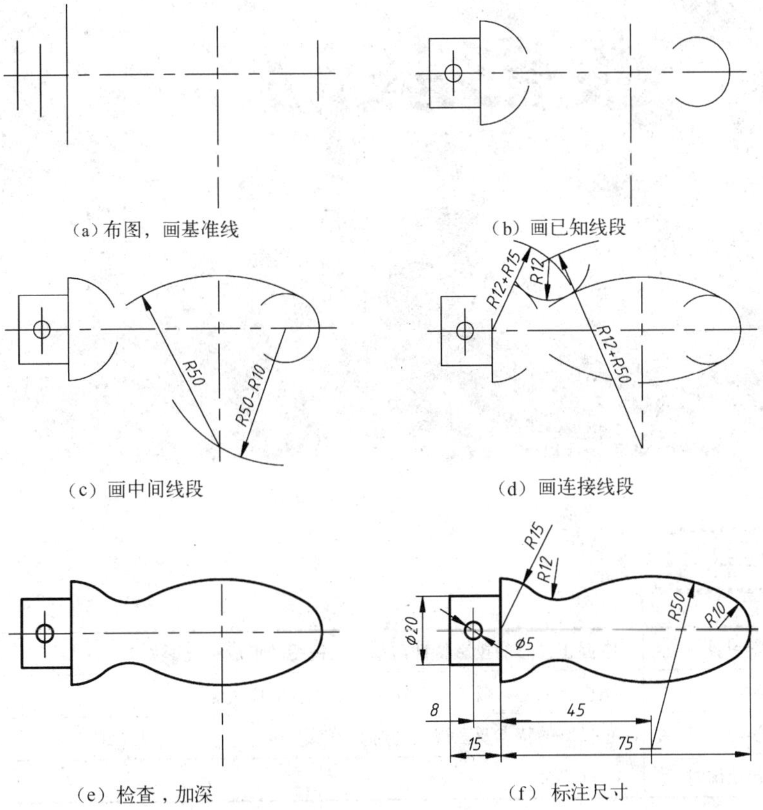

图 1–25　平面图形的画图步骤

知识梳理与总结

本单元重点学习了机械制图国家标准中的一般规定，具体包括图幅、比例、字体、图线及尺寸标注等有关规定；常见绘图工具的使用；几何图形的画法以及平面图形的尺寸分析、线段分析和绘制技能。特别强调的是平面图形的绘制要点：在分析清楚尺寸和线段的基础上，先绘制定位基准线，再按已知线段、中间线段、连接线段的顺序完成全图。

对于初学者来说，应严格遵守机械制图国家标准的有关规定，树立标准化的观念，养成良好的绘图习惯，正确、熟练地使用绘图工具和仪器，绘制出较好图面质量的工程图样。该部分内容中最容易出错的是尺寸标注的规范性，尺寸标注的细节很多，要在以后的学习中不断掌握此项技能。

学习单元2 投影基础

教学导航

教	学习目标	掌握正投影的投影特性与掌握三视图的形成和投影关系
	学习重点	正投影的基本概念、三视图的形成及对应关系
学	学习难点	正投影的特点及三视图的对应关系
	建议课时	4～6 课时

如图 2-1 所示的物体，我们可从三个不同的方向来作正投影，形成三视图，这是工程制图的理论基础，也是本课程的核心。三视图的形成、三视图间的对应关系有其严密的几何原理，下面就一一来讨论。

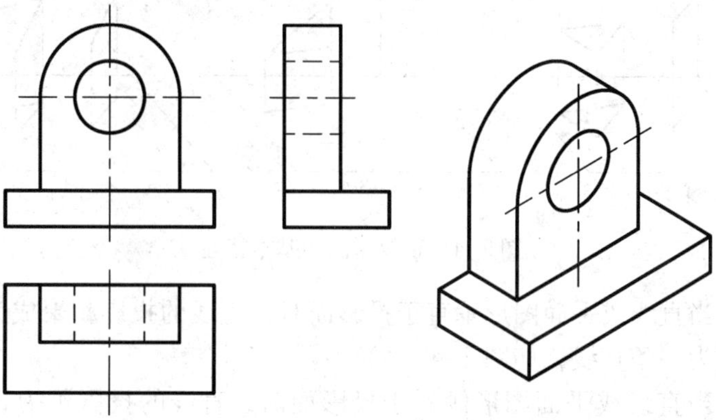

图 2-1　物体及其三视图

2.1　投影法基础

物体在灯光或在日光的照射下，就会在地面或墙壁上产生影子，这是一种自然现象。利用投射线使物体在指定面上产生图像的方法就是投影。

1. 投影的种类

投射线汇交于一点的投影方法叫做中心投影法，如图 2-2 所示，中心投影法所得图形大小随着投影面、物体和投影中心三者之间不同位置而变化。工程上常用这种方法绘制建筑物的透视图，它具有较强的立体感。用此法作图较复杂，度量性也差，因此机械图样较少采用。

将投射中心移至无穷远处，投射线互相平行，这种投影法称为平行投影法。投射线与投影面倾斜，这种投影法称为斜投影法；投射线与投影面垂直，这种投影法称为正投影法，如图 2-3 所示。由于正投影法能反映物体的真实形状和大小，度量性好，便于作图，机械图样采用正投影法绘制。

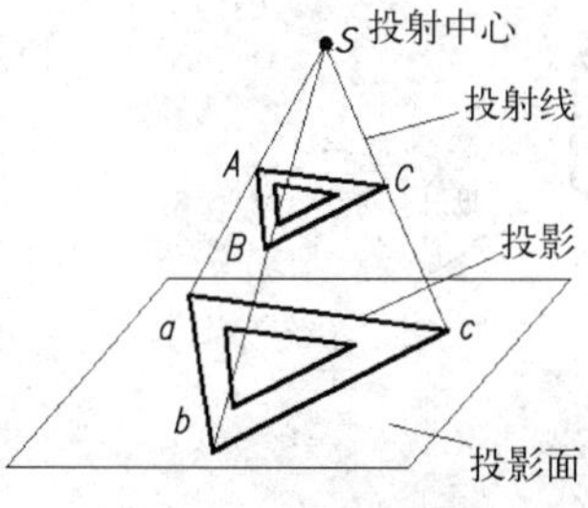

图 2-2　中心投影法

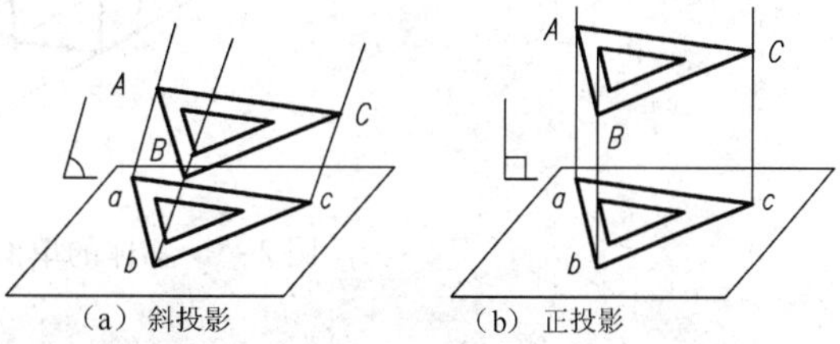

图 2-3　平行投影法

2. 正投影法的基本特性

正投影具有真实性、积聚性、类似性的基本特性。

(1) 真实性。当直线或平面图形平行于投影面时，它们在投影面上的投影反映直线的实长，或平面图形的实形，如图 2-4 (a) 所示。

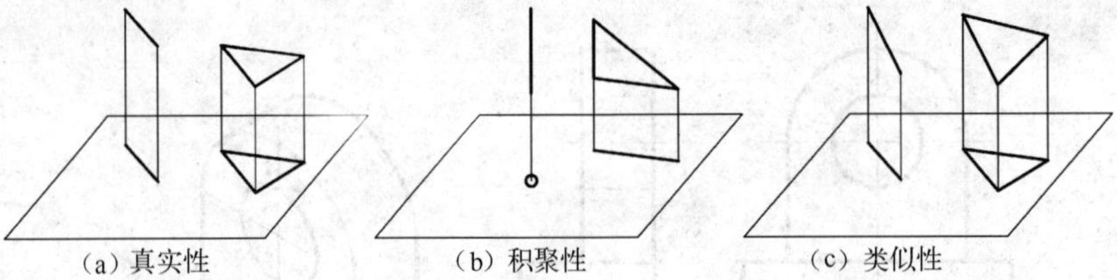

图 2-4　正投影法的基本特性

(2) 积聚性。当直线或平面图形垂直于投影面时，直线的投影积聚成为一个点，或平面图形的投影积聚成为一条直线，如图 2-4 (b) 所示。

(3) 类似性。当直线或平面图形倾斜于投影面时，直线的投影仍为直线，且小于其实长，或平面图形的投影小于其真实形状，且类似于空间的平面图形，即图形的基本特征不变，如多边形的平面图形的投影仍为同样边数的多边形，如图 2-4 (c) 所示。

2.2　三视图的形成

以人的视线代替投射光线，用正投影法将物体向某个投影面投射所得到的正投影图，称为视图。一般情况下，一个视图不能确定物体的形状，如图 2-5 所示，三个不同形状的物体，在投影面上的投影都相同，因此，要反映物体的完整形状，必须增加由不同投射方向所得到的几个视图，互相补充，才能清楚表达物体。工程上常用的是三面视图。

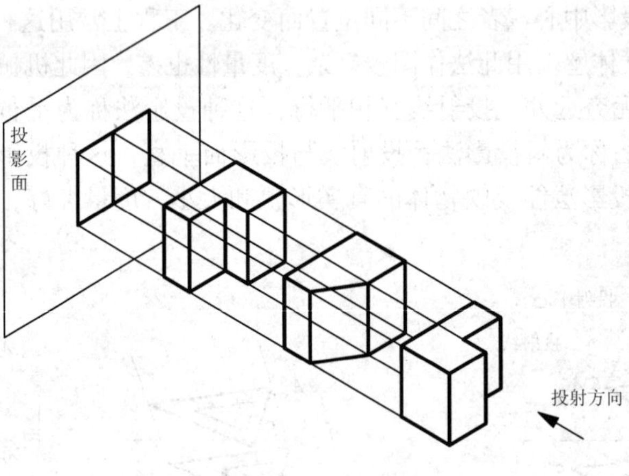

图 2-5　物体的单面正投影

1. 投影面体系

用三个相互垂直的投影面构成投影面体系。如图 2-6 (a) 所示，三个投影面分别称为：正立投影面，简称正面，以 V 表示；水平投影面，简称水平面，以 H 表示；侧立投影面，简称侧面，以 W 表示。三个投影面之间的交线 OX、OY、OZ 称为投影轴，分别代表物体的长、宽、高三个方向。

2. 三面视图的形成

如图 2-6（a）所示，将物体置于三投影面体系中，用正投影法向三个投影面投射，即得三面视图，简称三视图。其中从前向后投射所得的视图称为主视图；从上向下投射所得的视图称为俯视图；从左向右投射所得的视图称为左视图。

3. 三面投影体系展开

为了便于画图和看图，假想将三个投影面展开、摊平在同一个平面上。如图 2-6（b）所示，规定正面不动，将水平面绕 OX 轴向下旋转 90°，侧面绕 OZ 轴向右旋转 90°，就得到如图 2-6（c）所示的同一平面上的三个视图。

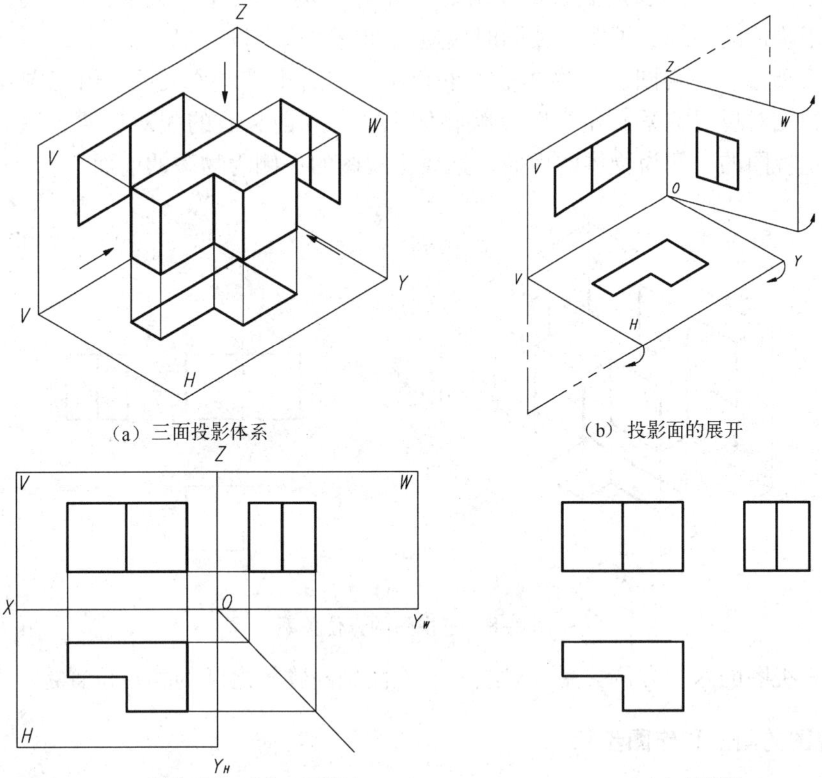

（a）三面投影体系　（b）投影面的展开

（c）投影面展开后的三面视图　（d）三视图

图 2-6　物体的三视图

三视图的配置关系为俯视图在主视图的正下方，左视图在主视图的正右方，如图 2-6（c）所示。

画图时，投影面和投影轴均可省略不画，只须画出三个视图，如图 2-6（d）所示。

4. 三视图之间的投影关系

如图 2-7 所示，从三视图之间的对应关系可看出：主视图、俯视图都反映物体的长度；

主视图、左视图都反映物体的高度；俯视图、左视图都反映物体的宽度。因此，三个视图反映了这样的关系：

主、俯视图——长对正；主、左视图——高平齐；俯、左视图——宽相等。

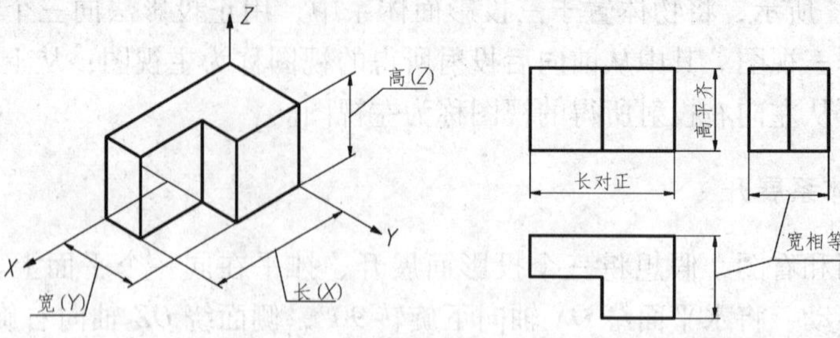

图 2-7　三视图的尺寸关系

三视图之间存在的“长对正、高平齐、宽相等”的“三等”关系，不仅适用于整个物体，也适用于物体的局部。画图、读图时应遵循和应用这个投影规律。

如图 2-8 所示，主视图反映物体上、下和左、右的相对位置关系；俯视图反映物体前、后和左、右的相对位置关系；左视图反映物体上、下和前、后的相对位置关系。因此，俯、左视图靠近主视图的一侧为物体的后面，远离主视图的一侧为物体的前面。

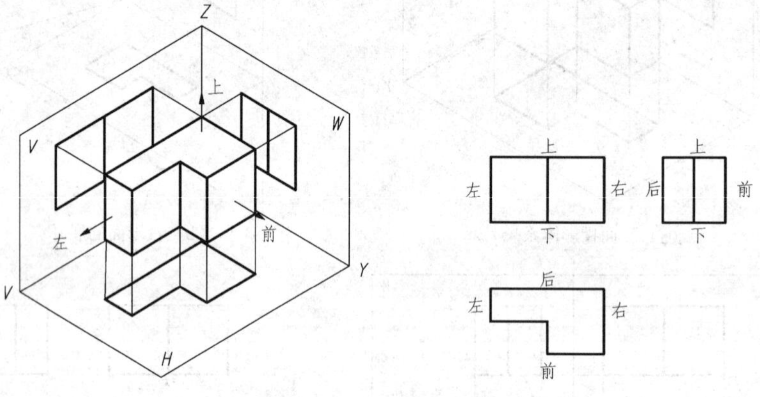

图 2-8　三视图的方位关系

搞清楚三视图的六个方位关系，对绘图、看图判断物体之间的相对位置是十分重要的。

5. 三视图的画法和作图步骤

以图 2-9 为例来说明运用三视图之间的投影关系画物体三视图的方法和步骤。

（1）分析物体。把物体位置放正，确定投影方向。选择主视图方向时，以最能反映物体形状特征和位置特征的方向为主视图方向，并使各视图虚线尽量少，如图 2-9（a）所示。

（2）确定图幅和比例。根据物体的长、宽、高三个方向的最大尺寸，确定绘图的图幅和比例。

（3）布图，确定各视图位置，作基准线，如图 2-9（b）所示。

（4）画出底稿。一般从能反映物体特征的视图画起，如图 2-9（c）、（d）所示。

（5）检查底稿，加深，描粗，完成三视图，如图 2-9（e）所示。

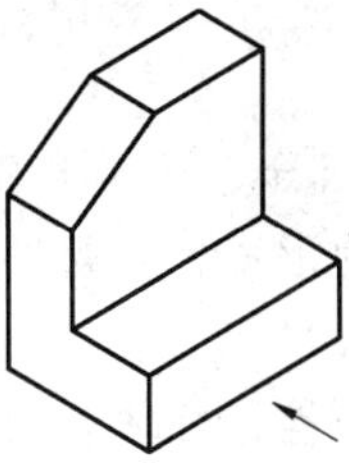

（a）立体图

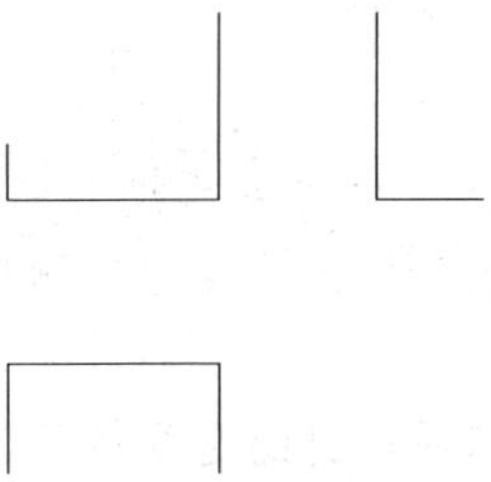

（b）布图、画基准线

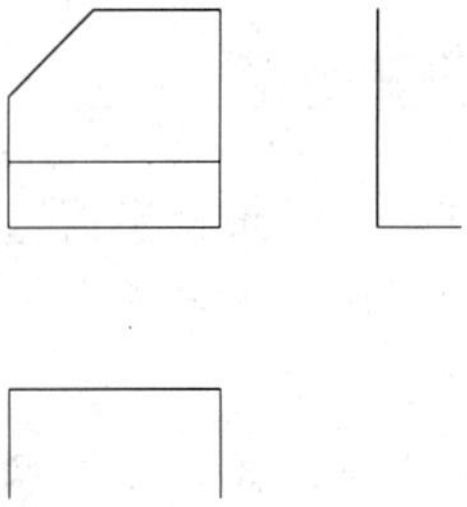

（c）先画主视图

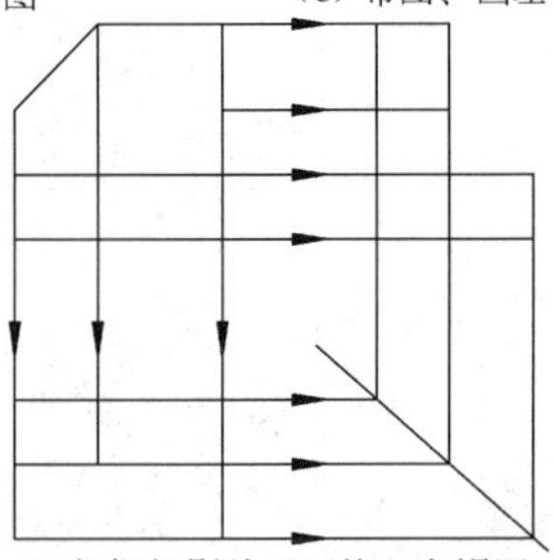

（d）根据投影关系画俯、左视图

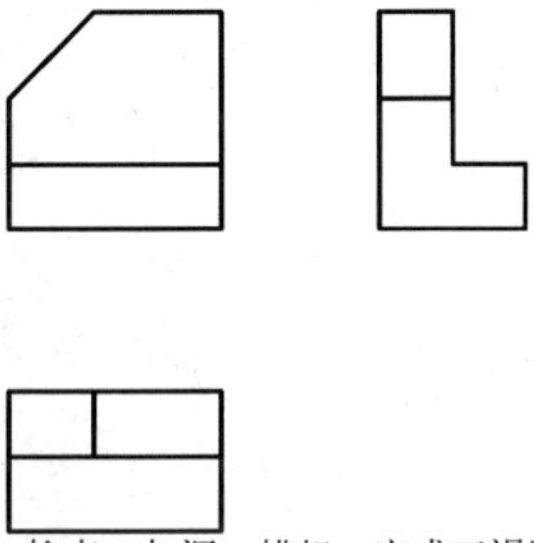

（e）检查、加深，描粗，完成三视图

图 2-9　三视图的绘图步骤

画三视图时，注意圆孔的画法以及虚线的画法。如图 2-10 所示，投影为圆的视图，圆心用两条相互垂直的点画线表示，这两条点画线称为中心线；另外两个投影为矩形的视图，圆心所在轨迹处画的点画线称为轴线。看不见的轮廓线画成虚线。

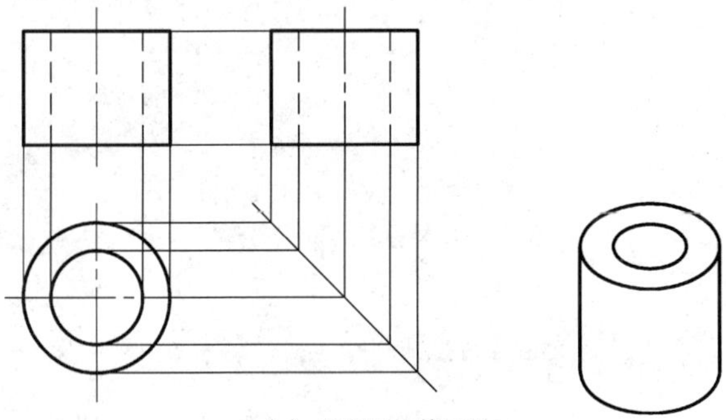

（a）带孔圆柱的画法

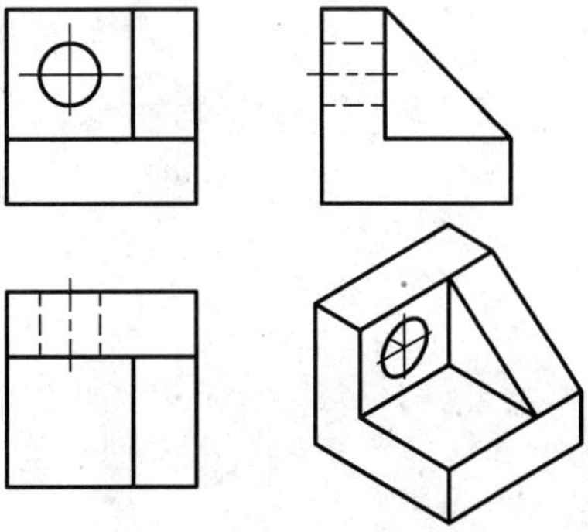

（b）孔的轴线画法

图 2-10　三视图举例

知识梳理与总结

本单元重点学习了正投影的基本知识，具体包括投影法的概念、分类和正投影的特性。学习了三视图的形成，重点学习了三投影面体系的建立、视图的形成、三视图的对应关系及物体三视图的画法和步骤。

对于初学者来说，该部分内容中最容易出错的是视图的正确性，物体表面和投影面是否平行、垂直或倾斜，有没有看不见的投影线，特别是三视图的尺寸方位关系要在以后的学习中掌握。

学习单元 3

基本几何体

教学导航

教	学习目标	掌握基本几何体的投影特点和画法，能根据它们的两个投影画出第三投影。掌握平面与常见平面立体和回转体的截交线的画法，掌握用表面取点法求相贯线的方法。掌握正等测图的特性及绘制方法
	学习重点	基本几何体的投影、常见平面立体和回转体切口处截交线的画法、两圆柱相交处相贯线的画法、绘制轴测图的方法
学	学习难点	常见平面立体和回转体切口处截交线的画法、两圆柱相交处相贯线的画法
	建议课时	12～14 课时

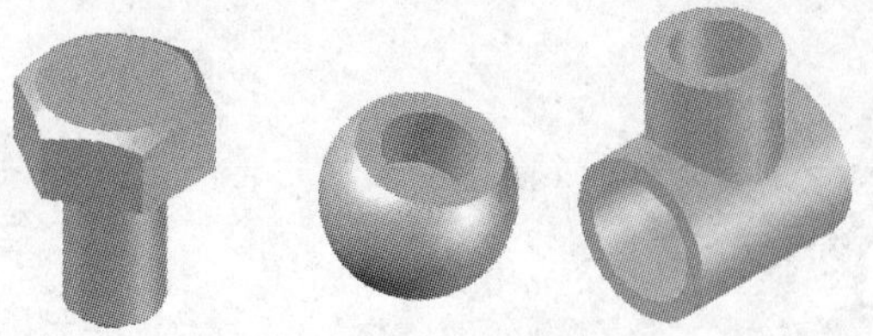

图 3-1　基本体组成的零件

如图 3-1 所示为由基本体组成的零件，任何复杂的零件，一般都可分解成一些棱柱、棱锥、圆柱、圆锥和圆球等基本几何体，这些基本几何体简称基本体。由若干个平面所围成的几何体，如棱柱、棱锥等，称为平面立体，简称平面体。由曲面或曲面与平面所围成的几何体，称为曲面立体，最常见的是回转体，如圆柱、圆锥、圆球等。

3.1　基本体

3.1.1　平面体

平面体两侧表面的交线称为棱线。若平面体所有棱线互相平行，称为棱柱。若平面体所有棱线交于一点，称为棱锥。平面体的投影是平面体各表面投影的集合，是由直线段组成的封闭图形。因此，画平面体的投影可归纳为绘制它的各棱线及各顶点的投影。

1. 棱柱

棱柱顶面、底面形状相同且为平行的多边形，棱线互相平行。它的形体特征是上、下两个底面互相平行，各棱面均垂直于底面。分析各个面的投影特性，主要具有积聚性、真实性和类似性。

下面以正六棱柱为例分析棱柱投影特性，如图 3-2 所示。

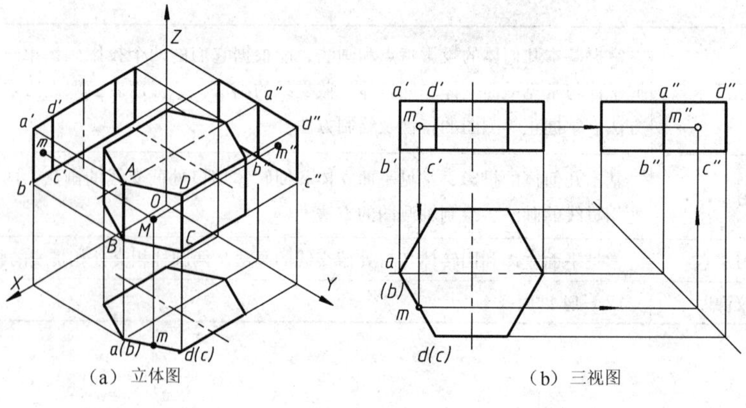

（a）立体图　　（b）三视图

图 3-2　正六棱柱

1）投影分析

正六棱柱的顶面和底面均平行于 H 面，其水平投影反映实形，在 V 面及 W 面上的投影积聚成一直线。前后棱面平行于 V 面，它们的正面投影反映实形，水平投影及侧面投影积聚为一直线。棱柱的其他四个侧棱面垂直于 H 面，水平投影积聚为直线，正面投影和侧面投影均为类似形状。

从各种棱柱的投影分析可得出，正棱柱的视图特征为：一个视图中顶面和底面的投影重合，并反映实形；其余两个视图由矩形线框组成。

2）棱柱表面上点的投影

在棱柱表面上取点的投影的作图方法，主要利用棱柱表面的积聚性投影求解。如图 3-2 所示，在正六棱柱表面上点 M，已知点 M 的 V 面投影 m'，求在 H 面和 W 面上的投影。M 点所在的平面 $ABCD$ 垂直于水平面 H 面，利用投影的积聚性可得到 H 面的投影 m，再利用投影规律的“三等关系”，即可求出 W 面的投影 m''。在求点的投影时，还应注意点在视图上的可见性。

2. 棱锥

棱锥底面为多边形，棱线交于一点。因此，各侧棱面均为共顶点的三角形。棱锥切去顶部，形成的形体称为棱台。

下面以常见的四棱台为例分析棱锥的投影特性。

如图 3-3 所示，四棱台的俯视图反映顶面、底面四边形的实形，棱线的投影为顶点与四边形顶点的连线；主视图和左视图因两侧面与相应的投影面垂直，因此，利用积聚性可得到两个梯形。从各种棱锥的投影分析可看出，棱锥的投影既有积聚性投影又有类似性投影，视图的画法主要为绘制它的各棱线及各顶点的投影。

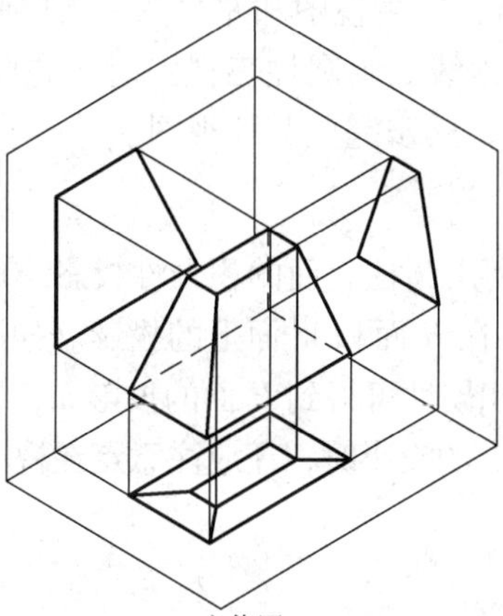

（a）立体图

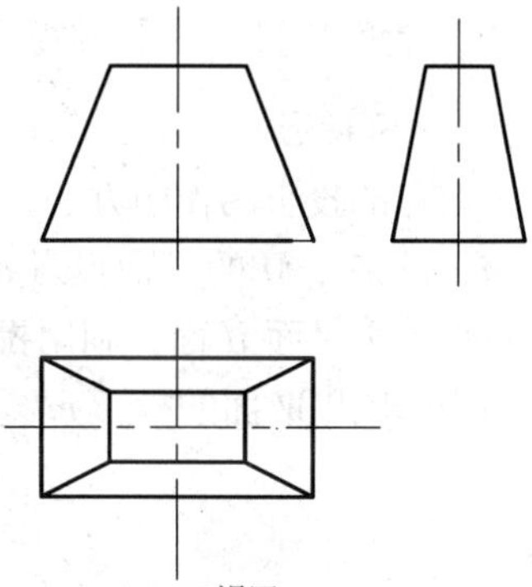

（b）三视图

图 3-3　四棱锥

3.1.2　回转体

常见的回转曲面立体，简称回转体。回转曲面是由母线（直线或曲线）绕定轴线做回转运动生成的。直母线生成的回转曲面称为直线回转面，如圆柱面、圆锥面等；曲母线生成的回转曲面称为曲线回转面，如圆球面等。

画回转体的投影时，一般应画出曲面各方向转向轮廓素线的投影和回转轴线的三个投影。

1. 圆柱

圆柱由圆柱面和上、下两底面组成，如图 3-4 所示。圆柱面可看成由直母线绕与它平行的轴线旋转而成。圆柱面上与轴线平行的任一直线称为圆柱面的素线。

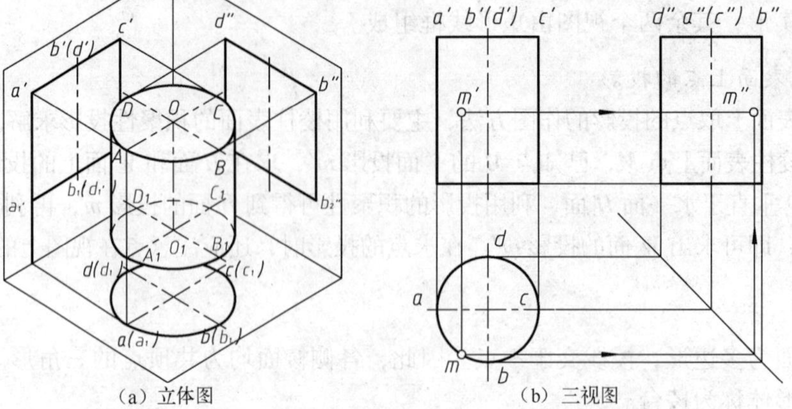

（a）立体图　　　　　　（b）三视图

图 3-4　圆柱

1）投影分析

圆柱顶圆和底圆平面为水平面，其水平投影反映实形且重合，所以俯视图为圆；正面投影和侧面投影均为相同尺寸的两个矩形，且直线段的长度等于顶圆和底圆的直径，另一方向的长度为圆柱的高。圆柱的轴线 OO_1 与 Z 轴平行，在主视图和左视图上需要画出。图中的轮廓素线 AA_1、BB_1、CC_1、DD_1 为视图的转向轮廓素线。画圆柱三视图时，先画出圆的中心线和圆柱轴线各投影，然后从投影为圆的视图画起，逐步完成其他视图。

2）圆柱表面上点的投影

在圆柱表面上取点的投影的作图方法，主要利用圆柱表面的积聚性投影求解。例如，在圆柱表面上有一点 M，已知点 M 的 V 面投影 m'，求在 H 面和 W 面上的投影。如图 3-4 所示，M 点所在的圆柱面垂直于水平面 H 面，利用投影的积聚性可得到 H 面的投影 m，再利用投影规律的“三等关系”，即可求出 W 面的投影 m''。在求点的投影时，还应注意点在视图上的可见性。

2. 圆锥

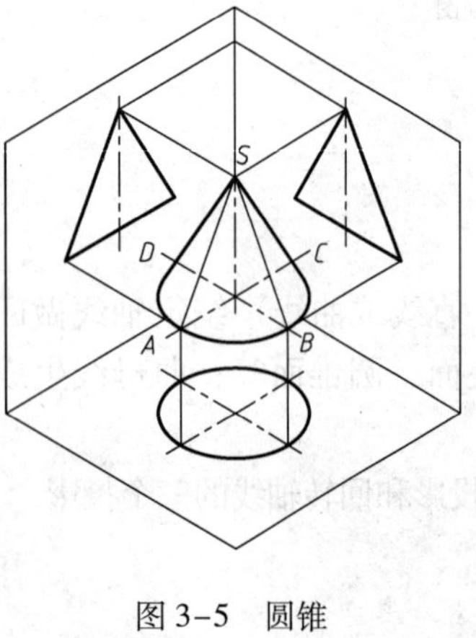

图 3-5　圆锥

圆锥面是由一条直母线 SA，绕与它相交的轴线旋转形成的。它由圆锥面和底面组成，如图 3-5 所示。

1）投影分析

在图示位置，俯视图为底圆的投影；另两个视图为等腰三角形，三角形的底边为圆锥底面的投影，两腰分别为圆锥面不同方向的两条轮廓素线的投影。图 3-5 中的 SA、SB、SC、SD 为转向轮廓素线，因圆锥表面光滑，只有在投影为最外轮廓素线时画出，投影与轴线重合时不能画出。画图时，先画出圆的中心线和圆锥轴线的各投影，再画出圆的投影，然后作出锥顶的各投影，完成圆锥的三视图。

2）圆锥表面上点的投影

取圆锥面上的点的方法有两种，分别是素线法和辅助圆法。以图 3-6 所示为例，已知圆

锥表面点 M 的 V 面投影，求点 M 另两面的投影。

素线法是利用点在圆锥素线的三面投影上来作图取点。已知点 M 的 V 面投影，过顶点 S 作素线 SA，点 A 在底圆上，利用积聚性求得 a'、a''，分别连接 $s'a'$、$s''a''$，点 M 的水平投影和侧面投影即在此两条线上，如图 3-6（a）所示。

辅助圆法是利用点在圆锥的圆平面上来作图取点。过点 M 作一平面 P，P 面与底面平行，根据圆锥面的形成可知平面 P 为一圆平面，直径为切割两轮廓素线的距离。M 点即在此圆的圆弧上，利用三个投影的投影规律即可取得点 M 的另两面投影，如图 3-6（b）所示。

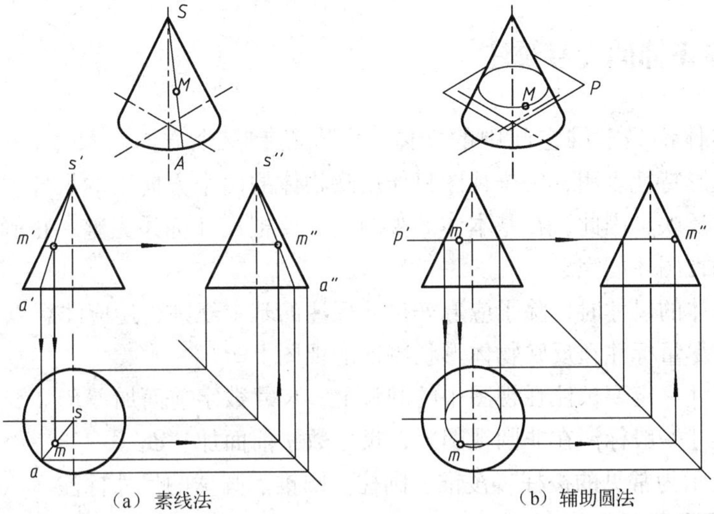

（a）素线法　　（b）辅助圆法

图 3-6　圆锥表面取点

3. 圆球

圆球的表面可看做由一圆母线以它的直径为回转轴旋转而成，如图 3-7 所示。

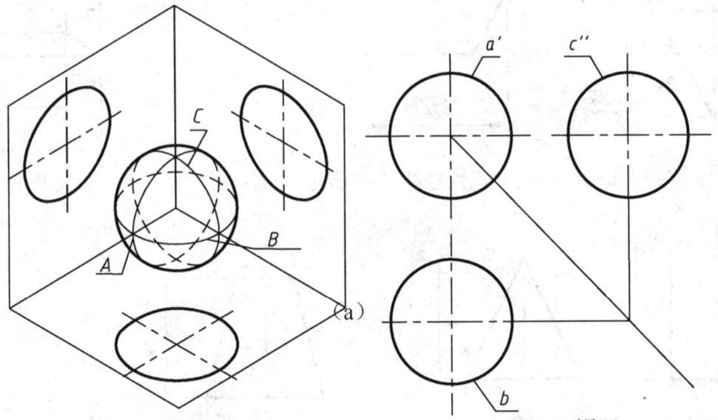

（a）立体图　　（b）三视图

图 3-7　圆球

圆球的三个视图均为与圆球的直径相等的圆，它们分别是圆球三个方向轮廓素线 A、B、C 的投影。画图时，先确定球心的三个投影，过球心分别画出圆球轴线的三投影，再画出三个与球等直径的圆。

综合柱、锥、圆球等各种基本体的三视图有如下特征：

（1）三视图中若有两个视图的外轮廓形状为矩形，则此基本体为柱；若有两个视图外轮廓形状为三角形，则此基本体为锥；若有两个视图外轮廓形状为梯形，则此形体为棱台或圆台。

（2）判断基本体是棱柱（棱锥、棱台）还是圆柱（圆锥、圆台），必须根据第三个视图的外轮廓形状来判断。若第三个视图的外轮廓形状为多边形，则该基本体为棱柱（棱锥、棱台）；若第三个视图的外轮廓形状为圆，则该基本体为圆柱（圆锥、圆台）。

（3）若三视图中有两个视图均为圆，则必定为圆球。

3.1.3 基本体的尺寸标注

每一个基本体都是三维空间中的立体，所以具有三个方向的尺寸，一般称为长、宽、高。三视图的投影特性表明，一个视图只能反映物体的两个方向上的尺寸，另外一个尺寸只能在其他视图中反映，因此，在基本体的视图上，要把尺寸标注完整、正确，一般均需要两个或两个以上的视图才能完成。

在标注基本体的尺寸时，除了应遵守尺寸标注的基本规则，还应注意以下事项：

（1）尺寸应尽量标注在反映物体形状特征的视图上。

（2）半径尺寸一定要标注在视图中的圆弧上，尺寸数字前面加“R”。

（3）直径尺寸一般标注在非圆视图上，尺寸数字前面加“ϕ”。

如图3-8所示为常见的棱柱、棱锥、圆柱、圆锥、圆球的尺寸标注。

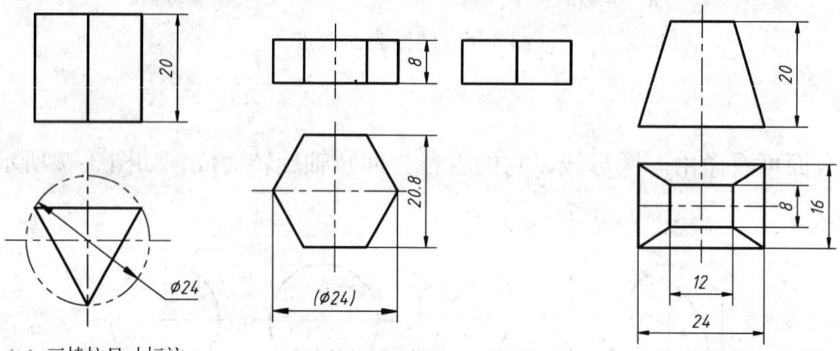

（a）三棱柱尺寸标注　（b）正六棱柱尺寸标注　（c）四棱台尺寸标注

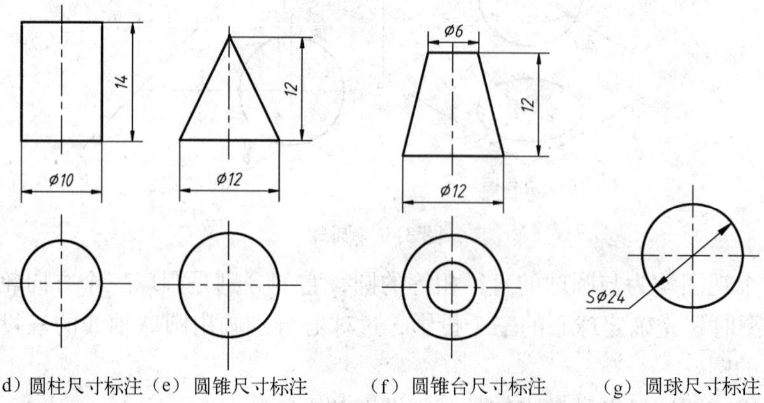

（d）圆柱尺寸标注　（e）圆锥尺寸标注　（f）圆锥台尺寸标注　（g）圆球尺寸标注

图3-8　常见基本体的尺寸标注

3.2 基本体的截交和相贯

截交是指平面与立体相交，相贯是指两立体相交，如图3-9所示。

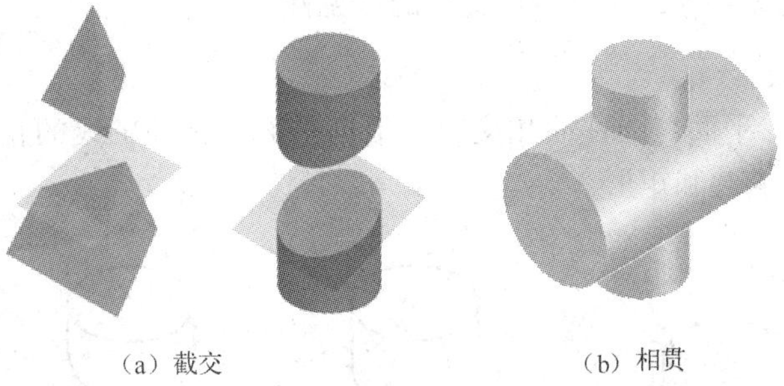

图3-9 截交和相贯

3.2.1 截交线

用平面切割立体，平面与立体表面的交线称为截交线，该平面称为截平面。它的基本特性为：

(1) 截交线为封闭的平面图形。

(2) 截交线既在截平面上，又在立体表面上，因此截交线是截平面与立体表面的共有线，截交线上的点都是截平面与立体表面的共有点。求作截交线就是求截平面与立体表面的共有点和共有线。

1. 平面立体被切割

平面切割立体时，截交线的形状取决于立体表面的形状和截平面与立体的相对位置。平面与平面体相交，其截交线为一平面多边形。如图3-10所示，正三棱柱被两相交的平面切割。与三棱柱右端面平行的平面，切割面为矩形，矩形宽度尺寸在俯视图上量取，左视图反映其特征。平面 *ABC* 与 *V* 面垂直，*C* 点在棱线上，因此，其三面投影主要是求切割面 *ABC* 与棱线交点的三面投影。

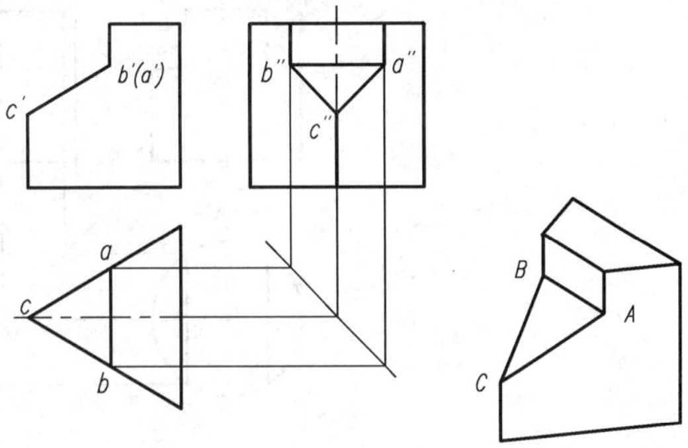

图3-10 正三棱柱的截交线

2. 回转体被切割

平面与回转体表面相交，其截交线是封闭的平面图形。截交线可以由曲线围成，或者由曲线与直线围成，或者由直线段围成。求平面与回转体的截交线，常利用垂直面的积聚性或者作辅助平面的方法，一般步骤如下：

(1) 空间及投影分析。分析回转体的形状以及截平面与回转体轴线的相对位置，以便确定截交线的形状。分析截平面与投影面的相对位置，明确截交线的投影特性，如积聚性、类似性等。找出截交线的已知投影，预见未知投影。

(2) 画出截交线的投影。当截交线的投影为非圆曲线时，其作图步骤为：先找特殊点，补充中间点。光滑连接各点，并判断截交线的可见性。

1) 圆柱的截交线

如图 3-11 所示，平面与圆柱面相交时，根据平面与圆柱轴线的相对位置不同，其截交线有三种情况：圆、椭圆和矩形。

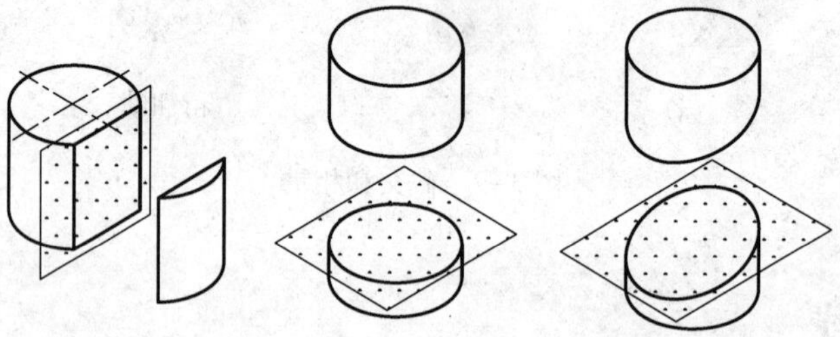

(a) 切平面与圆柱轴线平行，交线为矩形 (b) 切平面与圆柱轴线垂直，交线为圆 (c) 切平面与圆柱轴线倾斜，交线为椭圆

图 3-11 切平面与圆柱表面相交时交线的三种形式

如图 3-12 所示，圆柱被两相交平面对称切割。与圆柱轴线平行的切割面，其截交线为矩形，矩形宽度尺寸反映在俯视图中，左视图中反映其特征。与圆柱轴线垂直的切割面，其截交线为圆弧，圆弧直径即为圆柱直径。

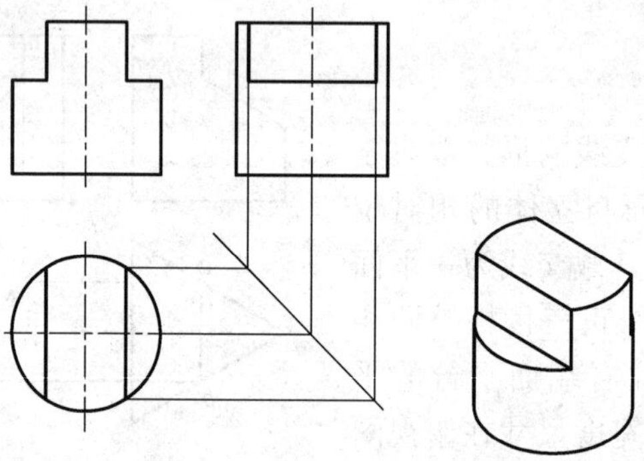

图 3-12 圆柱的截交线

2) 圆锥的截交线

如图 3-13 所示，平面与圆锥面相交时，根据平面与圆锥轴线的相对位置不同，其截交线有五种情况：圆、椭圆、双曲线、抛物线和直线。

如图 3-14 所示，圆锥被一与轴线平行的平面切割，其截交线为双曲线，反映在主视图上。

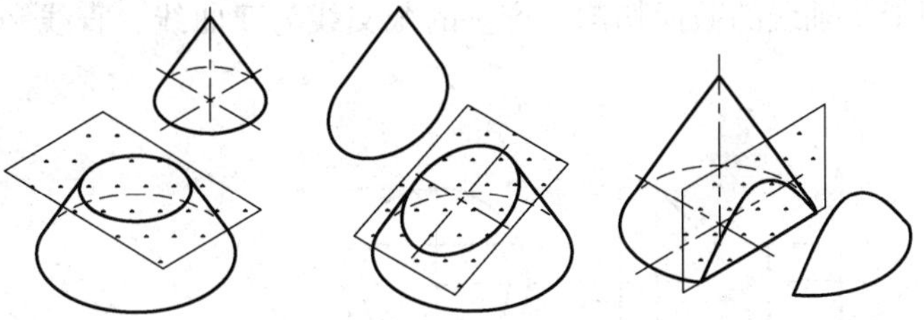

(a) 切平面与圆锥轴线垂直，交线为圆　(b) 切平面与圆锥轴线倾斜，交线为椭圆　(c) 切平面与圆锥轴线平行，交线为双曲线

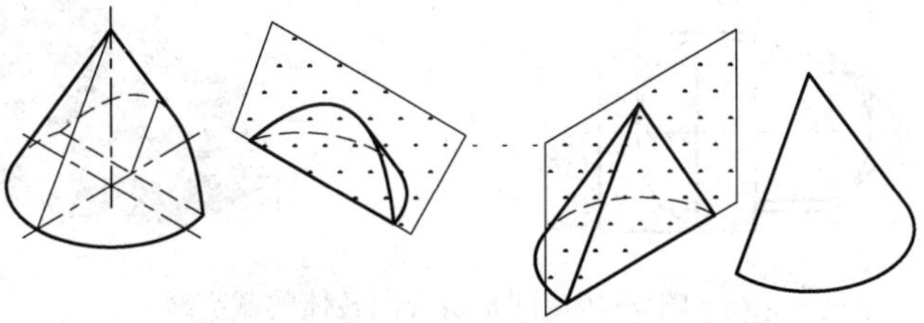

(d) 切平面与圆锥素线平行，交线为抛物线　(e) 切平面过圆锥锥顶，交线为两素线

图 3-13　切平面与圆锥表面相交时交线的五种形式

3) 圆球的截交线

任何位置的平面与球面相交，其截交线空间均为圆弧。画图时，注意圆弧直径应为切割面与球轮廓的交线长度。如图 3-15 (a) 所示，球被一水平平面切割，主视图和左视图投影均为直线，俯视图投影为圆。如图 3-15 (b) 所示，半球开槽，三个切割面与水平面和侧面平行，槽底在俯视图上投影为圆弧，圆弧半径在主视图上量取；槽的两侧面，在左视图上投影为圆弧，圆弧半径也在主视图上量取，注意各视图圆弧的圆心在球心的投影位置上。

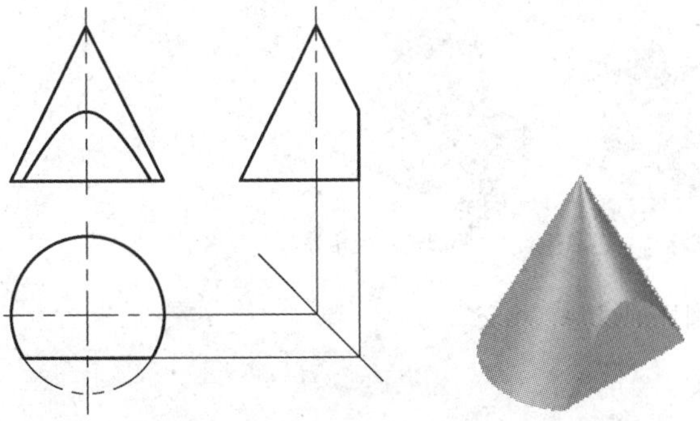

图 3-14　圆锥的截交线

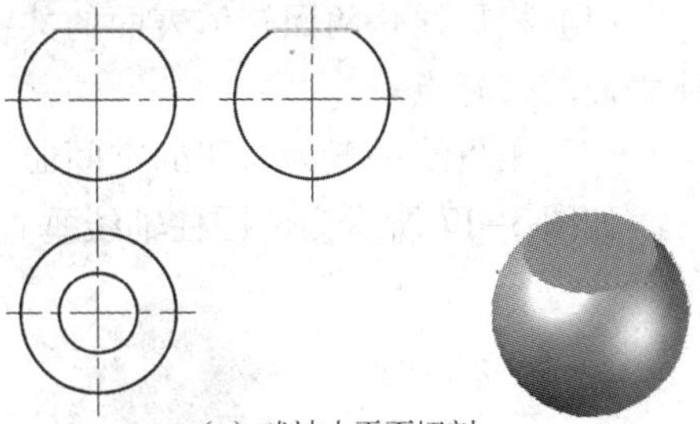

(a) 球被水平面切割

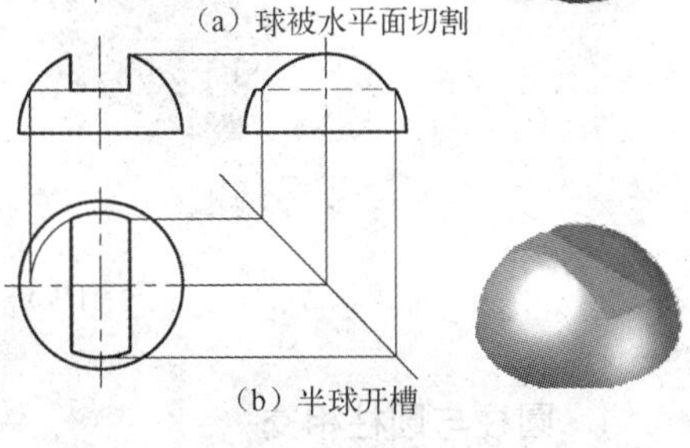

(b) 半球开槽

图 3-15　圆球的截交线

4) 同轴线组合回转体的截交线

如图 3-16 所示，该物体由圆锥和两大、小直径的圆柱共有轴线组成，被一个平行于轴

线的截面和一个倾斜于轴线的截面切割，产生的截交线为双曲线、直线和椭圆线，反映在俯视图上。

图 3-16　同轴组合回转体的截交线

在圆柱、圆锥、圆球的截交线中，当其截交线为非圆曲线时，其作图的基本方法是求出曲面立体表面上若干条素线与截平面的交点，然后光滑连接而成。截交线上一些能确定其形状和范围的点，如最高、最低点，最左、最右点，最前、最后点，以及可见与不可见的分界点等，均为特殊点。作图时，通常先作出截交线上的特殊点，再按需要作出一些中间点，最后依次连接各点，并注意投影的可见性。

3.2.2　相贯线

相贯线是指两回转体相交时表面形成的交线。两回转体相交时，相贯线具有以下特性：

(1) 相贯线是两回转体表面的共线，也是两曲面表面的分界线，相贯线上的点是两曲面体表面的共有点。

(2) 相贯线一般为封闭的空间曲线，特殊情况下可能是平面曲线或直线。

如图 3-17 所示为两圆柱轴线垂直相交的三种情况。

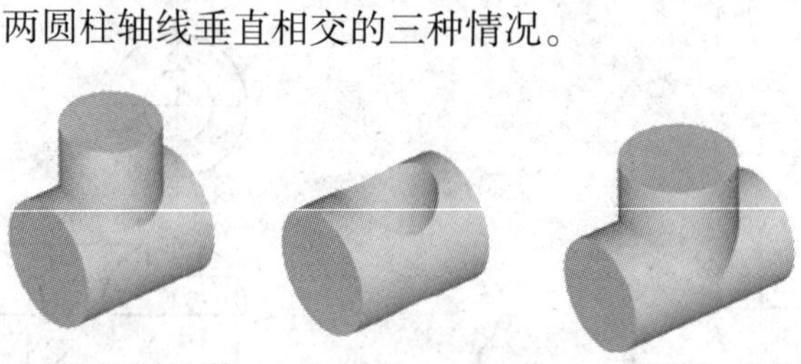

(a) 两圆柱直径不等 (b) 实心圆柱与空心圆柱 (c) 两圆柱直径相等

图 3-17　两圆柱轴线垂直相交

1. 圆柱与圆柱相交

1) 不同直径的两圆柱正交

如图 3-18 所示，直径大的圆柱水平放置，直径小的圆柱垂直放置，俯视图、左视图的相贯线与圆弧重合，求主视图相贯线的关键是找到轮廓转向点 A、B、C、D 点的投影。

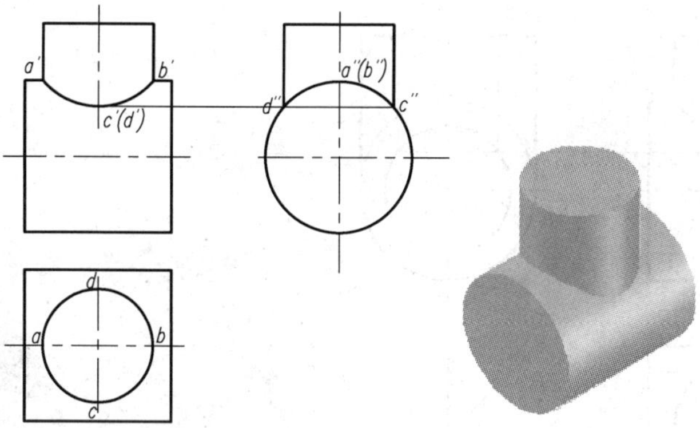

图 3-18　两圆柱正交的相贯线

2）正交两圆柱相对大小的变化引起相贯线的变化

如图 3-19 所示，（a）、（b）显示两圆柱直径不同时相贯线的位置，（c）显示两圆柱直径相等时，相贯线为两个相交的椭圆，其正面投影为正交两直线。

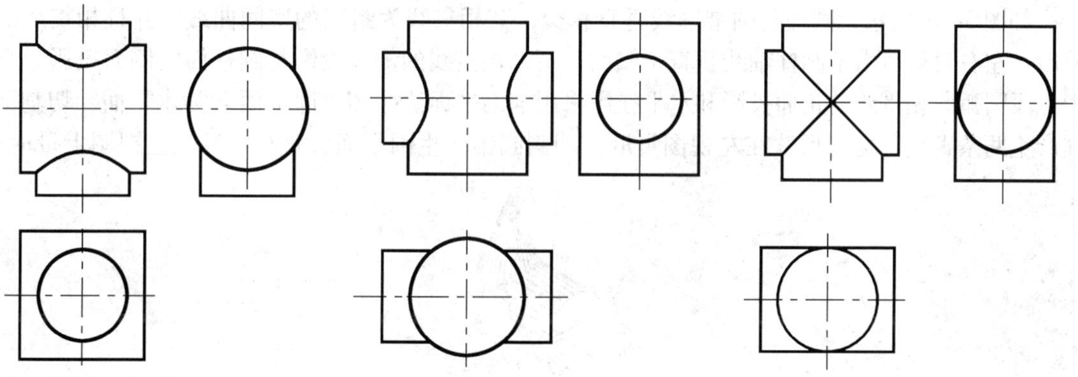

（a）两圆柱直径不等　（b）两圆柱直径不等　（c）两圆柱直径相等

图 3-19　圆柱表面的相贯线

画图时，注意两个不等径正交圆柱的相贯线，总是由小圆柱向大圆柱内弯曲，并且两圆柱直径相差越小，曲线顶点越向大圆柱轴线靠近。

3）内、外圆柱表面相交的情况

圆柱孔与圆柱面相交时，在孔口会形成相贯线，如图 3-17（b）所示。两圆柱孔相交时，其内表面也会形成相贯线。内表面相贯线的形状和作图方法与外表面相贯线一样，如图 3-20 所示。

在两相交的圆柱表面产生的相贯线，两面投影在积聚为圆的视图上，第三面投影先求两圆柱表面素线的交点，然后光滑连接而成。通常先确定最高、最低点，最左、最右点，最前、最后点，以及可见与不可见的分界点等特殊点，再按需要作出一些中间点，最后依次连接各点，并注意投影的可见性。

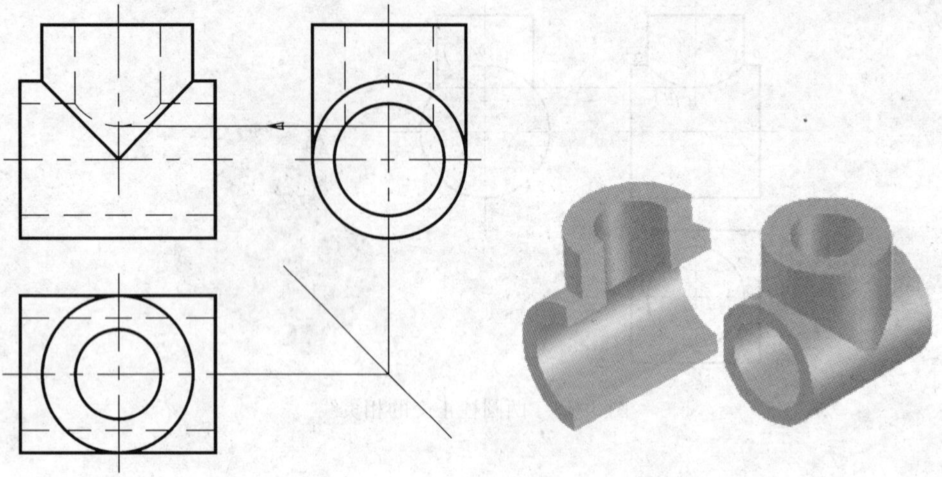

图 3–20　圆柱孔的相贯线

2. 圆柱与圆锥相交

如图 3–21 所示，圆柱与圆锥轴线垂直相交，其相贯线为封闭的空间曲线，并且相贯线的前后、左右对称。由于圆柱轴线垂直于侧面，所以相贯线的侧面投影与圆柱面的侧面投影重合为一段圆弧。相贯线的正面投影和水平投影采用辅助平面法作图，即平面 *P* 为水平面，切割圆柱产生两条直线，宽度尺寸在左视图量取；切割圆锥产生圆平面，直径尺寸在主视图上量取；

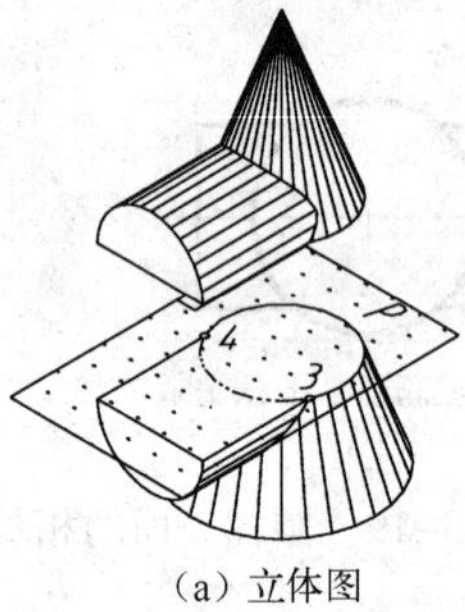

(a) 立体图

(b) 辅助平面法求点

(c) 相贯线

图 3–21　圆柱与圆锥相贯线的画法

圆柱直线和圆锥的圆弧在俯视图上相交，交点即为相贯线上的点。主视图和俯视图分别把这些点的两面投影连接起来，完成相贯线的投影。注意哪些是转向点，并判别它们的可见性。

3. 圆柱、圆锥与圆球相交

当圆柱、圆锥的轴线通过球心时，其相贯线为垂直于轴线的圆；若轴线平行于某投影面，则相贯线在该面上投影积聚为直线，如图 3-22 所示。圆柱与圆锥和圆球同轴线相贯，轴线与正面平行，相贯后产生的相贯线均为圆，且圆平面与正面垂直，所以在主视图上相贯线投影为直线。

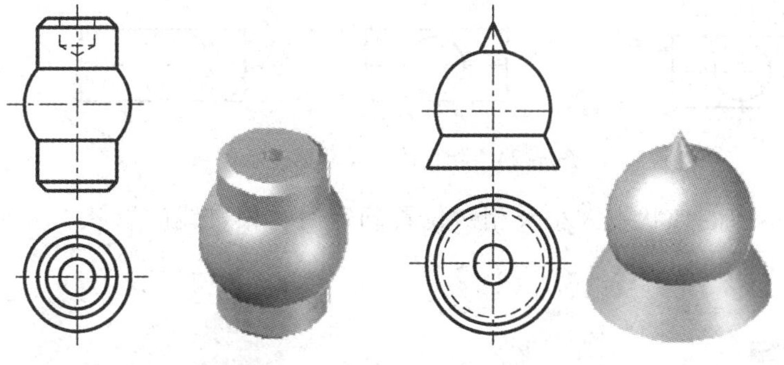

（a）圆柱与圆球同轴线相贯　　（b）圆锥与圆球同轴线相贯

图 3-22　圆柱、圆锥与圆球相贯线的画法

3.2.3　切口体与相贯体的尺寸标注

1. 切口体的尺寸注法

标注切口体的尺寸，除了注出基本体的大小尺寸外，还应注出确定切口、凹槽的位置尺寸，并应把尺寸集中在反映切口、凹槽的特征视图上。例如，图 3-23 中，切口三棱柱主视图上的尺寸 10、20；切口圆柱主视图上的尺寸 20、40；切块圆锥俯视图上的尺寸 10；开槽半球主视图上的尺寸 12、18。

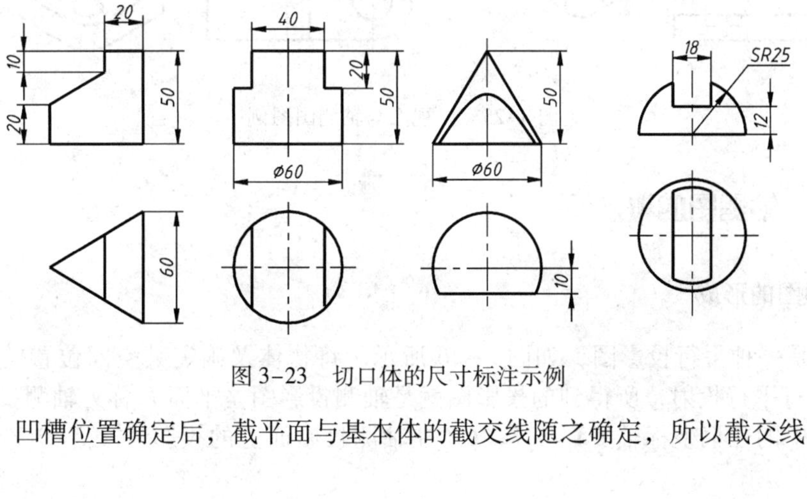

图 3-23　切口体的尺寸标注示例

当切口、凹槽位置确定后，截平面与基本体的截交线随之确定，所以截交线不应再标注尺寸。

2. 相贯体的尺寸注法

相贯体除了标注出相交的两个基本体的大小尺寸外，还应标注出确定两基本体的相对位置尺寸，并应标注在反映两形体相对位置特征的视图上，如图 3-24 所示。

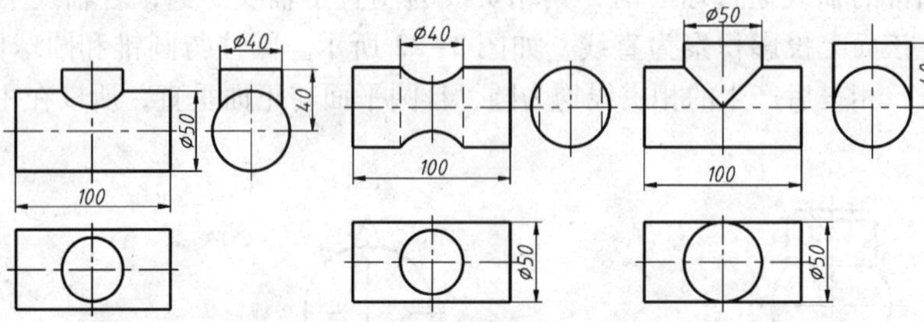

图 3-24　相贯体的尺寸标注示例

当两相交基本体的形状、大小及相对位置确定后，相贯线的形状、大小及位置自然确定，因此相贯线不能再标注尺寸。

3.3　轴测图

如图 3-25 所示，轴测图是立体图中的一种，富有立体感，它反映了物体三个方向的形状特征，一般与物体的视图配置在一起，帮助看图者更快地了解该组视图所表示的物体的形状。

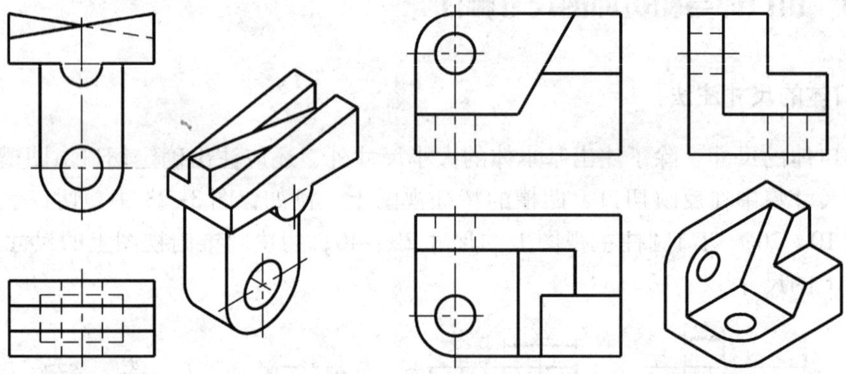

(a)　　(b)

图 3-25　三视图与轴测图图例

3.3.1　轴测图的概念

1. 轴测图的形成

轴测图是一种平行投影图，如图 3-26 所示。将物体及确定其空间位置的直角坐标系向平面 P 进行平行投射，所得到的投影图就是轴测投影图。平面 P 称为轴测投影面。空间直角坐标系中的三根坐标轴 OX、OY、OZ 在轴测投影面上的投影 O_1X_1、O_1Y_1、O_1Z_1，称为轴测轴。

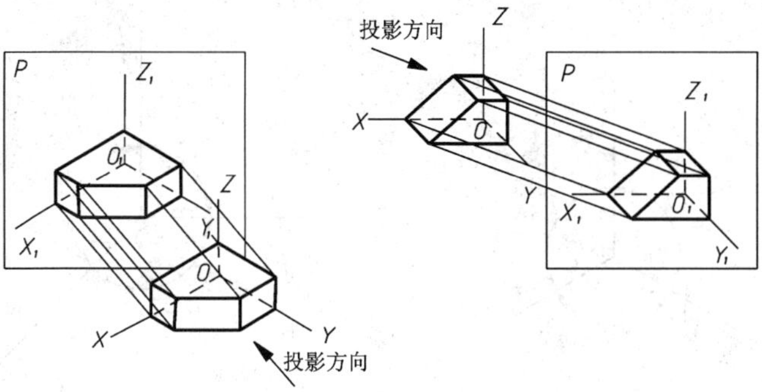

图 3-26 轴测图的形成

2. 轴测图的轴间角

轴测投影图中，两根轴测轴之间的夹角称为轴间角。

3. 轴测图的轴向伸缩系数

直角坐标轴的轴测投影的单位长度与相应直角坐标轴上的单位长度的比值，称为轴向伸缩系数。为便于作图，一般采用简化伸缩系数 p、q、r 表示 OX、OY、OZ 轴上的伸缩系数。

4. 轴测图的基本性质

（1）平行性。物体上互相平行的线段，轴测图上也互相平行；与参考的坐标轴平行的线段，其轴测投影也必平行于轴测轴。

（2）可测量性。沿平行于三根轴测轴的方向的线段的长度可在图中直接测量，其测量值乘以轴向伸缩系数就是该线段空间的长度。不平行于三根轴测轴的方向的线段的长度不可在图中直接测量。

5. 机械制图中常采用的轴测图的种类

1）正等轴测图

正等轴测图采用的投影方法是正投影法，空间直角坐标系中的三根坐标轴 OX、OY、OZ 在轴测投影面上的投影 O_1X_1、O_1Y_1、O_1Z_1 及轴间角、轴向伸缩系数如图 3-27 所示，采用的是正投影，$\angle X_1OY_1=\angle X_1OZ_1=\angle Y_1OZ_1=120°$，$p=q=r=\cos35°16'\approx0.82$。从图 3-25 中可了解到，轴测图不管画得大还是小，与三视图是否成比例，都能帮助看图者了解该组视图所表示物体的形状，作用是相同的。因此，为了作图方便，将正等轴测图的轴向伸缩系数简化为 $p=q=r=\cos35°16'\approx0.82\approx1$。

2）斜二轴测图

斜二轴测图采用的投影方法是斜投影法，空间直角坐标系中的三根坐标轴 OX、OY、OZ 在轴测投影面上的投影 O_1X_1、O_1Y_1、O_1Z_1 及轴间角、轴向伸缩系数如图 3-28 所示，$\angle X_1O_1Z_1=90°$，$\angle X_1O_1Y_1=\angle Y_1O_1Z_1=135°$，$p=r=1, q=0.5$。

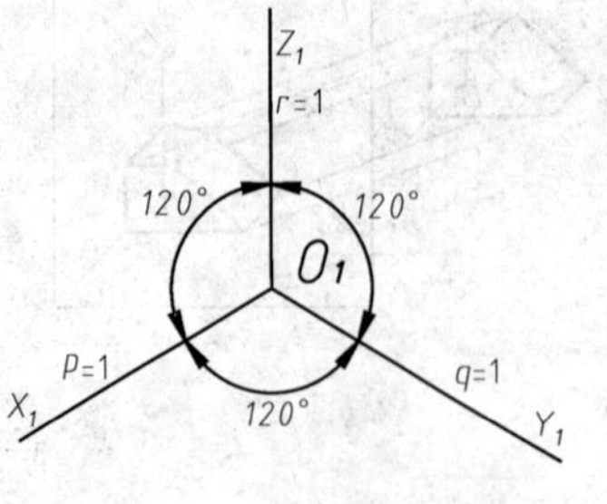

图 3-27　正等轴测图形式

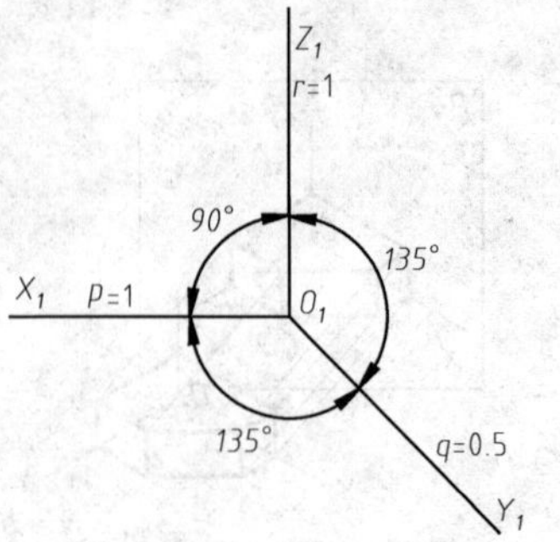

图 3-28　斜二轴测图形式

3.3.2　正等轴测图画法

物体一般都是由平面体和回转体组合而成的，所以要画它们的轴测图只要研究平面体和回转体的轴测图的画法即可。

1. 平面体的正等轴测图画法

画轴测图的常用方法有坐标法、切割法。

1）坐标法

坐标法即按每个点的坐标进行绘图，通常步骤为：

(1) 将空间坐标系的原点放置在要画轴测图的物体的某个特征点上，并在视图上标注出 OX、OY、OZ 轴。

通常可作为特征点的点有：非对称件上的角点、大端面上的某个点、重要轴线与某个端面相交的交点；对称件上的对称面上的某个点、中心点等；也可与作图基准重合。注意：这个特征点若取得好，将给后续作图带来方便。

(2) 画出轴测坐标系 O_1X_1、O_1Y_1、O_1Z_1。

(3) 从特征点开始，向外画出各结构。

(4) 检查、整理、描深，一般不可见的轮廓线不画。

例如，正六棱柱的正等轴测图，其画法和步骤如图 3-29 所示。

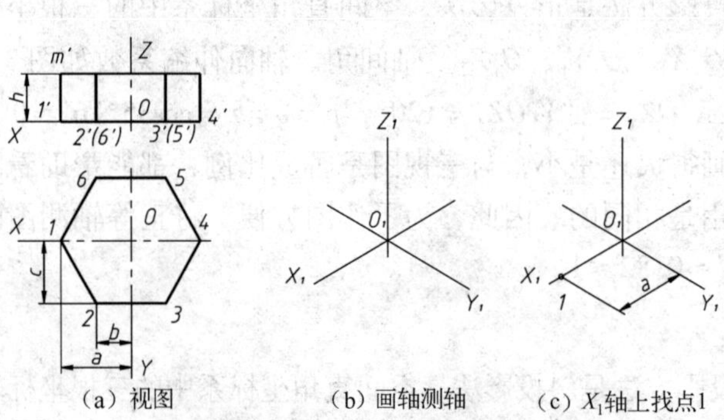

(a) 视图　　(b) 画轴测轴　　(c) X_1轴上找点1

图 3-29　正六棱柱的正等轴测图的画法和步骤

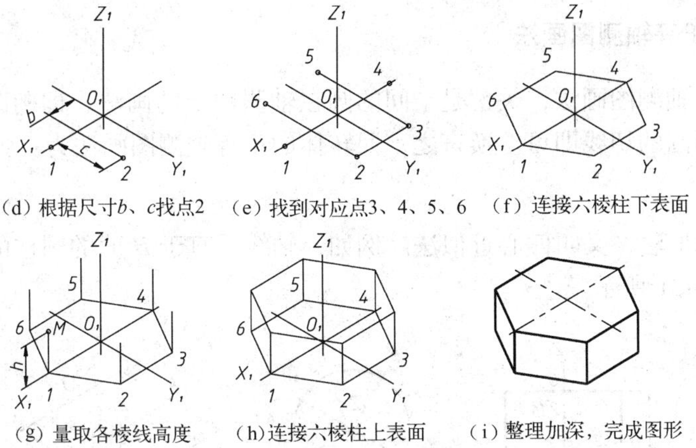

（d）根据尺寸b、c找点2　（e）找到对应点3、4、5、6　（f）连接六棱柱下表面

（g）量取各棱线高度　（h）连接六棱柱上表面　（i）整理加深，完成图形

图 3-29　正六棱柱的正等轴测图的画法和步骤（续）

2）切割法

切割法即假想零件是由一个长方体切割而来的，例如，画夹具中的夹紧块的正等轴测图，画法和步骤如图 3-30 所示。要求两平面之间的交线，则要画出这两个平面的边界线，找到边界线的交点，连接交点画出交线，如图 3-30（h）所示。物体上长圆形的孔因属于回转体，只有在学习了回转体之后才能完成，在此略。

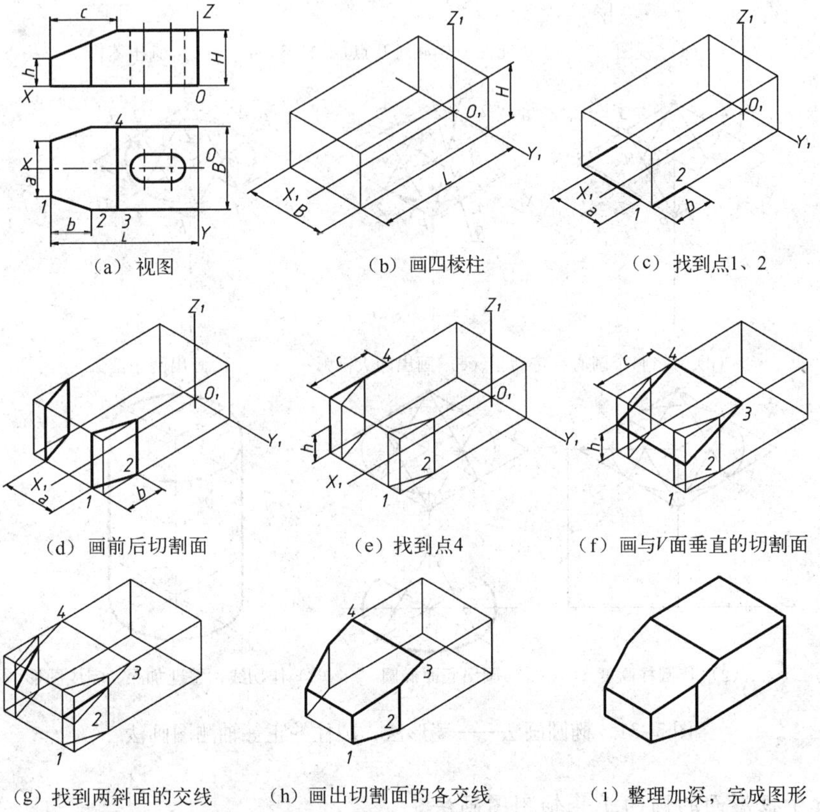

（a）视图　（b）画四棱柱　（c）找到点1、2

（d）画前后切割面　（e）找到点4　（f）画与V面垂直的切割面

（g）找到两斜面的交线　（h）画出切割面的各交线　（i）整理加深，完成图形

图 3-30　夹紧块的正等轴测图的画法和步骤

2. 回转体的正等轴测图画法

回转体的正等轴测图画法，关键是空间的圆在轴测图上的画法，即椭圆的画法。画好了椭圆后只需要作椭圆的切线即可。换言之，回转体的正等轴测图画法为：画椭圆，作切线。

1）椭圆画法

椭圆画法即菱形法，又叫四心近似法。例如，轴线垂直于 H 面的圆柱的正等轴测图，其画法和步骤如图 3-31 所示。

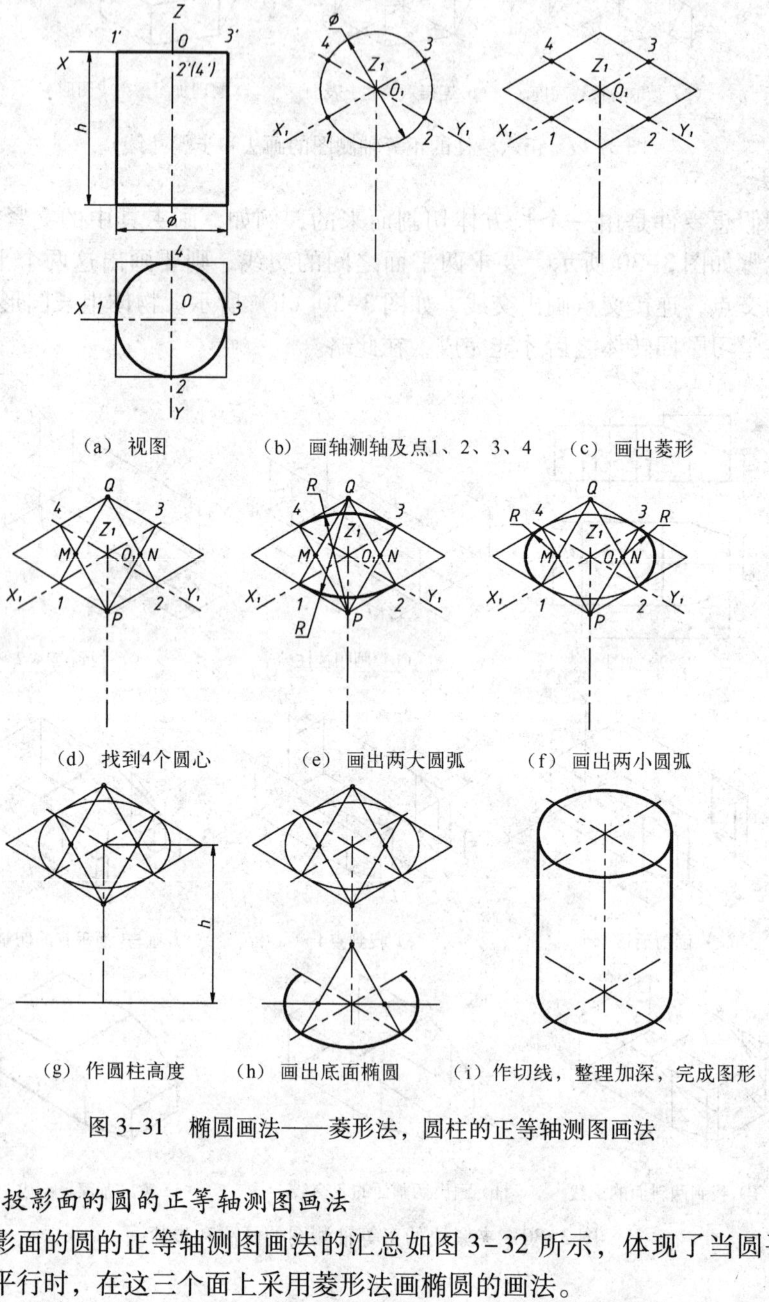

（a）视图　（b）画轴测轴及点1、2、3、4　（c）画出菱形

（d）找到4个圆心　（e）画出两大圆弧　（f）画出两小圆弧

（g）作圆柱高度　（h）画出底面椭圆　（i）作切线，整理加深，完成图形

图 3-31　椭圆画法——菱形法，圆柱的正等轴测图画法

2）平行于投影面的圆的正等轴测图画法

平行于投影面的圆的正等轴测图画法的汇总如图 3-32 所示，体现了当圆平面与正面、水平面、侧面平行时，在这三个面上采用菱形法画椭圆的画法。

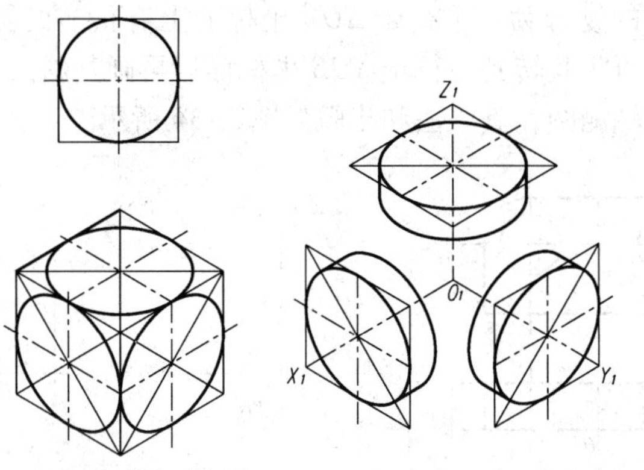

（a）正面、水平面、侧面上三种菱形法椭圆画法　（b）圆柱与正面、水平面、侧面平行的轴测图例

图 3-32　平行于投影面的圆的正等轴测图画法汇总

3）圆角的正等轴测图画法

圆角是圆的一部分，画平行于坐标面上的圆角的正等轴测图，找出圆角所对应的圆的那一段弧即可，具体画法和步骤如图 3-33 所示，其中的圆角是圆的四分之一。

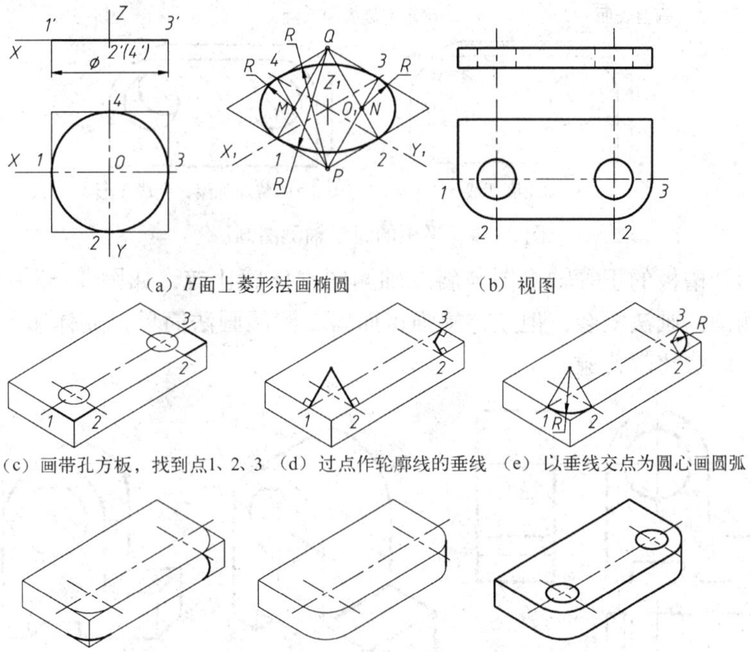

（a）*H*面上菱形法画椭圆　（b）视图

（c）画带孔方板，找到点1、2、3　（d）过点作轮廓线的垂线　（e）以垂线交点为圆心画圆弧

（f）画底面圆弧　（g）作圆弧切线　（h）判别可见性，完成图形

图 3-33　圆角的正等轴测图画法

3.3.3　斜二轴测图

从图 3-28 可知，斜二轴测图因其平行于 *XOZ* 坐标面上的形体与空间的形体的形状保持不变，所以在画斜二轴测图时，若平行于 *XOZ* 坐标面上有很多的圆，则不必像正等轴测图那样费时费力地画很多的椭圆，而只需要画圆即可。

斜二轴测图常使用的场合为：平行于 XOZ 坐标面上有很多的圆；如果平行于其他某个坐标面上有很多的圆，可将其转到平行于 XOZ 坐标面后再画其斜二轴测图。

例如，平板的斜二轴测图，其画法和步骤如图 3-34 所示。

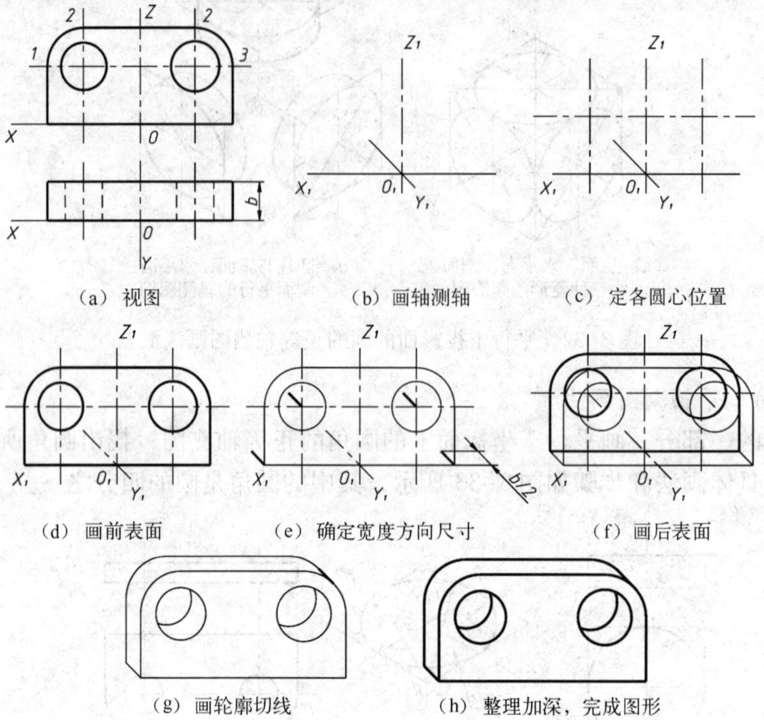

（a）视图　（b）画轴测轴　（c）定各圆心位置

（d）画前表面　（e）确定宽度方向尺寸　（f）画后表面

（g）画轮廓切线　（h）整理加深，完成图形

图 3-34　平板的斜二轴测图画法

例如，拱形开槽板的正等轴测图与斜二轴测图立体感比较，如图 3-35 所示，从图中可以看出，正等测图的画法复杂，但立体感强；而斜二测图画法简单，立体感差。实际使用当中，正等测图的画法比较普遍。

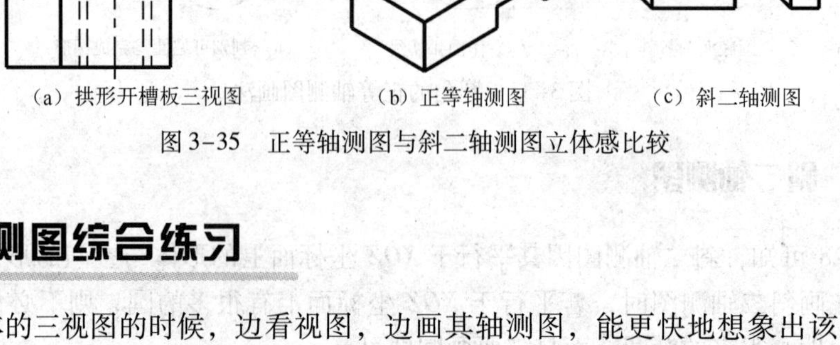

（a）拱形开槽板三视图　（b）正等轴测图　（c）斜二轴测图

图 3-35　正等轴测图与斜二轴测图立体感比较

3.4　轴测图综合练习

在看物体的三视图的时候，边看视图，边画其轴测图，能更快地想象出该物体的形状。

在生产实际中运用轴测图，有利于更好地与人交流设计思想，所以绘制轴测图也是一个工程技术人员必须具备的技能。

【实例3-1】　如图3-36所示，物体由带圆角的四棱柱板、拱形和三角块组合而成，画轴测图时，根据尺寸先画主要的四棱柱板，再画三角块，接下来画孔、拱形和圆角，用前面介绍的画法依次画出，注意连接部分及不可见部分。

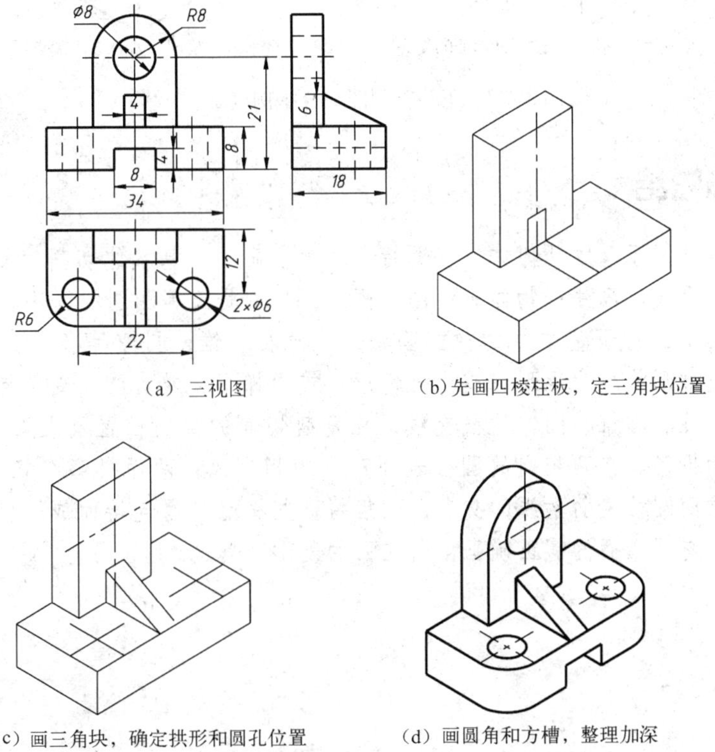

（a）三视图　　（b）先画四棱柱板，定三角块位置

（c）画三角块，确定拱形和圆孔位置　　（d）画圆角和方槽，整理加深

图3-36　正等轴测图综合举例（一）

【实例3-2】　如图3-37所示，在四棱柱上切割V形槽。先画出四棱柱的正等测图，然后开梯形槽，再画前面的切块，注意切块斜面与梯形斜面产生的交线，完成后注意不可见部分。

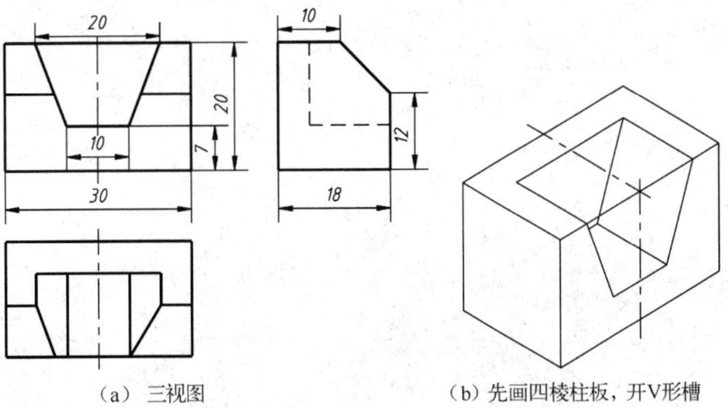

（a）三视图　　（b）先画四棱柱板，开V形槽

图3-37　正等轴测图综合举例（二）

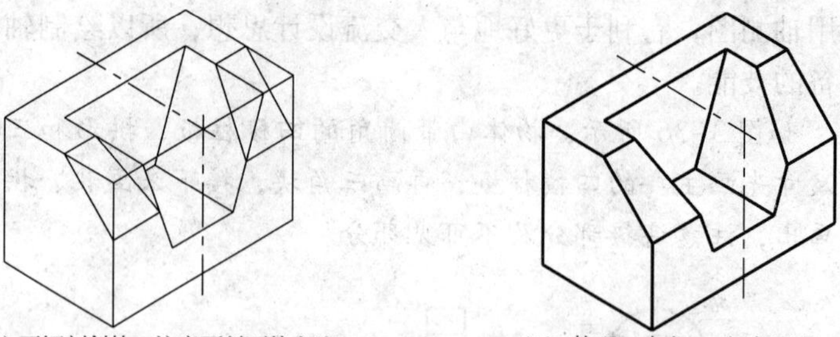

（c）画切割斜块，注意两斜面的交线　　（d）整理、加深，完成图形

图 3-37　正等轴测图综合举例（二）（续）

知识梳理与总结

本单元重点学习了基本几何体的视图特点和视图画法；基本体切割后截交线的画法；两回转体相贯后相贯线的画法；物体轴测图的画法，特别是正等测图的画法。

在学习过程中，对于基本体的视图画法，注意柱、锥、圆球等各种基本体的三视图特点，视图的外轮廓形状或为矩形、或为三角形、或为梯形、或为圆，必须弄清楚它们的投影特征。对于求圆柱、圆锥、圆球的截交线，注意截切面的空间位置及表面产生的曲线形状，然后确定它们的投影。在两相交的圆柱表面产生的相贯线，两面投影在积聚为圆的视图上，第三面投影先求两圆柱表面素线的交点，然后将这些交点光滑连接而成。轴测图部分注意正确画出轴测轴，有圆弧面的需正确画出所在面的菱形。

学习单元4 组合体

教学导航

教	学习目标	掌握应用形体分析法画组合体视图的方法和步骤，正确理解定形尺寸、定位尺寸、尺寸基准等基本概念，能正确、完整、清晰、合理地标注组合体的尺寸。掌握应用形体分析法和线面分析法读组合体的三视图
	学习重点	组合体三视图的画法、尺寸标注，读组合体视图的方法
学	学习难点	读组合体视图的方法
	建议课时	10～12 课时

任何复杂的机件，从几何角度看，都是由一些基本体按一定方式组合而成的。通常由两个或两个以上的基本体所组成的形体，称为组合体。

本单元将着重介绍组合体三视图的画法、尺寸标注和看图方法，为学习零件图打下基础。

4.1 组合体的组合形式

4.1.1 组合体的形体分析

组合体的组合形式有叠加方式和截切方式，如图4-1所示。叠加方式由若干基本体叠加而成。截切方式由基本体经过切割或穿孔后形成。这些基本体可以是一个完整的柱、锥、球、环，也可以是一个不完整的基本形体，或者是它们的简单组合。在画图和读图时，假想将一个复杂的形体视为由若干基本体组合的思考方法称为形体分析法。

（a）叠加方式　　（b）截切方式

图4-1　组合体的组合形式

在多数情况下，同一个组合体既可以按叠加方式分析，也可以从截切方式去理解，一般要遵循便于作图和容易理解的原则。

4.1.2 表面连接关系

从组合体的整体来分析，各基本体之间都有一定的相对位置，并且各形体之间的表面也存在一定的连接关系。

1. 共面和不共面

当相邻两形体的表面互相平齐连成一个平面时，结合处没有界线，如图4-2（a）所示。如果两形体的表面不共面，而是相错，则在视图中要画出两表面间的界线，如图4-2（b）所示。

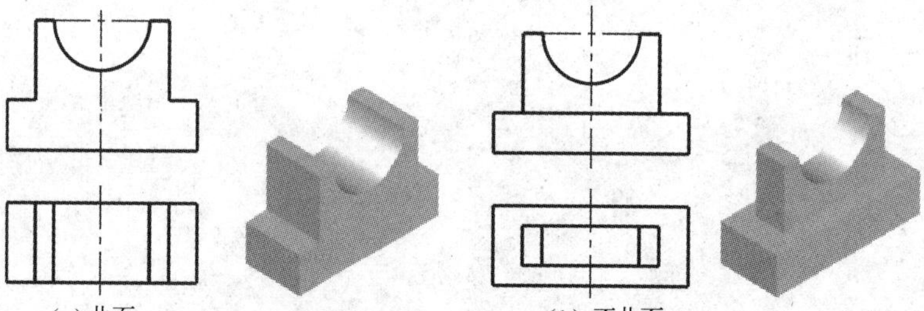

（a）共面　　（b）不共面

图4-2　组合体表面连接关系（一）

2. 两形体表面相切和相交

相切是指两个基本体的相邻表面光滑过渡。相切处不存在轮廓线，在视图上一般不画分界线，如图 4-3（a）所示。当两基本体相交时，相交处有交线，视图中在该处应画出交线，如图 4-3（b）所示。

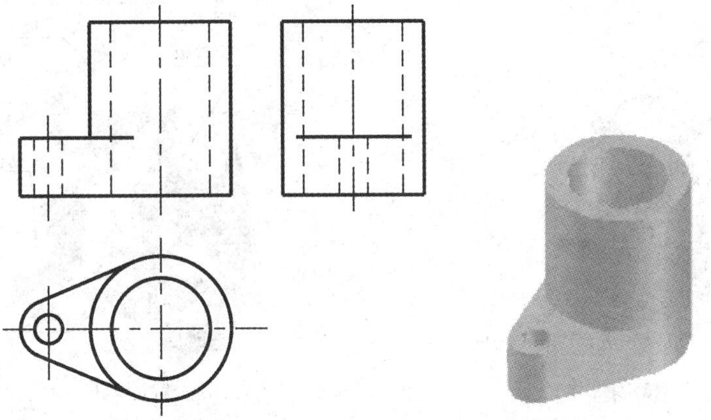

（a）相切

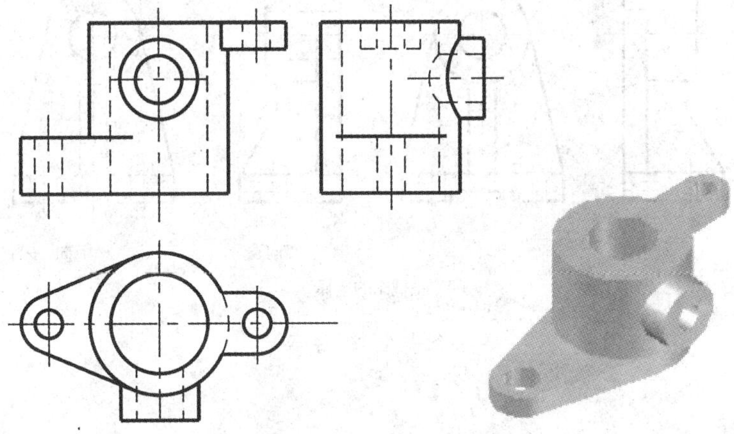

（b）相交

图 4-3　组合体表面连接关系（二）

4.2　组合体的视图画法

绘制组合体的视图之前，应先分析绘制的组合体由哪些基本体组成，分析它们的形状、尺寸及相对位置，判断形体间相邻表面是否处于共面、相切或相交的关系，然后逐个画出各基本体的三视图。

4.2.1　叠加型组合体的视图画法

以图 4-4（a）所示的轴承座为例，介绍组合体视图的画法和步骤。

1. 形体分析

如图 4–4（b）所示，该组合体由四部分组成，支撑板在底板的上面，后面平齐；肋板在支撑板的前面、底板的上方；圆筒在支撑板和肋板的上方。支撑板两斜面与圆筒相切，肋板与圆筒相交。

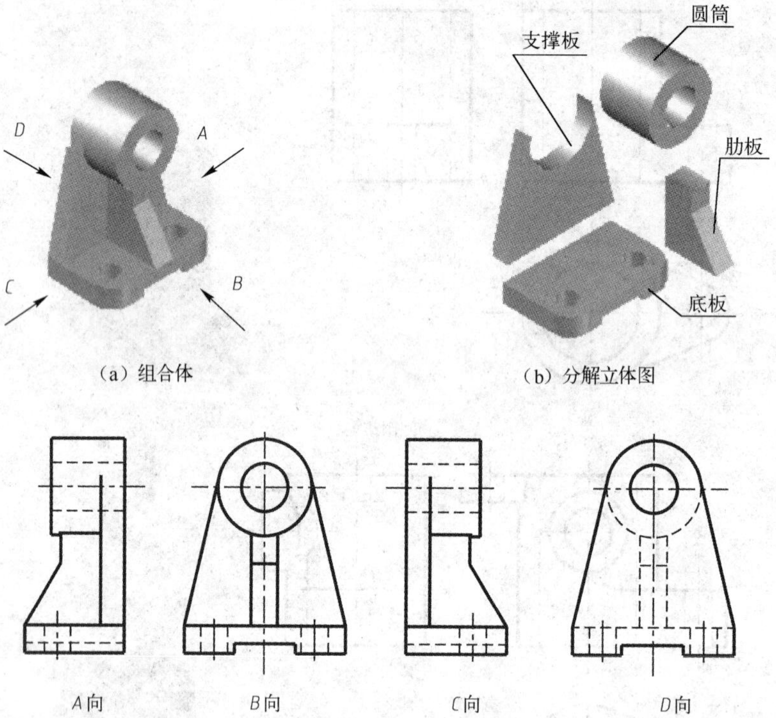

（c）主视图的选择

图 4–4　组合体

2. 视图选择

组合体在安放时，一般将组合体的主要表面和主要轴线尽可能平行或垂直于投影面。选择主视图的投影方向时，应能较全面地反映组合体各部分的形状特征以及它们之间的相对位置。如图 4–4（c）所示，*B* 向视图最能反映该组合体的形状特征、各基本组成部分的位置，且使其他视图虚线最少，因此，该组合体主视图选择 *B* 向。

3. 布置视图

根据组合体的大小，定比例、选图幅、确定各视图的位置。

4. 画图步骤

画图步骤如图 4–5 所示。

（1）运用形体分析，逐个绘出各部分基本形体。

(2) 应先画反映形状特征的视图。

(3) 检查、加深、描粗。

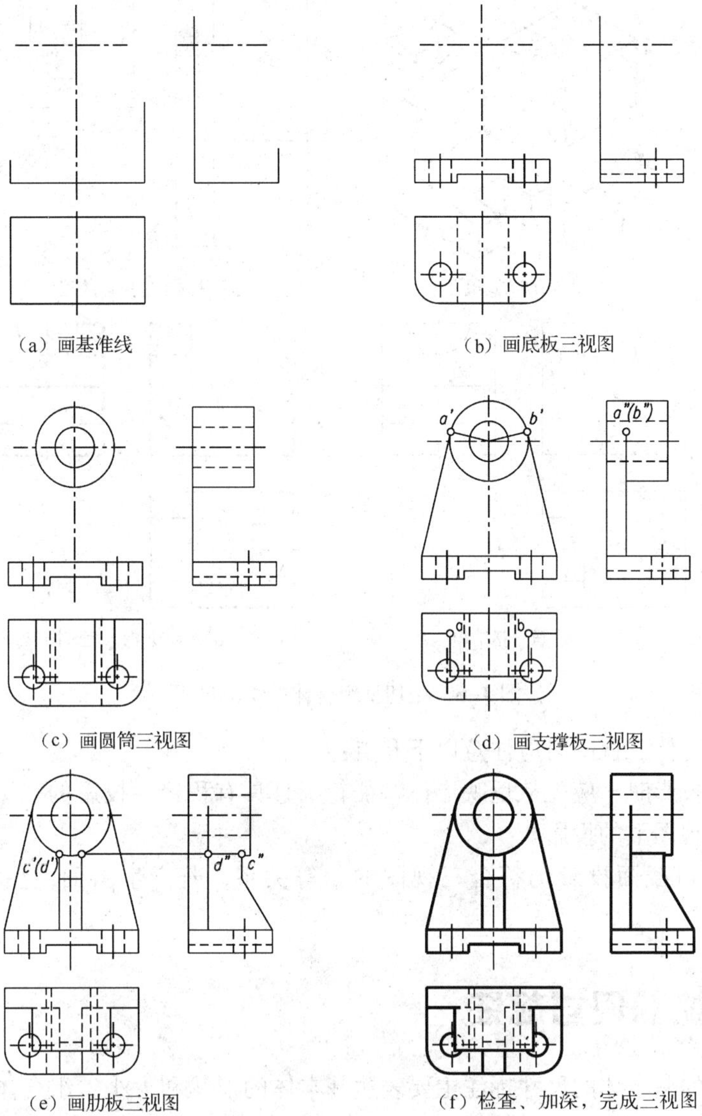

(a) 画基准线　(b) 画底板三视图

(c) 画圆筒三视图　(d) 画支撑板三视图

(e) 画肋板三视图　(f) 检查、加深，完成三视图

图4-5 组合体的绘图过程

注意：

(1) 按形体分析法将各基本形体逐个画出，先画特征视图，再画其另两个投影，三个视图应按投影关系同时画出。

(2) 完成各基本形体的三视图后，应检查形体间表面连接处的投影是否正确。

4.2.2 截切型组合体的视图画法

截切型组合体的视图画法一般利用线面分析法：根据表面的投影特性来分析组合体表面

的性质、形状和相对位置画图。如图 4-6 所示为截切型组合体的绘图过程。

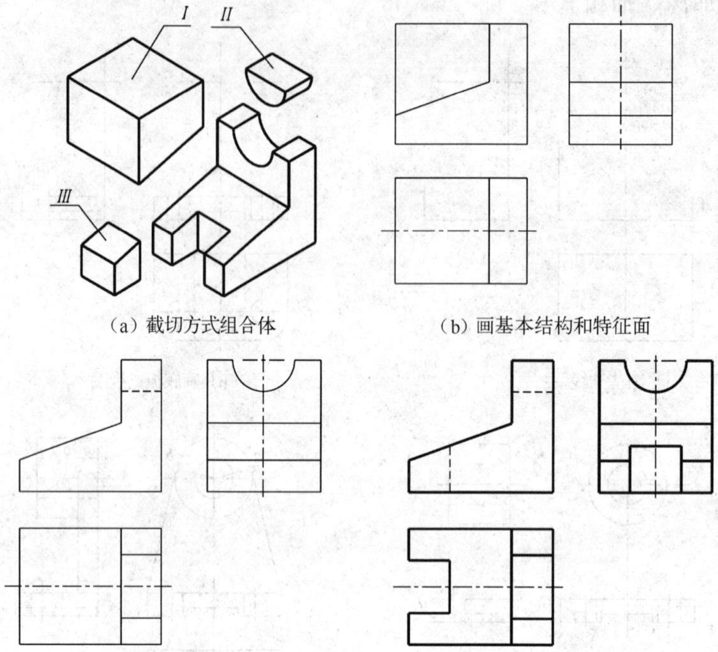

（a）截切方式组合体　（b）画基本结构和特征面

（c）画开槽结构　（d）检查加深，完成图形

图 4-6　截切型组合体的绘图过程

画截切型组合体三视图时应注意以下几点：

（1）画切口投影时，应先从反映形体特征轮廓且具有积聚性投影的视图着手，再按投影关系画出另两个视图上的投影。

（2）注意切口截面投影仍符合三视图的三等关系，若产生斜面，注意斜面投影的类似性。

4.3　组合体的尺寸标注

单元 3 介绍的基本体的尺寸标注主要表达基本体的形状和大小，组合体是由两个或两个以上的基本体组成的，除要标注它们的形状和大小之外，还需标注它们的位置。因此，组合体尺寸标注的基本要求为：尺寸标注正确、齐全和清晰，不重复，不遗漏，便于看图。

4.3.1　尺寸基准

组合体标注尺寸之前，首先要确定尺寸基准。

尺寸标注和度量的起点称为尺寸基准。由于物体有长、宽、高三个方向的尺寸，因此一般都具有三个方向的尺寸基准。

组合体的尺寸基准一般考虑选择重要的端面、底面、对称面等，回转体的尺寸基准选用轴线。如果某个方向上组合体是对称的，这个方向的尺寸基准就选用对称面，标注尺寸时，一般应直接标注对称面两侧相同结构的相对距离。如图 4-7 所示，该组合体主视图长度方向左右对称，因此长度方向的尺寸基准选择对称面，长度尺寸均标注两侧相对距离。

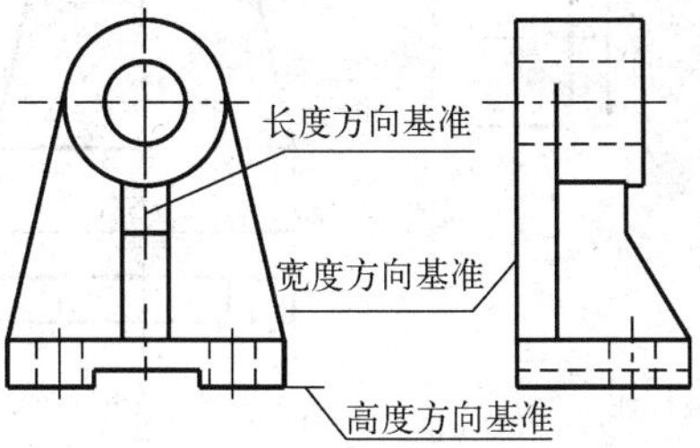

图 4-7　组合体尺寸基准

4.3.2　尺寸种类

以如图 4-8 所示的组合体为例，介绍组合体尺寸标注的基本方法。

1. 定形尺寸

组合体的定形尺寸是指表示各基本形体大小的尺寸，前面讲的基本体的尺寸都是定形尺寸，图 4-8（a）、（b）、（c）、（d）所示的各组成部分标注的尺寸大多为定形尺寸。

2. 定位尺寸

定位尺寸是指表示各基本形体之间相对位置的尺寸，图 4-8（a）中反映底板上两个孔的位置的尺寸 58 和 60 即为定位尺寸。

3. 总体尺寸

总体尺寸是指确定组合体外形总长、总宽、总高的尺寸。图 4-8（e）中尺寸 115 和 70 是底板的定形尺寸，也是总长、总宽尺寸。对于具有圆弧面的结构，为了明确圆弧中心位置和圆孔的确切位置，通常这个方向的总体尺寸只标注圆弧和圆孔的中心位置，而不直接标注出总体尺寸，图 4-8（e）总高尺寸即由尺寸 114 和 $\phi 75$ 组成。

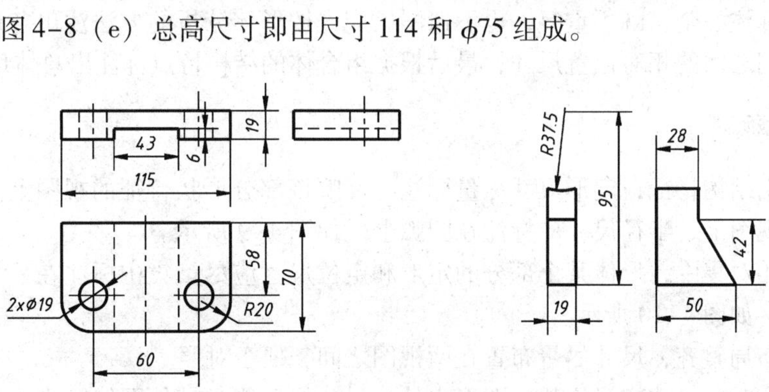

(a) 底板的尺寸标注　　(b) 肋板的尺寸标注

图 4-8　组合体的尺寸标注

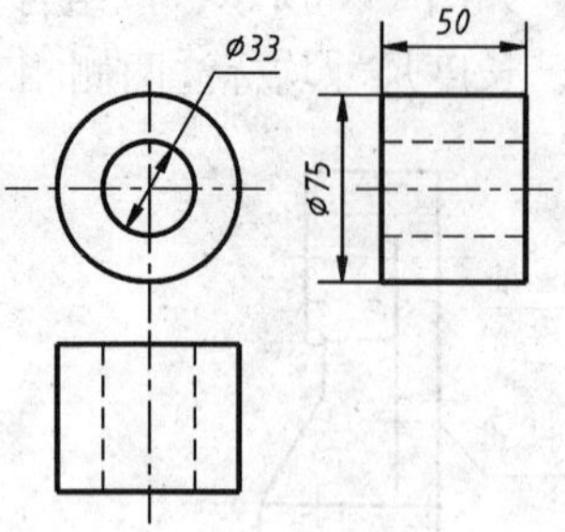

(c) 支撑板的尺寸标注

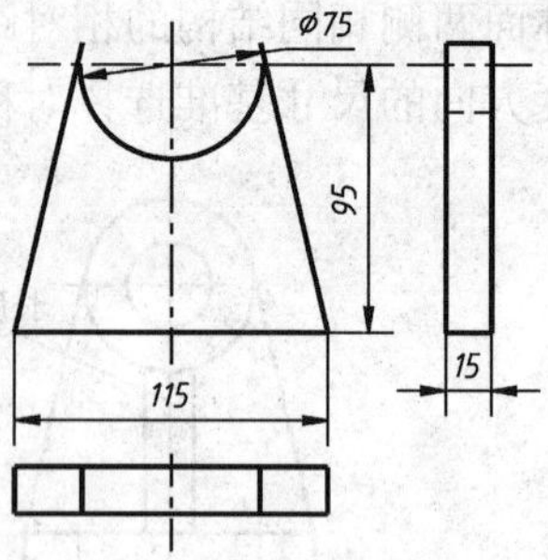

(d) 圆筒的尺寸标注

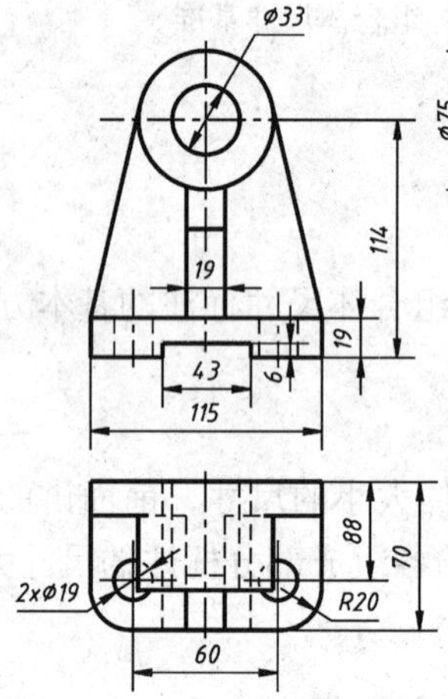

(e) 轴承座的尺寸标注

图 4-8　组合体的尺寸标注（续）

4.3.3　组合体尺寸标注的注意事项

1. 尺寸齐全

要使尺寸标注齐全，既不重复，也不遗漏，应先按形体分析的方法注出各形体的大小尺寸，再确定它们之间的相对位置尺寸，最后根据组合体的结构特点标注出总体尺寸。

2. 尺寸清晰

（1）应突出结构特征，定形尺寸尽量标注在反映该部分形状特征的视图上。圆的直径最好标注在非圆视图上，半径尺寸应标注在圆弧上，如图 4-9 所示。

（2）尺寸相对集中，形体某个部分的定形和定位尺寸应尽量集中标注在一个视图上，便于看图时查找，如图 4-10 所示。

（3）注意布局整齐，尺寸尽量布置在两视图之间，便于对照。

（4）在标注时，尺寸应尽量放在图形之外，尺寸线不能与其他图线相交，尺寸数字不允许有图线穿过，当无法避免时，为保证清晰，可将图线断开，如图 4-11 所示。

（5）一般情况下，尺寸不能标注在虚线上。

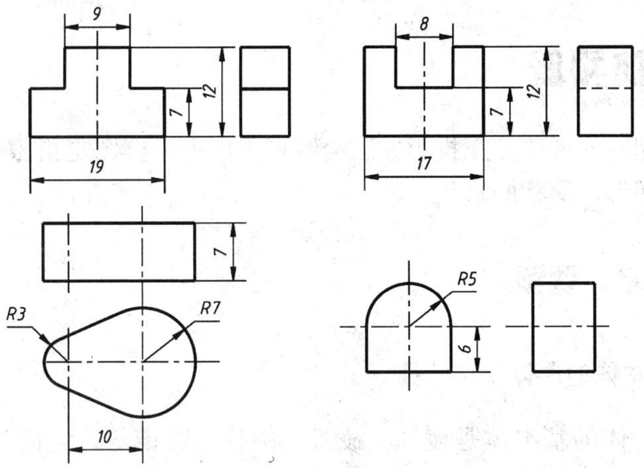

图 4-9　尺寸布置的清晰性（一）

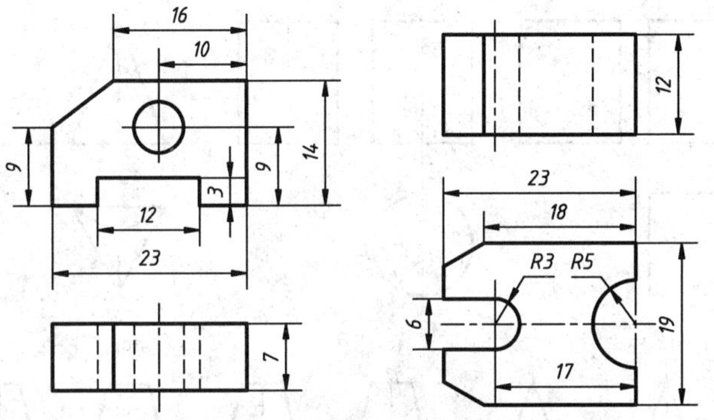

图 4-10　尺寸布置的清晰性（二）

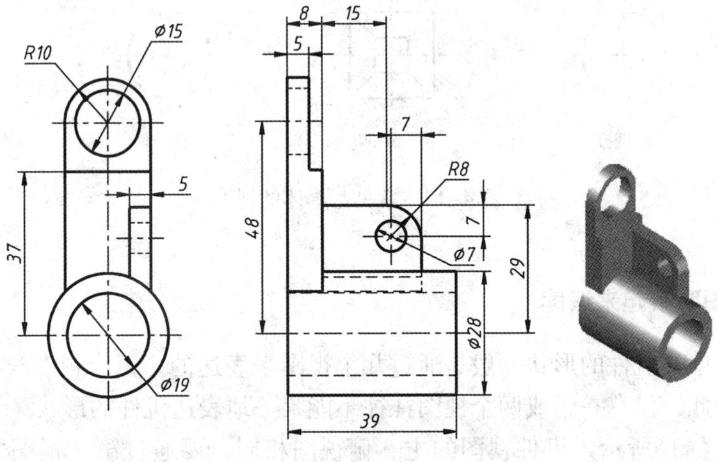

图 4-11　组合体尺寸标注图例

4.4 读组合体视图

绘制视图是指把空间形体按正投影方法绘制在平面上。读图是指根据已画出的视图进行投影分析，想象空间形体形状的过程。

4.4.1 读图基本要领

1. 熟练掌握基本体的形体表达特征

常见的组成组合体的基本体是棱柱、棱锥、圆柱、圆锥等，它们的投影特征要熟练掌握，如图 4-12 所示。

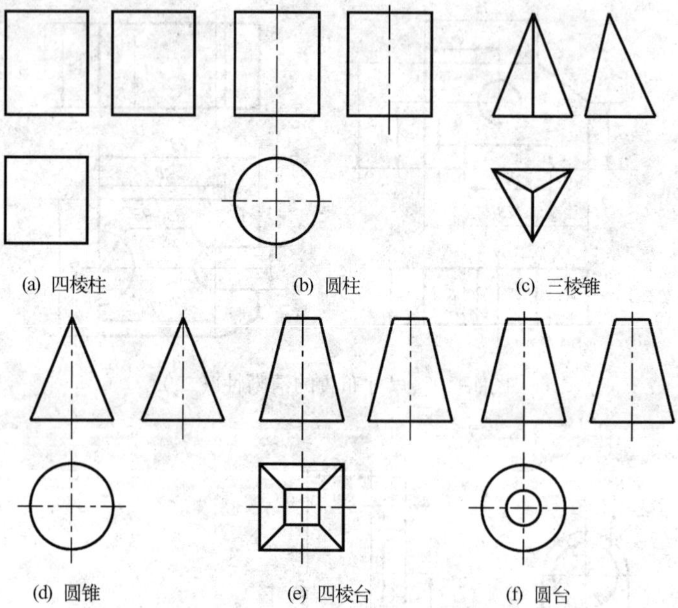

图 4-12 常见基本体的视图

2. 几个视图联系起来识读

在机械图样中，机件的形状一般是通过几个视图来表达的，每个视图只能反映机件一个方面的形状。因此，仅有一个或两个视图往往不能唯一地表达机件的形状。

如图 4-13（a）所示，机件视图的主、俯视图相同，要通过第三视图才能确定实际形状。如图 4-13（b）、（c）、（d）所示，机件的俯视图相同，主视图不同，其实际形状不同。

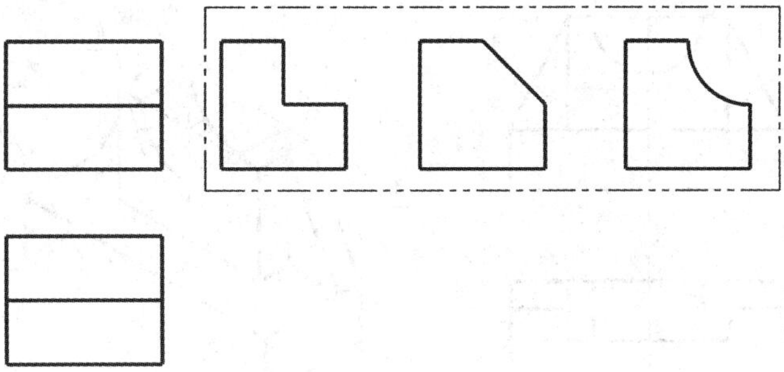

(a) 主、俯视图相同的不同结构

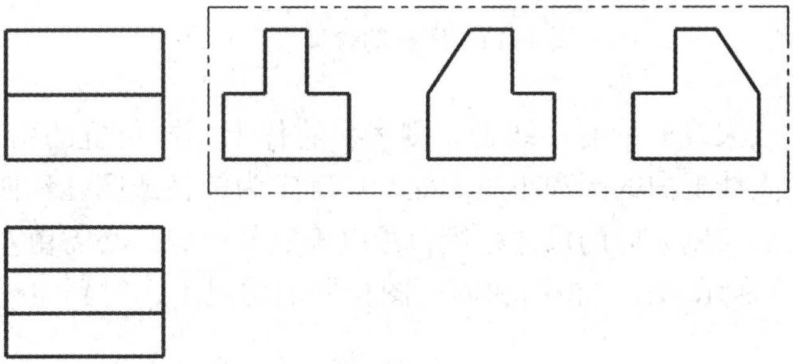

（b）俯视图相同的不同结构(一)

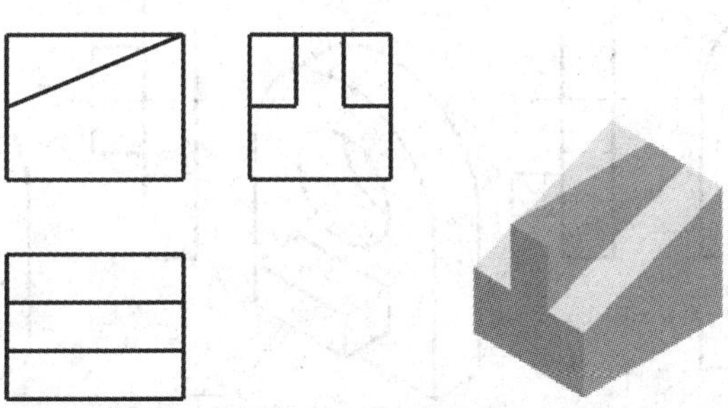

（c）俯视图相同的不同结构(二)

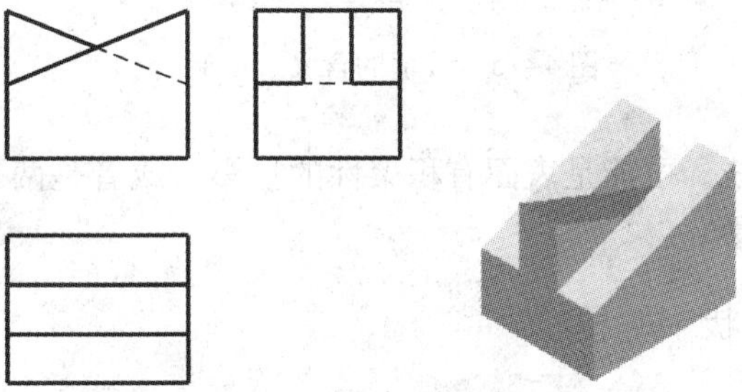

（d）俯视图相同的不同结构(三)

图 4-13　相同视图的不同结构

3. 明确视图中线框和图线的含义

（1）视图中的每个封闭线框，通常都是一个表面（平面或曲面）的投影。如图 4-14 所示，其中Ⅰ、Ⅱ、Ⅲ、Ⅳ四个线框表示的表面，对应俯视图长对正的位置，从而想象并确定它们的空间位置。

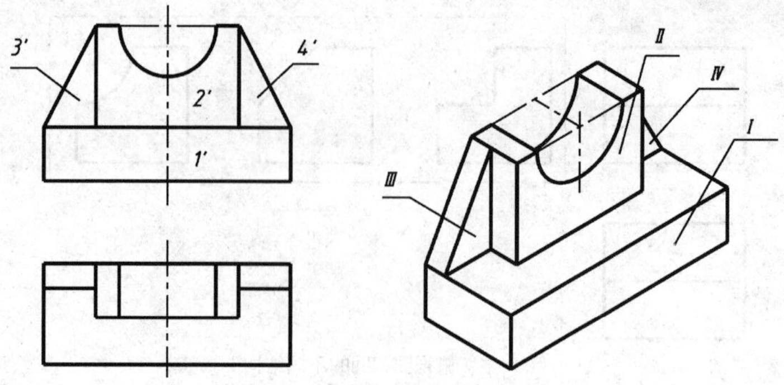

图 4-14　线框的含义（一）

（2）相邻两线框或大线框中有小线框，则表示物体上不同位置的两个表面。如图 4-15 所示，根据主视图上大线框内的圆和小矩形框，可确定为圆柱或圆孔和四棱柱或方孔，对应俯视图的位置，因它们长度方向的尺寸相等，难以确定其位置，必需由左视图才能确定其形状和位置。如图 4-15 所示，在主视图和俯视图相同的情况下，得到左视图及立体形状不同的两种组合体。

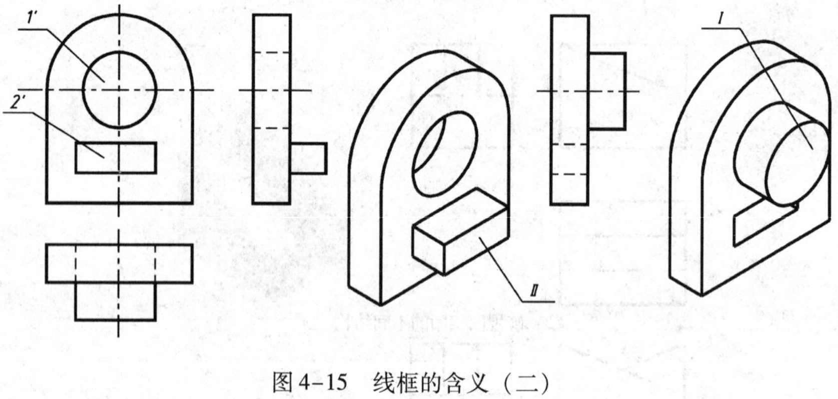

图 4-15　线框的含义（二）

（3）视图中的每条图线，可能是表面有积聚性的投影，或者是两平面交线的投影，也可能是曲面转向轮廓线的投影。

4. 善于构思物体的形状

为了提高读图能力，应注意培养构思物体形状的能力，从而进一步丰富空间想象能力。如图 4-16 所示，主视图和俯视图形状相同的矩形，首先想到的是四棱柱，但小矩形显示的形状也是四棱柱，如何放到图示位置，且投影正确，只能考虑成大小四棱柱对角切割形成横放三棱柱，两三棱柱对角面叠加，或两三棱柱切割形成的视图。

如图 4-17 所示为四棱柱斜切而成的组合体，主视图和左视图均投影为梯形，且形状相反，要形成这样的图形，该四棱柱必定被前后、左右四个斜面切割，补画俯视图时，因上表面和下表面的形状是矩形，量取长度和宽度方向的尺寸，画出它们的位置后，可确定四个斜面产生的交线。

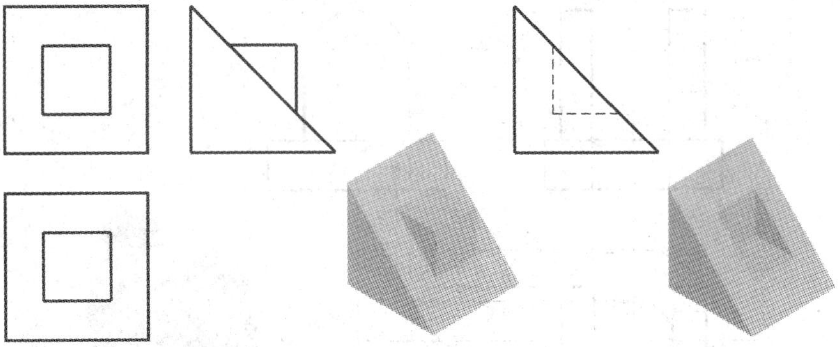

图 4-16 想象物体形状（一）

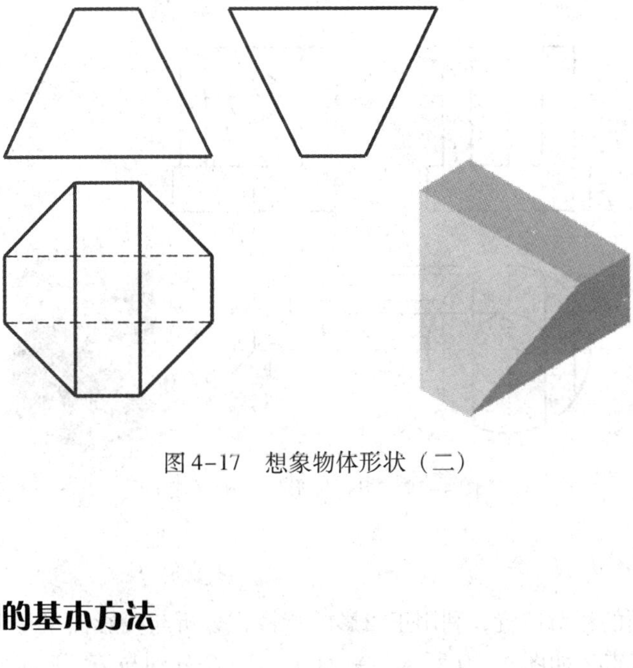

图 4-17 想象物体形状（二）

4.4.2 读图的基本方法

1. 形体分析法

运用形体分析法读图时，应将视图中的封闭线框看做一个基本形体的投影，在另两个视图中找到与之对应的两个线框，将三个线框联系起来想像该形体的形状。

如图 4-18 所示，根据主视图可确定，该组合体由三部分组成，下面的矩形框对应俯视图的两圆，再高平齐结合左视图，可以确定为带孔圆板；上面两个对称的矩形框，对应左视图，可确定为带孔的拱形板，综合起来想象，确定组合体形状。

如图 4-19 所示。根据主视图可确定，该组合体由三个表面平齐的部分组成，下面的矩形框对应俯视图的两圆，再高平齐结合左视图，可以确定为带孔圆板；上面两个对称的矩形框，对应左视图，似乎可确定为带孔的矩形板，但因为表面与圆柱面平齐，所以它们的两个表面为圆柱面，综合起来想象，确定组合体形状。

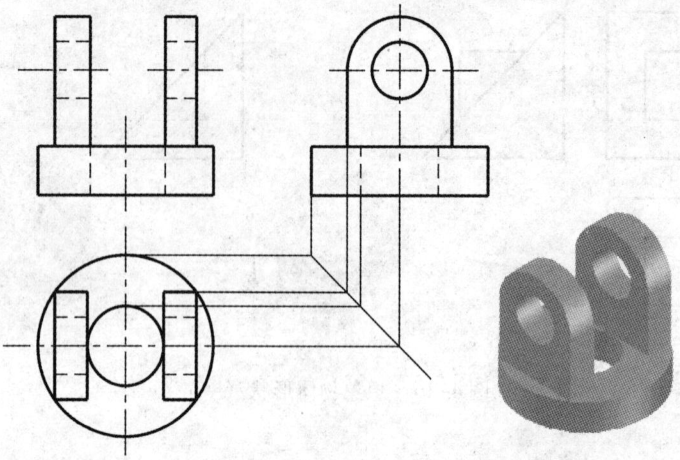

图 4-18　组合体形体分析（一）

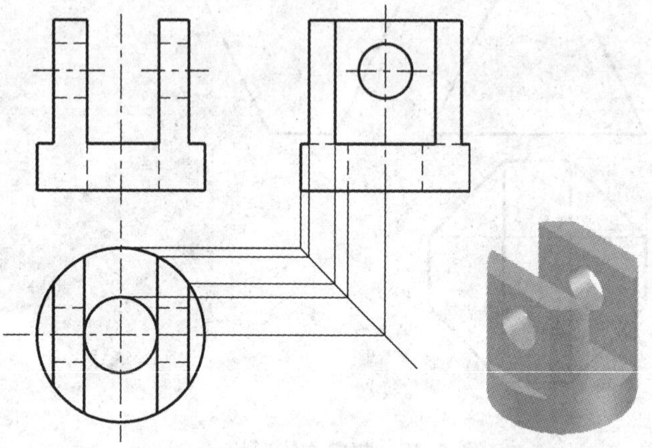

图 4-19　组合体形体分析（二）

2. 线面分析法

分析基本体上面的相对位置，利用正投影的特性，分析与投影面平行、垂直和倾斜的表面在三视图中的投影特点。如图 4-20 所示，平面 *A*、*B*、*C* 分别与 *H*、*V* 面平行，它们在俯视图和主视图上反映实形。斜面Ⅰ垂直于 *V* 面，俯视图和左视图上对应位置的投影具有类似性。

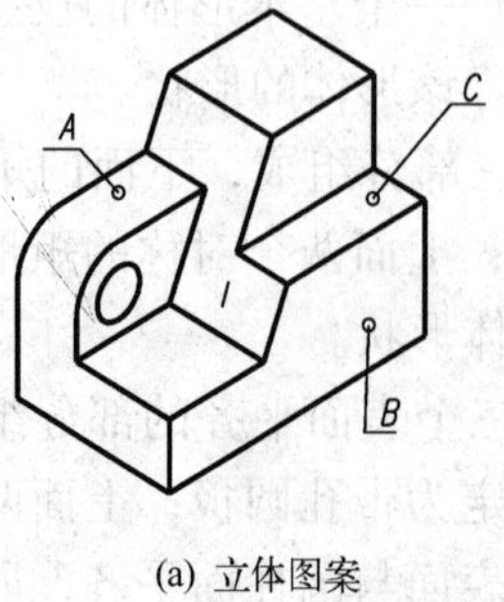

(a) 立体图案

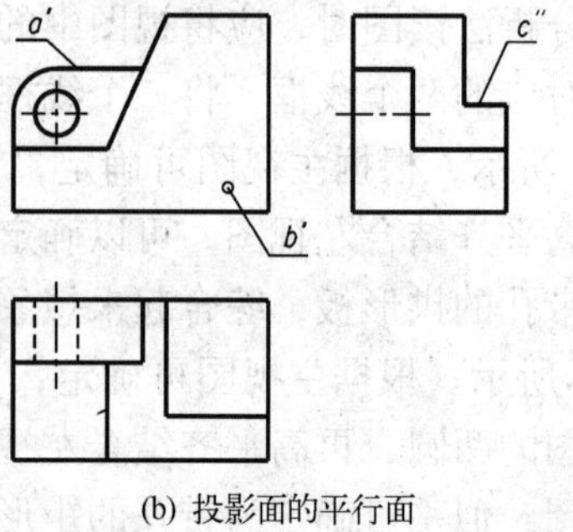

(b) 投影面的平行面

图 4-20　组合体线面分析

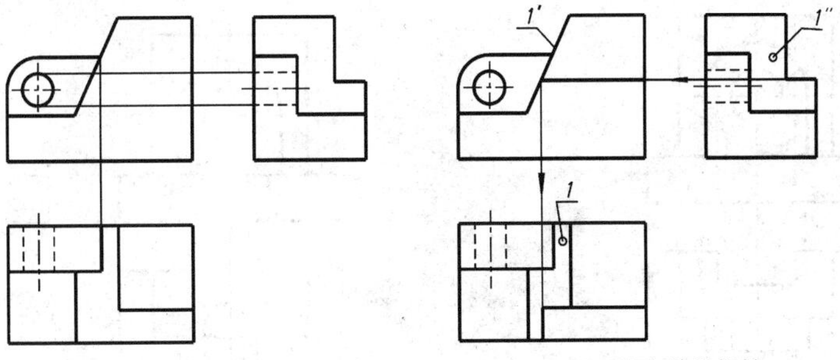

(c) 孔的投影　　(d) 平面I的类似性

图 4-20　组合体线面分析（续）

3. 补画视图和补画视图中的漏线

在绘图过程中，难免会漏画某些图线。如果已知某形体的不完整的三视图，要求补全遗漏的图线。在补漏线的过程中，可应用投影规律分析该形体的结构形状，因为视图中每个线框、每条图线都有其特定的含义，它们所表示的几何元素也都有对应的投影，在分析过程中仔细核对投影就会发现视图中的漏线，如图 4-21、图 4-22 所示。

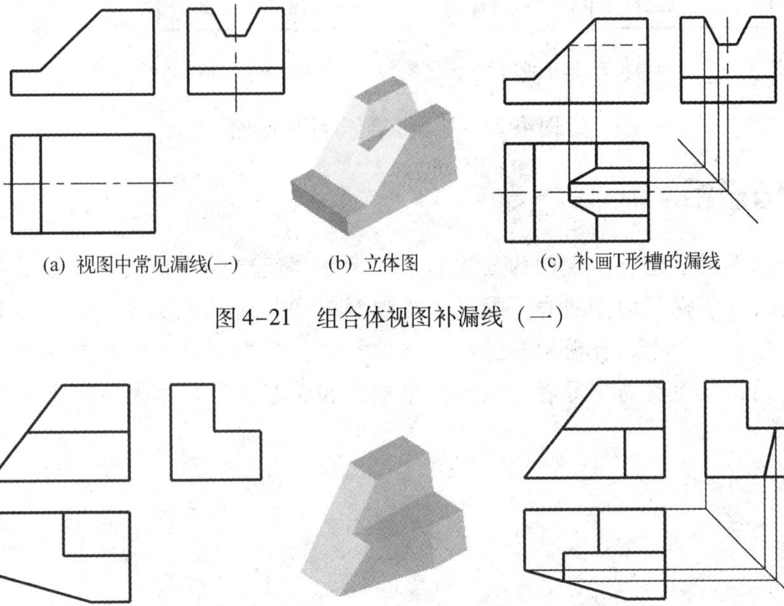

(a) 视图中常见漏线(一)　　(b) 立体图　　(c) 补画T形槽的漏线

图 4-21　组合体视图补漏线（一）

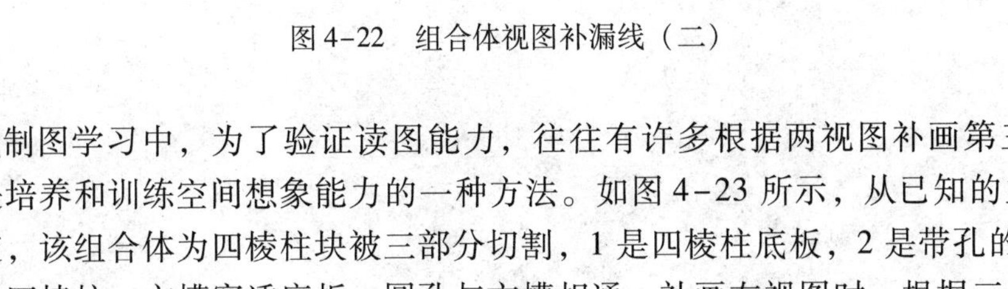

(a) 视图中常见漏线（二）　　(b) 立体图　　(c) 补画斜面上的漏线

图 4-22　组合体视图补漏线（二）

在机械制图学习中，为了验证读图能力，往往有许多根据两视图补画第三视图的练习，这也是培养和训练空间想象能力的一种方法。如图 4-23 所示，从已知的主视图和俯视图可确定，该组合体为四棱柱块被三部分切割，1 是四棱柱底板，2 是带孔的拱形板，3 是带方槽的四棱柱，方槽穿透底板，圆孔与方槽相通。补画左视图时，根据三个组成部分顺序补出。

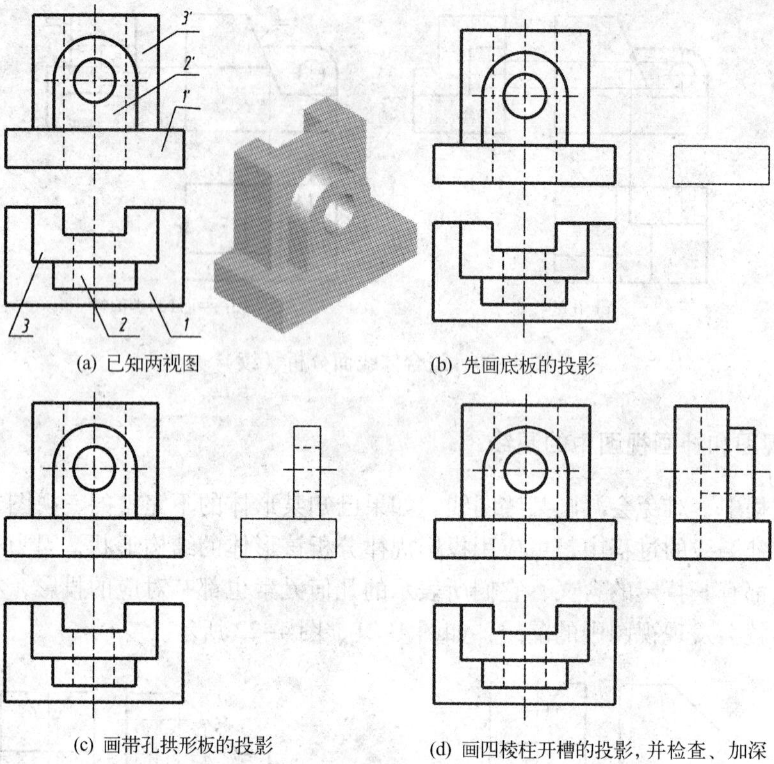

(a) 已知两视图　(b) 先画底板的投影

(c) 画带孔拱形板的投影　(d) 画四棱柱开槽的投影，并检查、加深

图 4-23　补画组合体视图的步骤

知识梳理与总结

本单元重点学习了组合体视图的画法、尺寸标注和读组合体视图的方法，要求掌握应用形体分析法画组合体视图的方法和步骤，正确理解定形尺寸、定位尺寸、尺寸基准等基本概念，能正确、完整、清晰、合理地标注组合体的尺寸，掌握应用形体分析法和线面分析法读组合体的三视图，从而提高学习者的空间想象能力和看懂各种形体视图的能力。

学习单元5 图样画法

教学导航

教	学习目标	掌握基本视图、局部视图、斜视图的概念、应用场合、绘制方法及标注方法，掌握全剖、半剖、局部剖、各种剖切面剖视图的表达方法和剖视图的标注方法，掌握断面图的概念、种类和不同断面图的绘制方法和标注方法，了解常用简化画法，掌握剖视图中规定画法和局部放大图的画法
	学习重点	基本视图、局部视图、斜视图的绘制方法及正确标注，各种剖切方法的剖视图的绘制方法和正确标注，各种断面图的绘制方法和正确标注，剖视图中的规定画法
学	学习难点	局部视图和斜视图的画法及标注，各种剖视图的表达方法和标注方法，移出断面图的规定画法，剖视图中的规定画法和局部放大图的画法
	建议课时	10～14 课时

在实际生产中，由于使用要求不同，机件的结构形状是多种多样的。对于结构形状比较复杂的机件，为了完整、清晰、简便地表达出它们的内、外结构形状，便于看图，简化绘图，以适应生产需要，国家标准《技术制图》中的“图样画法”规定了视图、剖视图、断面图和各种规定画法。本章将对这些常用的表达方法逐一进行介绍。

5.1 视图

视图主要用来表达机件的外部形状，分为基本视图、向视图、局部视图、斜视图。在视图中一般只画机件的可见部分，必要时才画出虚线来表示其不可见的部分。

5.1.1 基本视图

1. 六个基本视图的产生

机件向基本投影面投射所得的视图称为基本视图，根据国家标准《机械制图》的规定，用正六面体的六个面作为基本投影面，如图 5-1 所示。把机件放置其中，用正投影的方法向六个基本投影面分别投射，就得到该机件的六个基本视图。

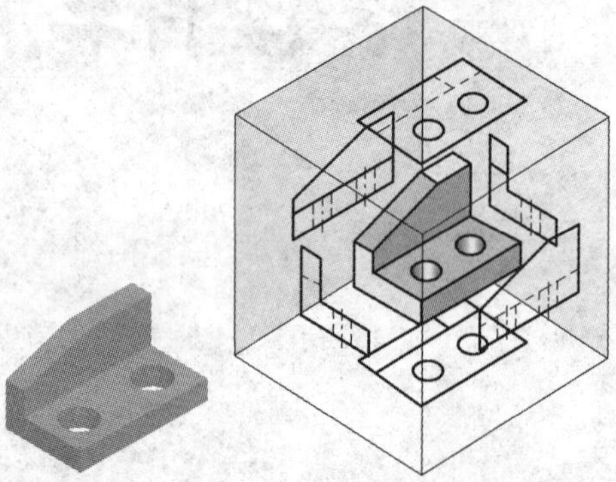

图 5-1　六个基本投影面

投射后，规定正投影面不动，把其他投影面按如图 5-2 所示的方法展开到与正投影面成同一平面。

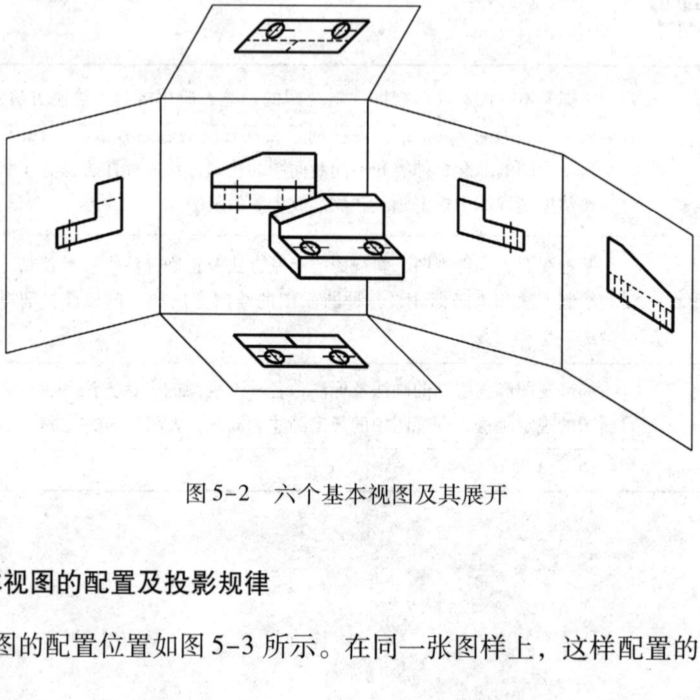

图 5-2　六个基本视图及其展开

2. 六个基本视图的配置及投影规律

六个基本视图的配置位置如图 5-3 所示。在同一张图样上，这样配置的视图一律不标注视图的名称。

六个基本视图之间仍然符合“长对正、高平齐、宽相等”的投影规律，其他关系如方位关系等可参照三视图的规律分析。

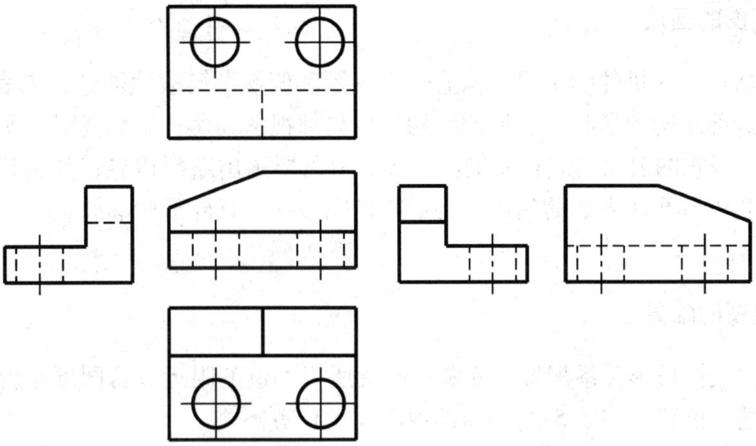

图 5-3　基本视图的配置

在表达机件的形状时，不是任何机件都需要画出六个基本视图，应根据机件的结构特点，按需要选画其中几个视图。

5.1.2　向视图

当基本视图不能按规定配置时，可用向视图来表示。向视图是自由配置的视图，在向视图上方用字母表示视图名称，在相应视图附近用箭头表示投影方向，并标注上相同的字母，如图 5-4 所示。

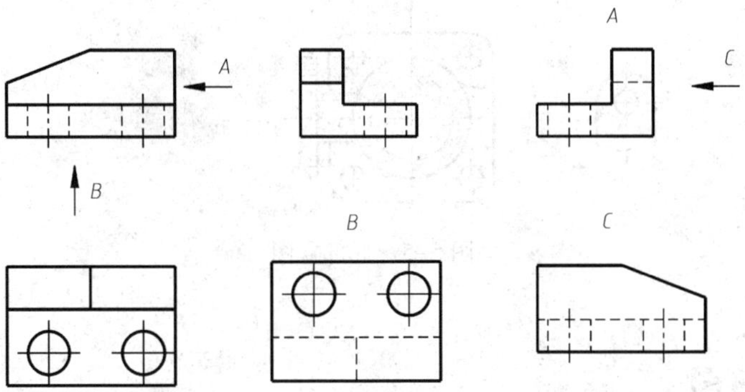

图 5-4　向视图

5.1.3　局部视图

机件上的某些凸台、凹坑、槽或倾斜结构等，不需要用完整的基本视图或用基本视图表达不清时，可采用其他视图。若只需要表示机件上某一部分结构的形状时，则可将此部分向基本投影面投射所得的视图称为局部视图。

1. 局部视图的画法

如图 5-5 所示，该机件的主要结构通过主视图和俯视图已表达清楚，未表达清楚的是 *A* 向和 *B* 向的两局部结构的形状，它们的结构可用局部视图表达。局部视图 *A* 所表达的只是机件拱形的形状，因它的表面与底板左侧面平齐，故需要画出断裂边界，其断裂边界用波浪线表示；另一局部视图 *B* 所表示的局部结构形状是完整的，且外形轮廓线又成封闭时，波浪线可省略不画。

2. 局部视图的配置

局部视图一般按投影关系配置，或画在箭头所指部位的附近。若图纸布置不适宜时，也可配置在其他适当位置，如图 5-5 中局部视图 *A* 的位置。

3. 局部视图的标注

画局部视图时，一般在局部视图上方标出视图的名称“×”，在相应的视图附近用箭头指明投射方向，并标注上同样的字母。当局部视图按投影关系配置，中间又没有其他图形隔开时，可省略标注。图 5-5 中，因局部视图 *B* 按投影关系配置，中间无图形，可省略标注。

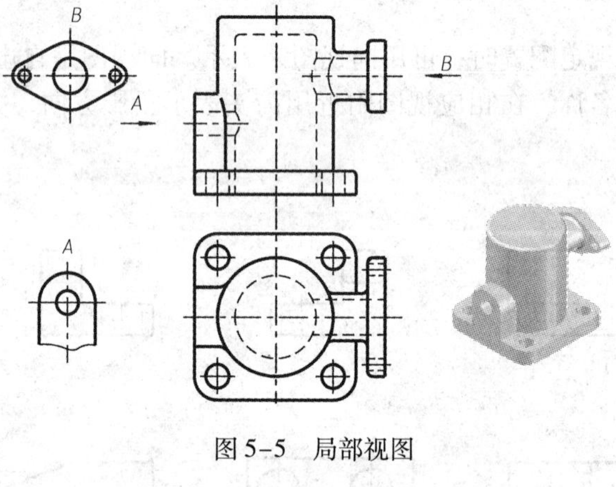

图 5-5　局部视图

5.1.4 斜视图

当机件具有倾斜结构时，基本视图就不能反映该部分的实形，同时也不便标注其倾斜结构的尺寸。为此，可设置一个平行于倾斜结构的垂直面，作为新投影面，将倾斜结构向该投影面投射，即可得到反映其实形的视图。这种将机件向不平行于任何基本投影面的平面投射所得的视图称为斜视图，如图 5-6 所示。

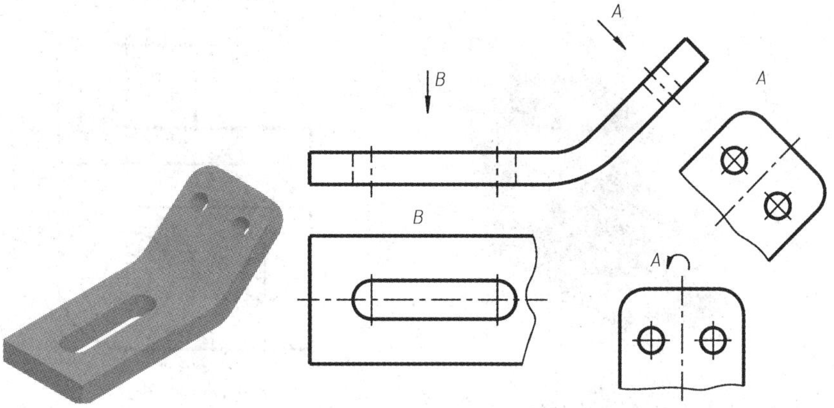

图 5-6　斜视图

1. 斜视图的画法

由于斜视图主要用来表达机件上倾斜部分的实形，故其余部分不必画出，其断裂边界用波浪线表示；但当所表示的结构形状是完整的，且外形轮廓线封闭时，波浪线可省略不画。

2. 斜视图的配置

斜视图一般按投影关系配置，必要时也可配置在其他适当位置，在不致引起误解时，允许将图形旋转。

3. 斜视图的标注

斜视图必须进行标注，其标注方法与局部视图相同。但经过旋转后的斜视图，必须注“↶”，箭头方向与视图旋转方向相同。标注的字母一律水平书写。

5.2　剖视图

当机件内部结构比较复杂时，视图上就会出现较多的虚线，这些虚线与外部轮廓线交叠在一起影响图面清晰，既给看图带来困难，又不利于标注尺寸，因此制图标准规定采用剖视图来表达机件的内部形状。

5.2.1　剖视图的基本概念和画法

1. 定义

假想用剖切面（平面或柱面）剖开机件，将处在观察者和剖切面之间的部分移去，而将其余部分向投影面投射所得的图形，称为剖视图，简称剖视，如图 5-7 所示。

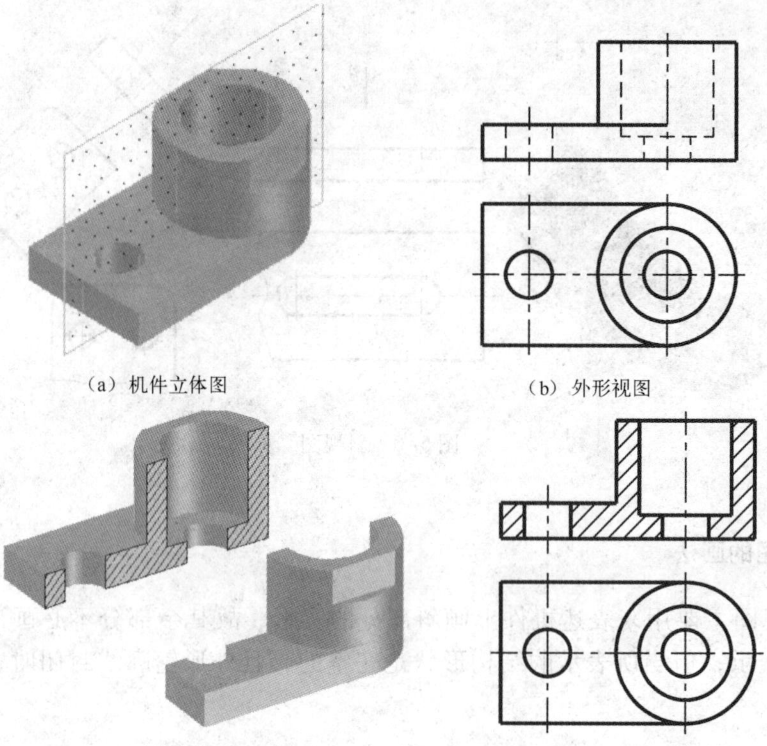

（a）机件立体图　（b）外形视图　（c）剖开的机件　（d）主视图为剖视图

图 5-7　视剖图的概念

2. 剖视图的画法

1）剖切面位置

一般用平面剖切机件，剖切面应通过机件内部孔、槽等结构的对称面或轴线，且使其平行或垂直于某一投影面，以便使剖切后的孔、槽的投影反映实形。如图 5-8 所示为机件的剖视图。

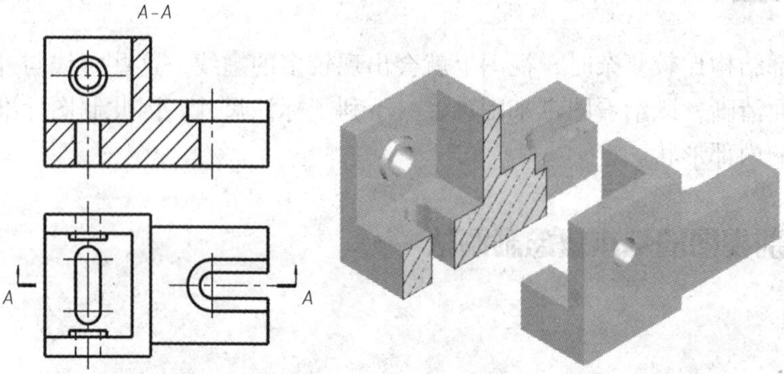

图 5-8　机件的剖视图

2）投影轮廓线

画剖视图不仅要画出剖切面与机件实体接触部分（断面）的投影，而且还要画出剖切面与投影面之间部分的投影。

3）剖面符号

在剖视图上为了区分机件被剖切面切到的实体部分和未与剖切面接触的部分，规定在被剖切到的实体部分的投影图上画上剖面符号。如表 5-1 所示为机件各种不同材料的剖面符号。

表 5-1 材料的剖面符号

材料	剖面符号	材料	剖面符号
金属材料	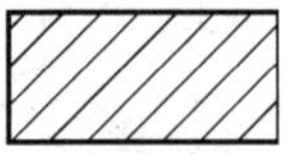	木材纵剖面	
非金属材料	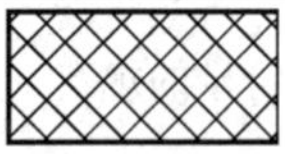	木材横剖面	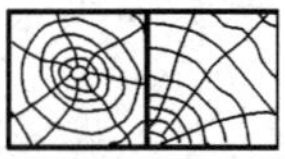
玻璃及透明材料	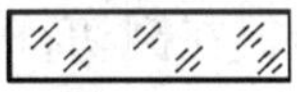	胶合板	
型砂、陶瓷、砂轮、硬质合金等	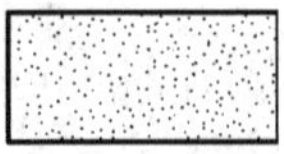	液体	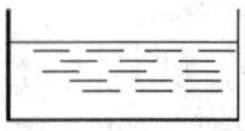
混凝土	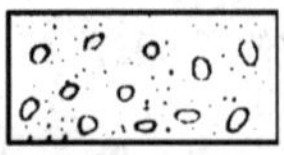	钢筋混凝土	
砖		格网	
线圈绕组元件	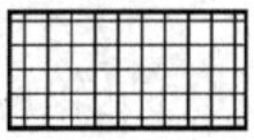	转子、变压器	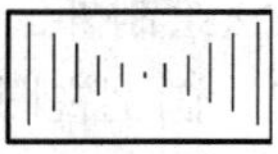

制图标准规定了各种材料的剖切符号，金属材料的剖切符号规定画成间隔相等、方向相同、且与图形主要轮廓线或对称面方向成 45° 的平行细实线，向左或向右倾斜均可，如图 5-9 所示。同一金属零件在各个剖视图中的所有剖面线，其倾斜方向和间隔必须一致，如图 5-10（a）所示。

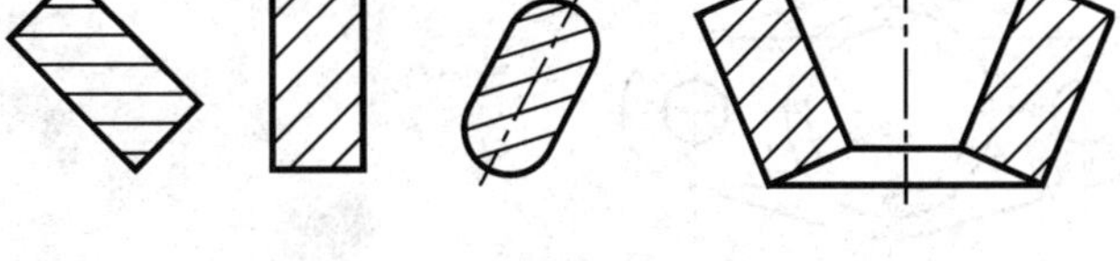

图 5-9 剖面线的方向

当图形中的主要轮廓线与水平方向成 45°时，该图形的剖面线应画成与水平成 30°或 60°的平行线，其倾斜方向仍与其他图形的剖面线一致，如图 5-10（b）所示。

4）标注

在剖视图的上方用字母标注剖视图的名称“×—×”，在相应的视图上用剖切符号画粗

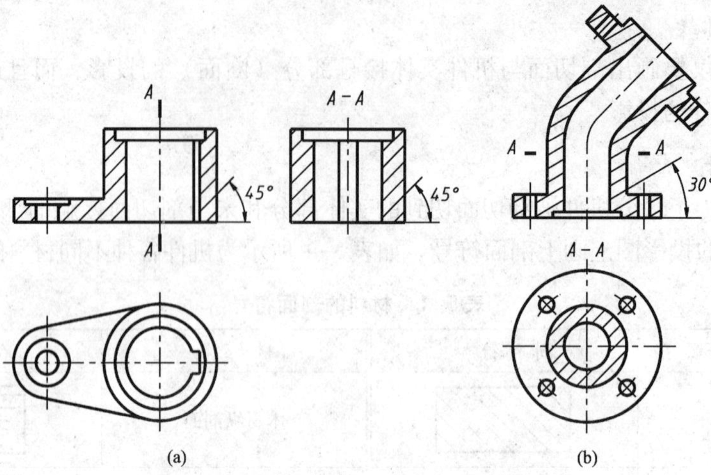

图 5–10　画金属材料剖面符号的规定

实线表示剖切平面的剖切位置，用箭头表示投射方向，在剖切符号的起、讫及转折处注上同样的字母。

当剖视图按投影关系配置，中间又没有其他图形隔开时，可以省略箭头。当单一剖切平面通过机件的对称平面或基本对称平面，且剖视图按投影关系配置，中间又没有其他图形隔开时，可省略标注。图 5–10（a）、（b）中主视图省略了标注。

3. 注意事项

（1）剖视图是假想将机件剖开后画出的，事实上机件并没有被剖开，因此，除剖视图按规定画法绘制外，其他视图仍将完整的机件画出。

（2）画剖视图时，应将剖切面与投影面之间机件的可见轮廓线全部画出，不能遗漏。

（3）剖视图中，对已经表达清楚的不可见结构，其虚线省略不画；当机件的结构没有表达清楚时，在剖视图中仍需画出虚线。如图 5–11 所示，底板的高度在主视图上只能用虚线表示。

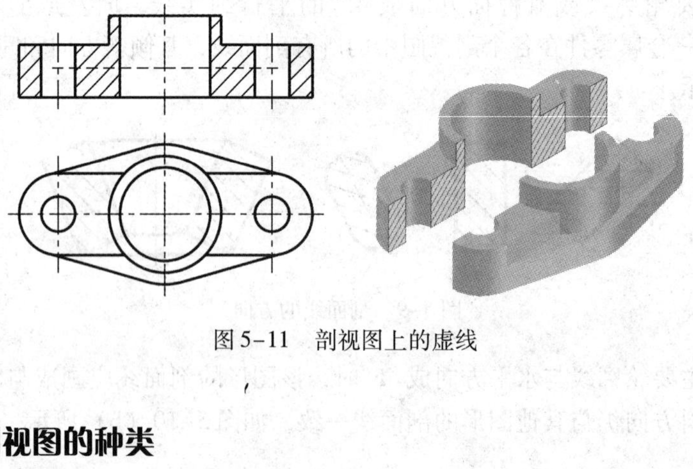

图 5–11　剖视图上的虚线

5.2.2　剖视图的种类

按机件被剖切范围划分，剖视图分为全剖视图、半剖视图和局部剖视图三种。

1. 全剖视图

用剖切面全部地剖开机件所得的剖视图称为全剖视图。当机件的外形简单或外形已在其他视图中表示清楚时，为了表达其内部机构，常采用全剖视图。图5-12及前面已介绍的图5-7（d）、图5-8、图5-10、图5-11中的剖视图均为全剖视图。其画法和标注不再叙述。

如果机件的外形很简单，即使形状对称，也可采用全剖视图。

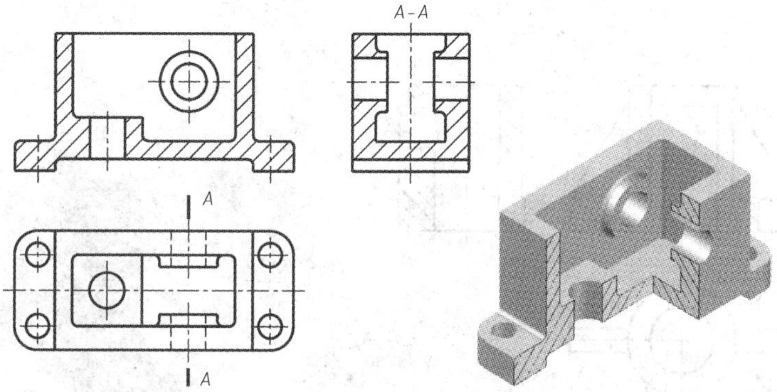

图5-12　全剖视图

2. 半剖视图

1）定义

当机件具有对称平面时，在垂直对称平面的投影面上所得的图形，以对称中心线为界，一半画成表达内形的剖视图，另一半画成表达外形的视图，这种剖视图称为半剖视图。如图5-13所示，主视图、俯视图和左视图均为半剖视图。

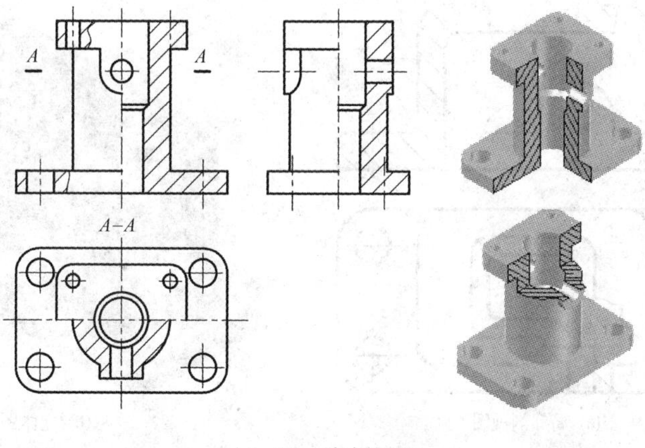

图5-13　半剖视图

2）适用场合

半剖视图主要用于内外形状都需要表达的对称机件。但当机件的形状基本对称，且不对称部分另有视图表达时，也可画成半剖视图。

3）注意事项

在半剖视图中，一半剖视图和一半外形图的分界线是该机件对称平面的投影，用点画线绘制，一半剖视图可画在分界线的任意一边；在半剖视图中，机件的内部形状已在半个剖视图中表达清楚，因此在半个外形图中不必画虚线；在半剖视图中，标注机件对称结构的尺寸时，其尺寸线应略超过对称中心线，并在尺寸线的一端画出箭头。

如图 5-14 所示，机件左右对称，且需保留前面四棱柱的形状和孔的位置，主视图采用了半剖视图（其中肋板的画法见剖视图中的规定画法）；为清楚地表达孔与孔之间的相通，左视图采用全剖。

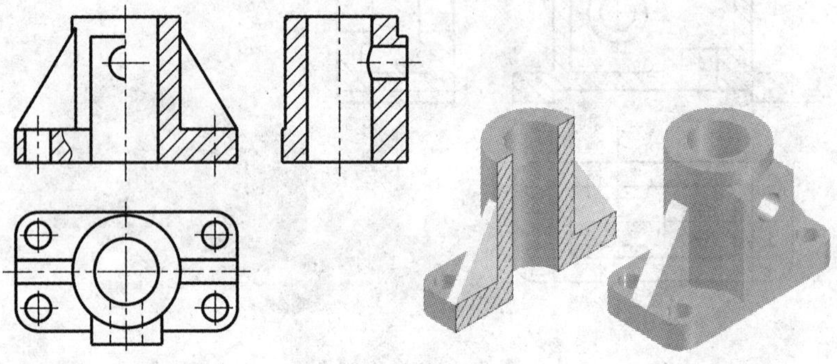

图 5-14　半剖视图图例

3. 局部剖视图

假想用剖切面局部地剖开机件所得的剖视图称为局部剖视图。局部剖视图常用来表达机件上的孔、槽、缺口等局部的内部形状。

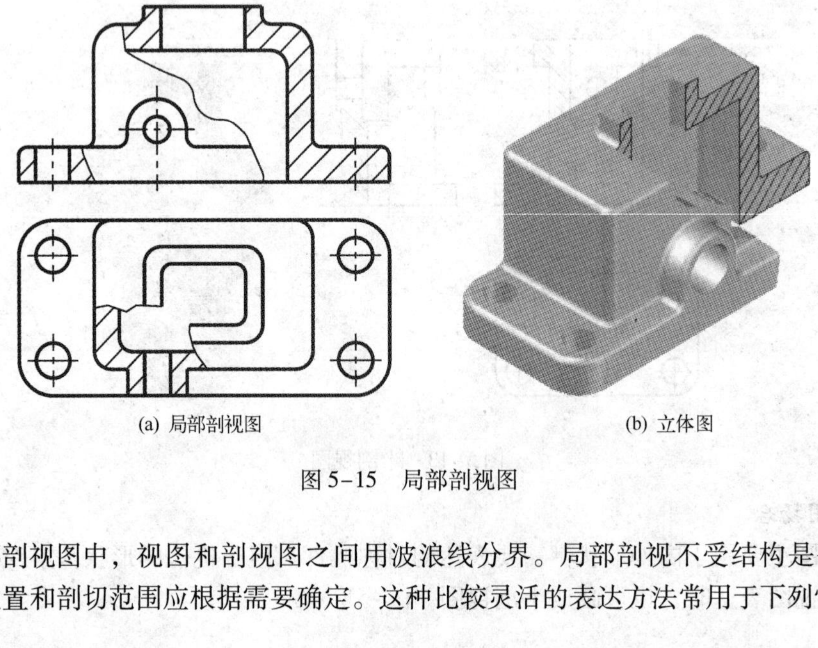

(a) 局部剖视图　　(b) 立体图

图 5-15　局部剖视图

在局部剖视图中，视图和剖视图之间用波浪线分界。局部剖视不受结构是否对称的限制，剖切位置和剖切范围应根据需要确定。这种比较灵活的表达方式常用于下列情况：

（1）不对称机件，其内外形状需要在同一视图上表达时，常用局部剖视图。

（2）表达机件上的孔、槽、缺口等局部的内部形状。

（3）对称机件。当其视图中对称面正好与轮廓重合而不宜采用半剖视图时，可以采用局部剖视图，如图 5–16 所示。

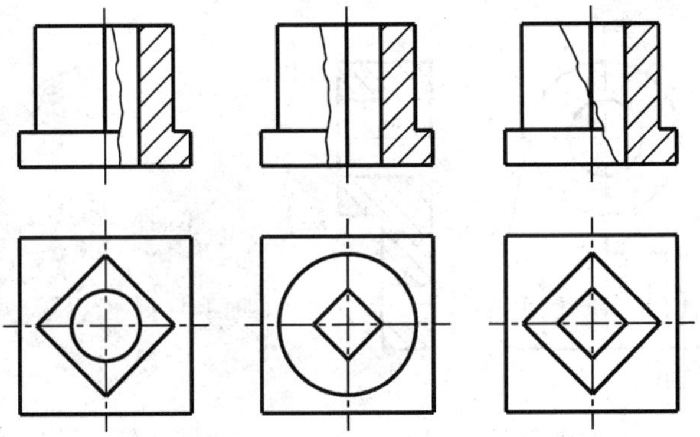

图 5–16 对称结构的局部剖视图

画局部剖视图时，应注意：

（1）波浪线应画在机件的实体部分，不能与视图中的轮廓线重合，也不能超出视图中被剖切部分的轮廓线，若遇孔、槽时，波浪线必须断开。

（2）局部剖视图是一种比较灵活的表达方法，若运用得当，可使视图简明、清晰。但在同一个视图中局部剖视的数量不宜过多，过多反而影响图形结构的表达。

（3）当单一剖切平面的剖切位置明显时，局部剖视图可省略标注。

5.2.3 剖切方法

机件结构形状不同，表达它们的形状所采用的剖切方法也不一样。国标规定的剖切方法有三种：单一剖切面、几个平行的剖切面、几个相交的剖切面。无论采用哪一种剖切方法，均可画成全剖视图、半剖视图或局部剖视图的形式。

1. 单一剖切面

一般用单一剖切平面（也可以用柱面）剖开机件的方法称为单一剖，如图 5–17 所示。单一剖切面应用最为广泛，可以用与投影面平行的剖切面剖切，也可用于表达机件具有倾斜结构的内部形状，采用与倾斜部分的主要平面平行或垂直的剖切面剖切。

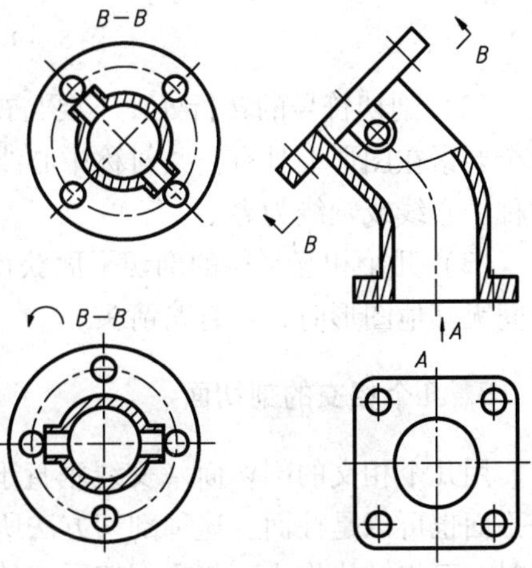

图 5–17 单一剖切平面

2. 几个平行的剖切平面

几个相互平行的剖切平面常用于剖切获得全剖

剖视图的场合，有时也可用于获得半剖视图和局部剖视图的场合。这种剖切方法所得的剖视图又称为阶梯剖。为了看图方便，采用阶梯剖时，必须在相应视图上用剖切符号和字母标注剖切平面的位置，用箭头指明投影方向（当剖视图按投影关系配置，中间无图形隔开时，可省略箭头），在剖视图上方用相同字母注明剖视图名称。

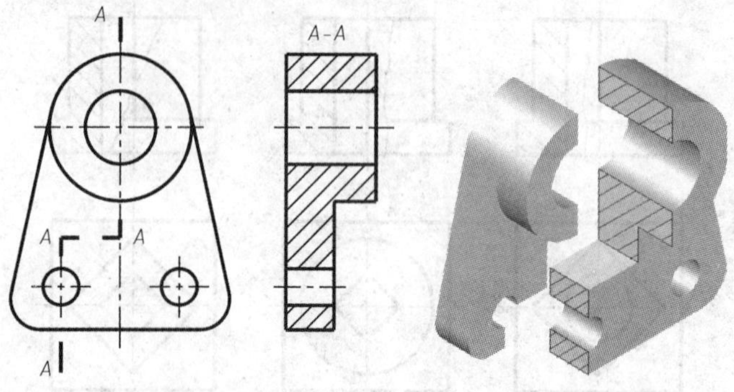

（a）平行的剖切面　　（b）立体图

图 5–18　两个平行的剖切面剖得的全剖视图

用几个相互平行的剖切平面画剖视图时应注意以下三点：

（1）在剖视图中，不能画出各剖切平面转折处的界线。要正确选择剖切平面的位置，在图形内不应出现不完整的要素，如图 5–19（a）所示。

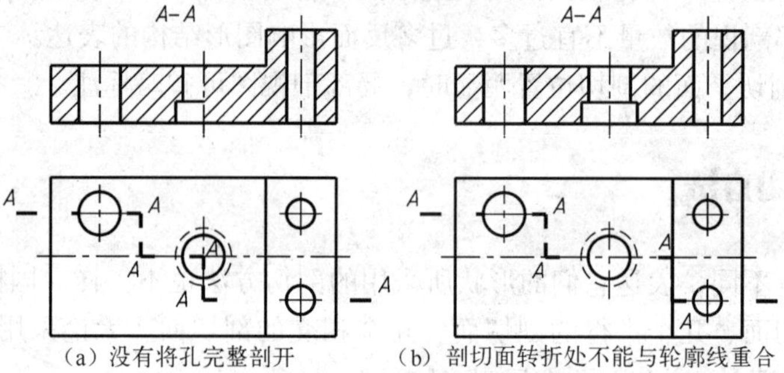

（a）没有将孔完整剖开　　（b）剖切面转折处不能与轮廓线重合

图 5–19　剖视图中的常见错误画法

（2）剖切符号的转折处，不要与视图中的轮廓线重合，如图 5–19（b）所示。当物体上两个要素在图形上具有公共对称中心线或轴线时，才可以各画一半，此时，不完整要素应以对称中心线或轴线为界。

（3）几个相互平行的剖切平面获得的剖视图不能省略标注，当剖视图按投影关系配置，中间无其他图形时，可省略箭头。

3. 几个相交的剖切面

用几个相交的剖切面（交线垂直于某一基本投影面）剖开机件获得剖视图，剖切面可以是平面也可以是柱面。这种剖切方法所得的剖视图又称为旋转剖。当机件在整体上具有回转轴时，可将轴线作为两相交剖切平面的交线。画剖视图时，先假想按剖切位置剖开机件，然后把被倾斜剖切平面切开的结构及其有关部分旋转到与选定的基本投影面平行，再进行投影，使剖视图既反映实形又便于画图，如图 5-20 所示。

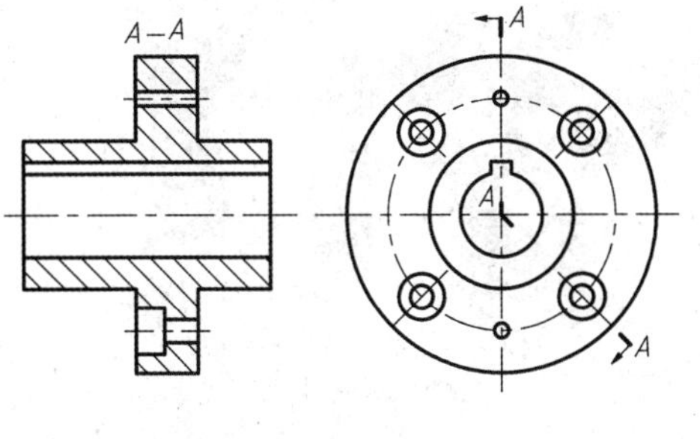

（a）相交的剖切面

（b）立体图

图 5-20　两个相交的剖切面获得的剖视图

用几个相交的剖切面画剖视图时应注意：

（1）在剖切面后的其他结构一般仍按原来位置投影，如图 5-21 所示。

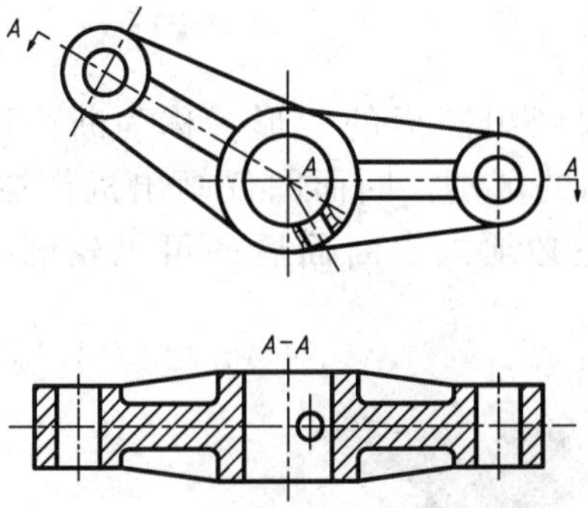

（a）两个相交的剖切面

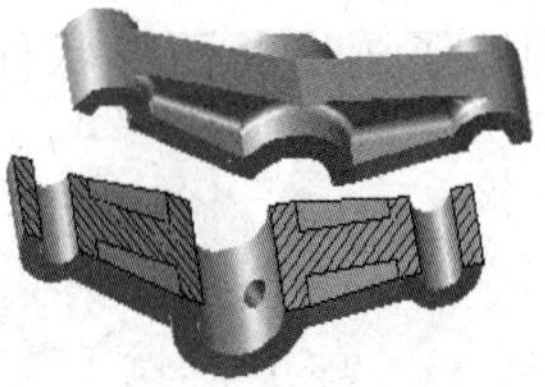

（b）立体图

图 5-21　两个相交的剖切面（一）

（2）当剖切后产生不完整要素时，应将此部分按不剖绘制，如图 5-22 所示。

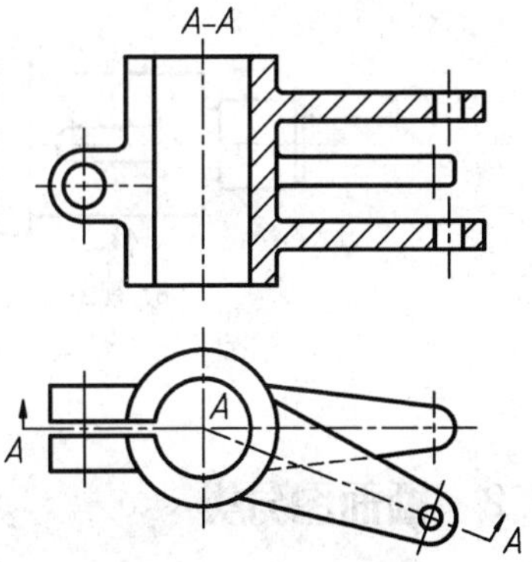

图 5-22　两个相交的剖切面（二）

剖视图必须按规定标注剖视图名称，在相应的视图上标注剖切符号，剖切符号端部的箭头表示剖切后的投射方向，不能误认为剖切面的旋转方向，箭头应垂直剖切符号，并注上相同的字母，字母一律水平书写。

当采用两个或两个以上倾斜的剖切平面时，一般采用展开画法，并需在剖视图的上方标注“×—×展开”字样。

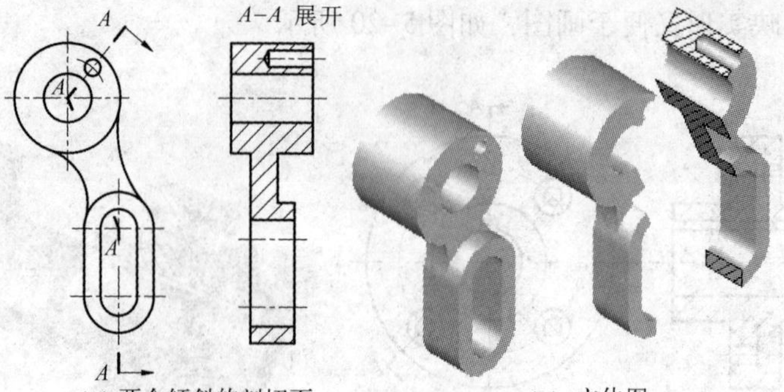

(a) 两个倾斜的剖切面　　(b) 立体图

图 5-23　两个倾斜的剖切面

5.3　断面图

5.3.1　断面图的形成

假想用剖切面将机件的某处切断，仅画出断面的图形，称为断面图，简称断面。画断面图时，应特别注意断面图与剖视图的区别。断面图仅画出机件被切断处的断面形状，而剖视图除了画出断面形状外，还必须画出断面后的可见轮廓线，如图 5-24 所示。

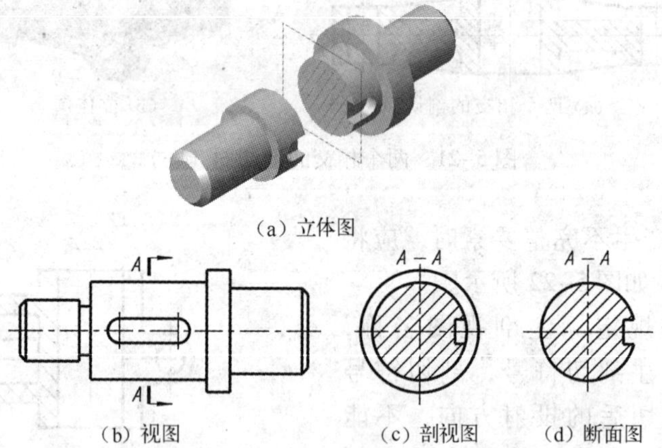

(a) 立体图

(b) 视图　　(c) 剖视图　　(d) 断面图

图 5-24　断面图

5.3.2　断面图分类

根据断面图配置位置的不同，可分为移出断面和重合断面两种。

1. 移出断面

画在视图轮廓线之外的断面，称为移出断面。

1）画法与配置

移出断面的轮廓线用粗实线画出，应尽量画在剖切线的延长线上。剖切平面一般应垂直于被剖切部分的主要轮廓线上，如图 5-25（a）所示。当遇到如图 5-25（b）所示的肋板结构时，可用两个相交的剖切平面，分别垂直于左、右肋板进行剖切，这样画出的剖面图中间应用波浪线断开。

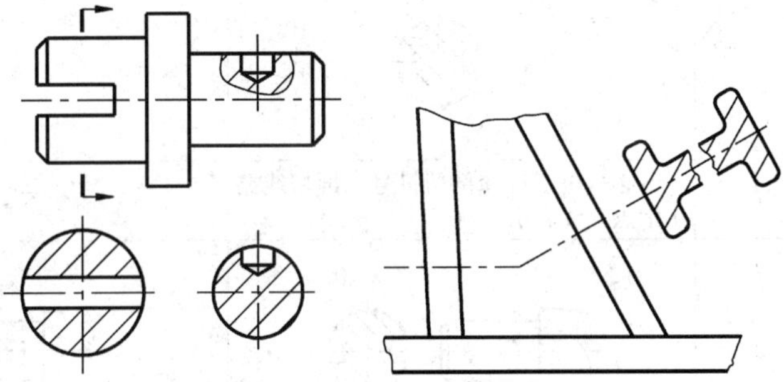

（a）轴类零件的断面图　　（b）型钢的断面图

图 5-25　型钢的断面图

当剖切平面通过回转面形成的孔或凹坑的轴线时，这些结构按剖视绘制，如图 5-26 所示。

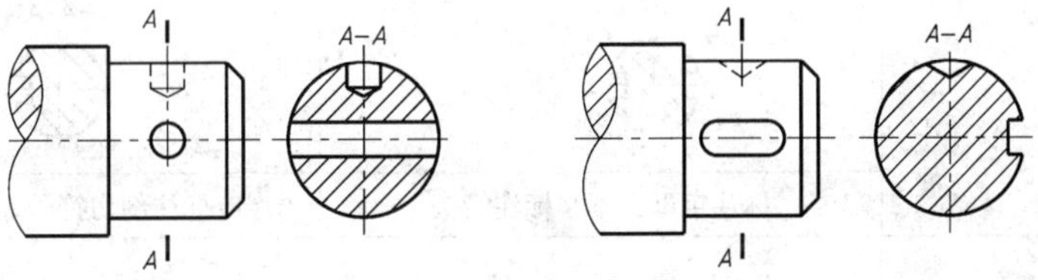

图 5-26　移出断面图

当剖切平面通过非圆孔而导致出现完全分离的两个断面时，则这些结构按剖视绘制，如图 5-27 所示。

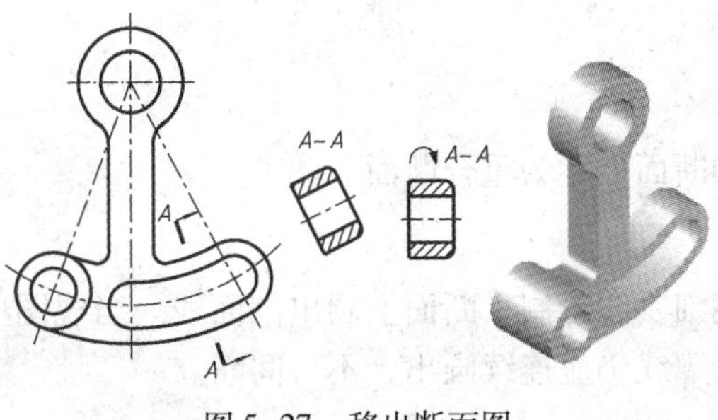

图 5-27　移出断面图

2）移出断面图的标注

移出断面图的配置与标注如表 5-2 所示。

表 5-2　移出断面图的配置与标注

<table>
<tr><th>断面图 端面形状
配置</th><th>对称的移出断面</th><th>不对称的移出断面</th></tr>
<tr><td rowspan="2">配置在剖切线或剖切符号延长线上</td><td>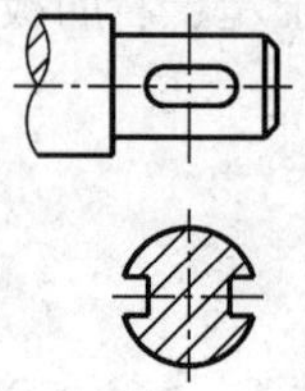</td><td>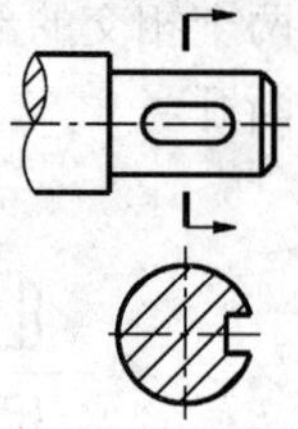</td></tr>
<tr><td>不必标出字母和剖切符号，剖切线路用细点画线表示</td><td>不必标注字母</td></tr>
<tr><td rowspan="2">按投影关系配置</td><td>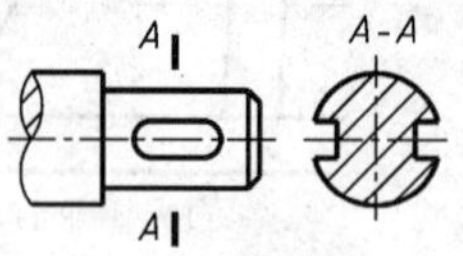</td><td>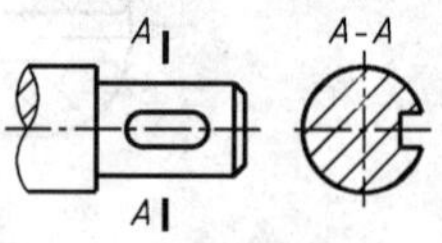</td></tr>
<tr><td>不必标注箭头</td><td>不必标注箭头</td></tr>
<tr><td rowspan="2">配置在其他位置</td><td>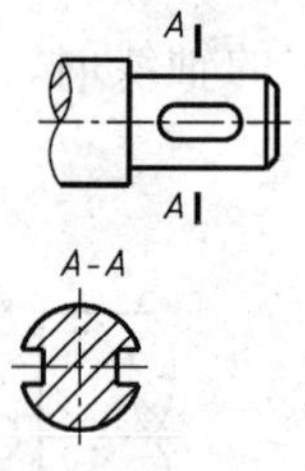</td><td>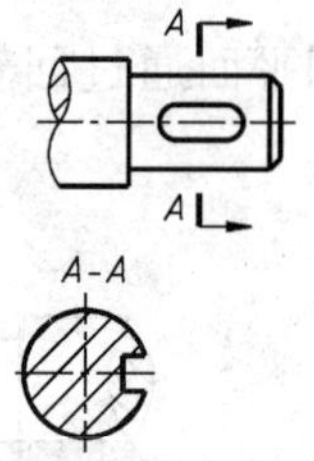</td></tr>
<tr><td>标注字母，不必标注箭头</td><td>应标注剖切符号（含箭头）和字母</td></tr>
<tr><td rowspan="2">配置在视图中断处</td><td colspan="2">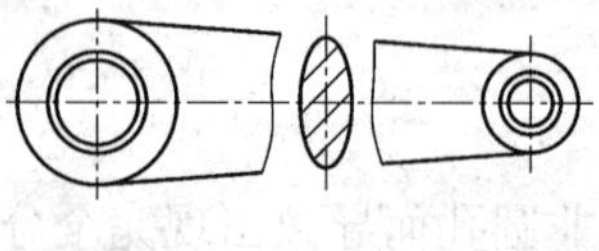</td></tr>
<tr><td colspan="2">不必标注（图形不对称时，移出断面不得画在中断处）</td></tr>
</table>

2. 重合断面

画在视图轮廓之内的断面，称为重合断面。

1）画法

重合断面的轮廓线用细实线绘制，断面上画出剖面线。当视图中的轮廓线与重合断面的图形重合时，视图中的轮廓线仍应连续画出，不可间断。

2）标注

吊钩中对称的重合断面不必标注，如图 5-28（a）所示。配置在剖切线上的不对称重合断面，不必注写字母，但一般要在剖切符号上画出表示投射方向的箭头，如图 5-28（b）

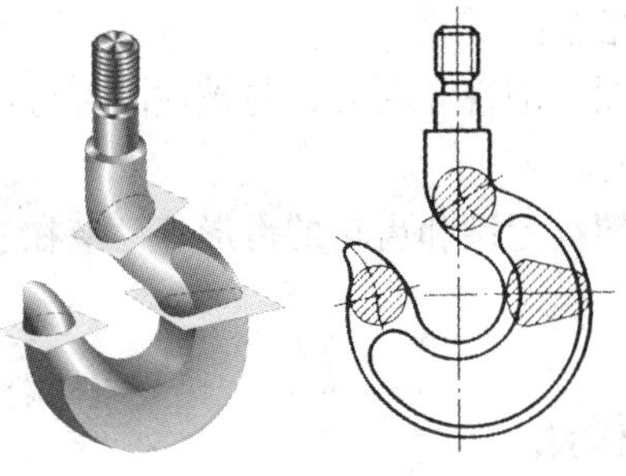

（a）吊钩的重合断面图

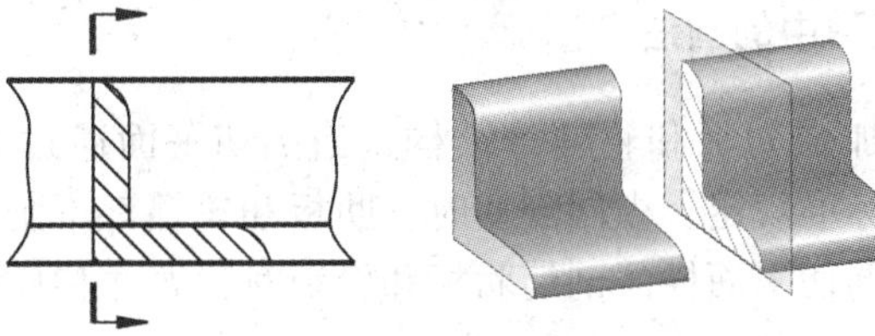

（b）角铁的重合断面图

图 5-28　重合断面图

5.4　局部放大图和简化画法

5.4.1　局部放大图

当机件上某些局部细小结构在视图上表达不清楚，或不便于标注尺寸时，可将该部分结构用大于原图的比例画出，这种图形称为局部放大图，如图 5-29 所示。

当机件上仅一处被放大时，在局部放大图的上方只须注明所采用的比例；若几处被放大时，须用罗马数字依次标明被放大部位，在局部放大图的上方标注出相应的罗马数字和采用的比例，如图 5-30 所示。

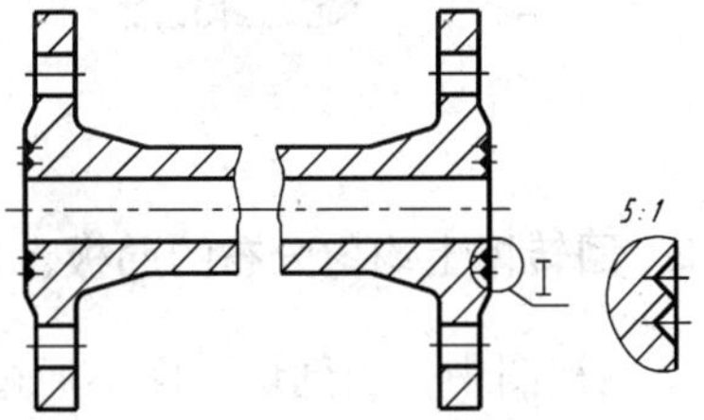

图 5-29　局部放大图（一）

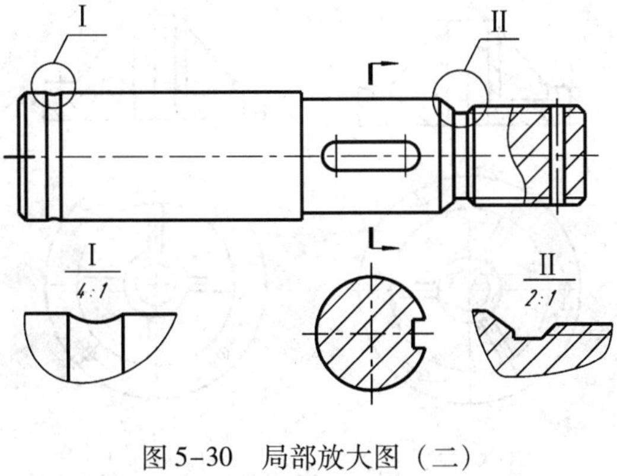

图 5-30　局部放大图（二）

画局部放大图时应注意以下几点：

（1）局部放大图可以画成视图、剖视和断面，与被放大部分的表达方式无关。局部放大图应尽量配置在被放大部位的附近。

（2）绘制局部放大图时，除螺纹牙型和齿轮的齿形外，应在视图上用细实线圈出被放大的部位。

5.4.2 剖视图中的规定画法

1. 肋板和轮辐在剖视图中的画法

画剖视图时，常碰到加强肋板和轮辐等结构，当剖切平面通过肋板和轮辐的对称平面时，称为纵向剖切。制图标准规定：纵向剖切时，肋板和轮辐都不画剖面线，而用粗实线将它与其邻接部分分开；当剖切平面横向剖切肋板和轮辐时，要在相应的剖视图上画上剖面符号，如图 5-31 所示。

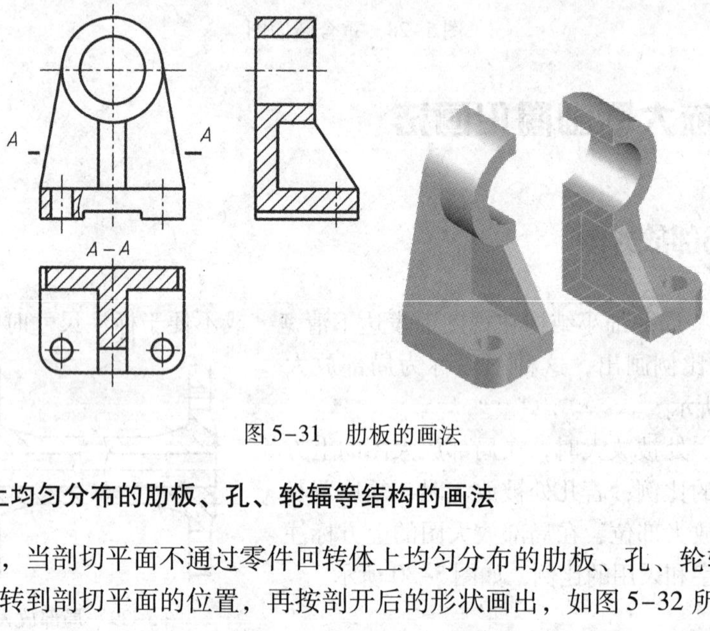

图 5-31　肋板的画法

2. 回转体上均匀分布的肋板、孔、轮辐等结构的画法

在剖视图中，当剖切平面不通过零件回转体上均匀分布的肋板、孔、轮辐等结构时，可以将这些结构旋转到剖切平面的位置，再按剖开后的形状画出，如图 5-32 所示。

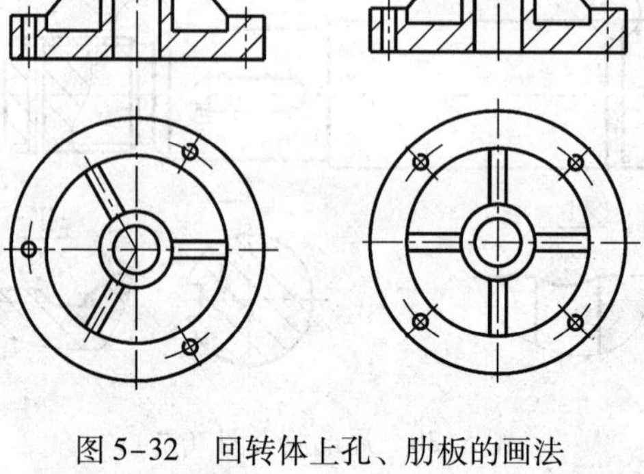

图 5-32　回转体上孔、肋板的画法

5.4.3 简化画法

1）规律分布相同结构的简化画法

当机件具有若干相同结构（齿、槽等），并按一定规律分布时，只须画出几个完整的结构，其余用细实线连接结构的顶部或底部，但须注明该结构的总数。若干直径相同且成规律分布的孔（圆孔、螺孔、沉孔等），可仅画出一个或几个，其余用点画线表示中心位置，注明孔的总数，如图 5-33 所示。

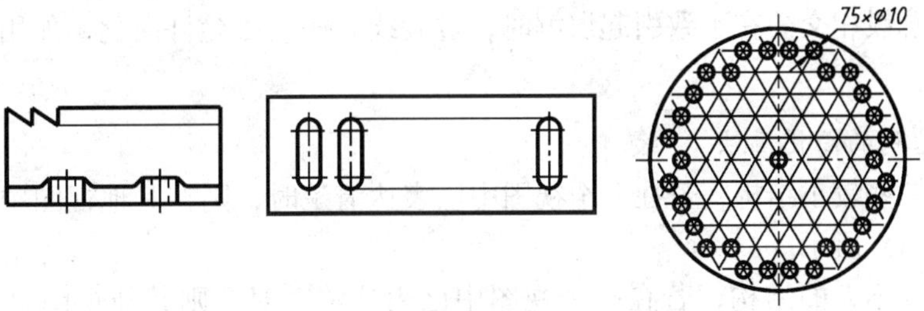

（a）（b）（c）

图 5-33 相同要素孔的简化画法

2）滚花、网状物或编织物的简化画法

机件上的滚花部分、网状物或编织物，可在轮廓线附近用细实线示意画出，并在零件图上或技术要求中注明这些结构的具体要求，如图 5-34 所示。

3）圆柱形法兰和类似零件上均匀分布的孔的简化画法

圆柱形法兰和类似零件上均匀分布的孔，按照如图 5-35 所示的方法绘制。

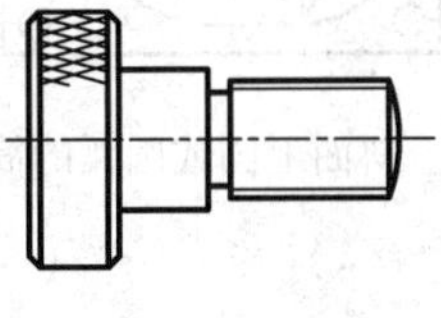

图 5-34 滚花的画法

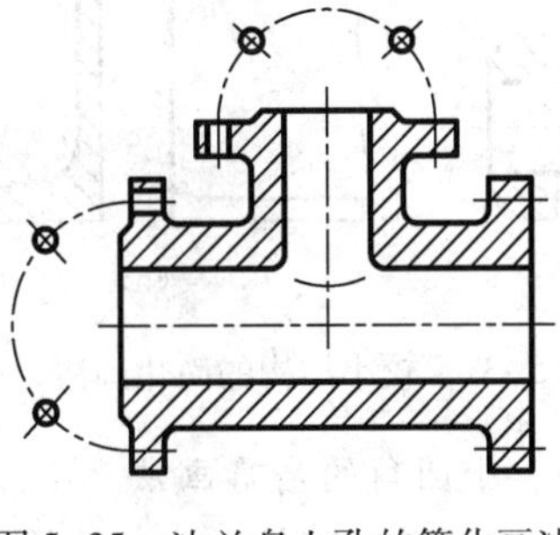

图 5-35 法兰盘上孔的简化画法

4）对称机件的简化画法

在不致引起误解时，对称机件的视图可只画一半或 1/4，并画出对称符号，即在对称中心线的两端画出两条与其垂直的平行细实线，如图 5-36 所示。

5）过渡线及相贯线的简化画法

铸造和锻造的零件表面相交处，其表面交线都不明显，常用圆弧过渡表示。为了表示出相交表面的分界，画图时仍按没有过渡圆弧时的交线绘制，即用过渡线画出。但过渡线两端

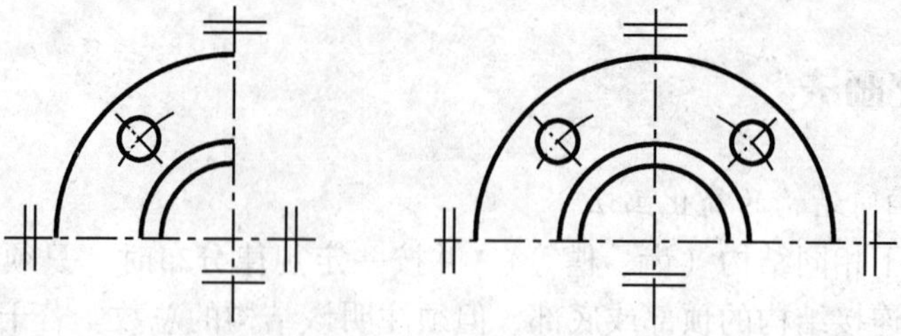

（a）　　（b）

图 5-36　对称结构的简化画法

不与零件的轮廓线相交。在不致引起误解时，过渡线、相贯线允许简化，如用圆弧或直线代替非圆曲线。

6）较小结构的简化画法

机件上的一些较小结构，若在一个视图中已表达清楚时，则在其他视图中可以简化或省略，图 5-37（a）所示。

机件上斜度不大的结构，若在一个视图中已表达清楚时，则其他视图可按小端投影画出，如图 5-37（b）所示。

7）倾斜圆投影的简化画法

机件上与投影面的倾斜角度小于或等于 30°的圆或圆弧，其投影可用圆或圆弧代替，如图 5-38 所示。

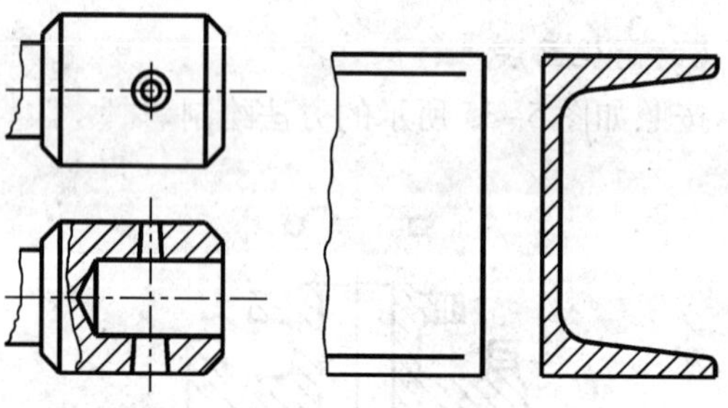

（a）　　（b）

图 5-37　较小结构的简化画法

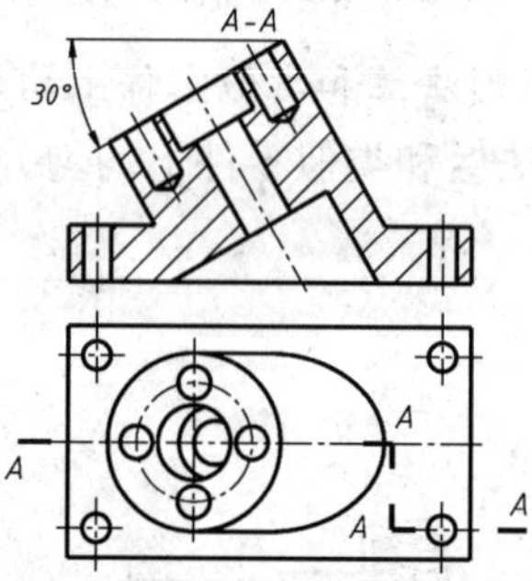

图 5-38　斜面上圆或圆弧的简化画法

8）小倒角、小圆角的省略画法

在不致引起误解时，零件图中的小圆角、锐边的小倒圆或小倒角允许省略不画，但必须标注尺寸或在技术要求中加以说明，如图 5-39 所示。

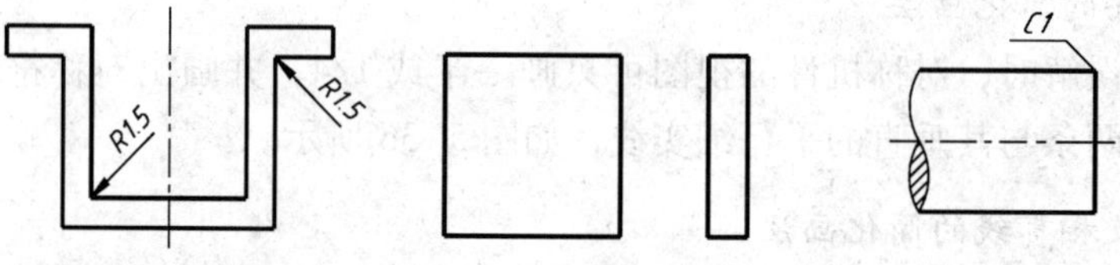

（a）　　（b）　　（c）

图 5-39　小倒角、小圆角的简化画法和标注

9）平面表示法

当图形不能充分表达平面时，可用平面符号（两条对角细实线）表示，如图5-40所示。

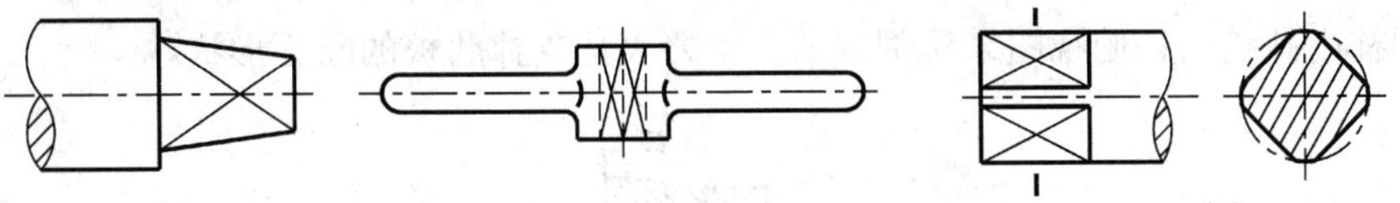

图5-40 平面符号的画法

10）折断画法

当轴、连杆、型材等机件长度较长，并沿着这个方向形状一致或均匀变化，画图时，可断开后缩短画出，但尺寸要按实际长度标注，断裂处用波浪线或双点画线画出，如图5-41所示。

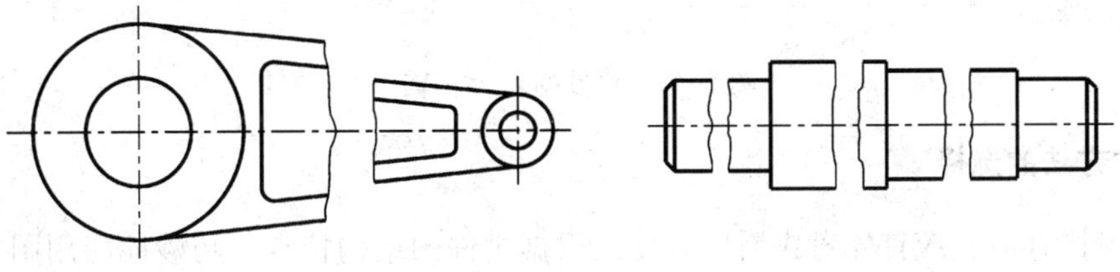

图5-41 较长机件的画法

11）机件上对称结构局部视图的画法

机件上对称结构的局部视图画图时可采用图5-42所示的方法。

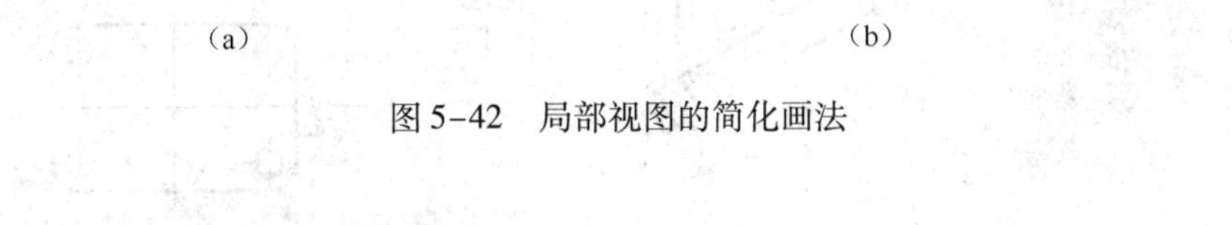

图5-42 局部视图的简化画法

5.5 表达方法的综合应用

1. 看剖视图

机件表达方案中常用到剖视图，要看懂剖视图，首先要区分机件上结构要素的空与实、远与近，机件上的剖视图中凡是画有剖面符号的封闭形线框均表示实体范围，空白封闭线框一般情况下表示空体范围及剖切面后的结构。然后根据机件内部结构的特征，结合其他视图的投影，确定机件上内部形状。机件外形也是如此，要从局部线段推想整个面形。内外连起来想象机件的内外结构。如图 5-43 所示，该机件由四部分组成，左视图采用全剖视图，主要表达圆柱内孔结构；俯视图采用剖视图，主要表达支撑肋板的断面形状。

图 5-43　机件的表达方案

2. 表达方法的选择

绘制机械图样时，应首先考虑看图方便。根据机件的结构特点，巧妙地应用图样的各种画法，在完整、清晰地表达机件各部分的内外形状的前提下，力求制图简便，使所绘图样易看易画。如图 5-44 所示的表达方案中，该机件由圆筒、十字肋板和底板组成，底板与肋板倾斜相交。表达方案选择主视图外形，圆筒轴线水平放置，圆孔和底板上的小孔采用局部剖视；左视图采用局部视图；肋板形状与尺寸采用断面图表达；底板形状采用斜视图表达。这组表达方案视图少、表达完整，作图简便。

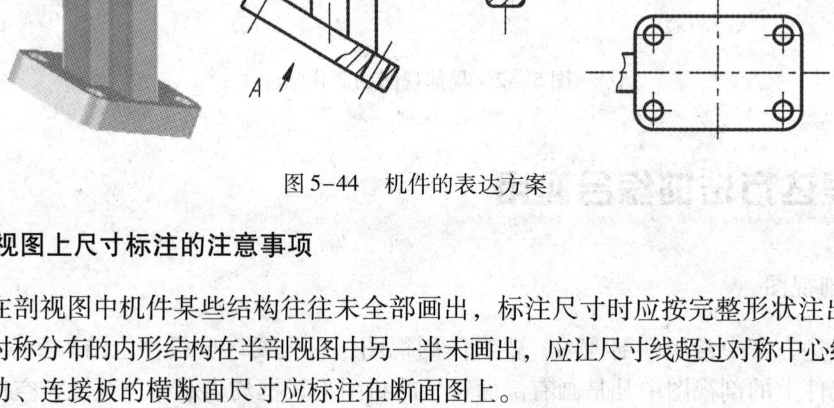

图 5-44　机件的表达方案

3. 剖视图上尺寸标注的注意事项

（1）在剖视图中机件某些结构往往未全部画出，标注尺寸时应按完整形状注出。

（2）对称分布的内形结构在半剖视图中另一半未画出，应让尺寸线超过对称中心线或轴线。

（3）肋、连接板的横断面尺寸应标注在断面图上。

（4）回转面的内形尺寸，一般情况下应标注在非圆视图上。

（5）内、外形的尺寸应分开两侧注出。

5.6 第三角画法简介

我国《技术制图　投影法》中规定：“技术图样应采用正投影法绘制，并优先采用第一角画法。”

所谓第几角画法，说的是三个两两互相垂直的投影平面（即正面 V、水平面 H、侧面 W），将空间分为八部分，每个部分为一分角，依次为Ⅰ，Ⅱ，Ⅲ，…，Ⅷ分角，如图5-45所示。

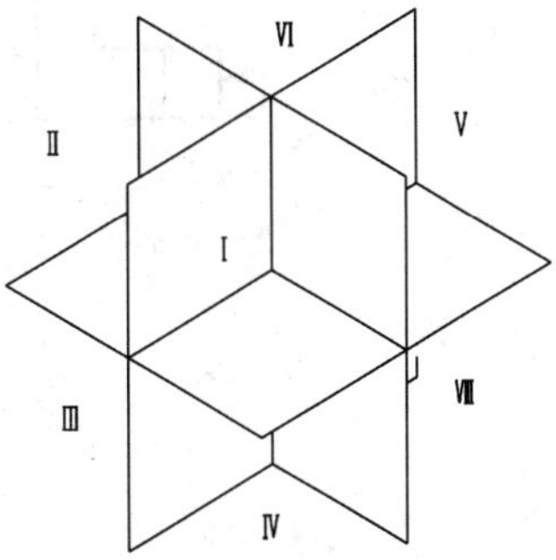

图5-45　八个分角

世界上大多数国家（如中国、英国、俄国、德国等）都采用第一角画法，但美国、日本、加拿大、澳大利亚等则采用第三角画法。为了便于国际间的技术交流和协作，我国在1993年（GB/T 14692）就曾规定：“必要时（如按合同规定等）允许使用第三角画法。”

第一角画法是指将物体放在第一分角内，采用观察者→物体→投影面的位置关系进行正投影，并获得视图的过程，如图5-46所示。

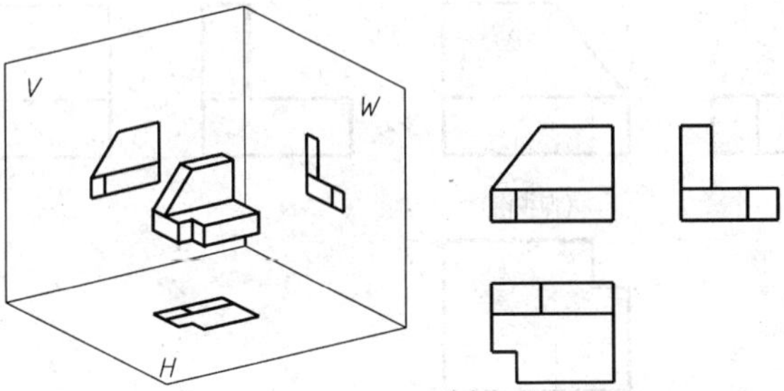

图5-46　第一角的位置关系

第三角画法是指将物体放在第三分角内，采用观察者→投影面→物体的位置关系进行正投影，并获得视图的过程，如图5-47所示。

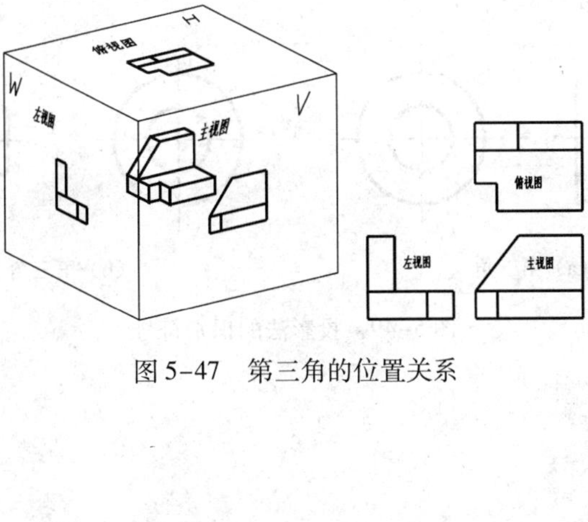

图5-47　第三角的位置关系

六个基本视图的位置关系比较如图 5-48 所示。

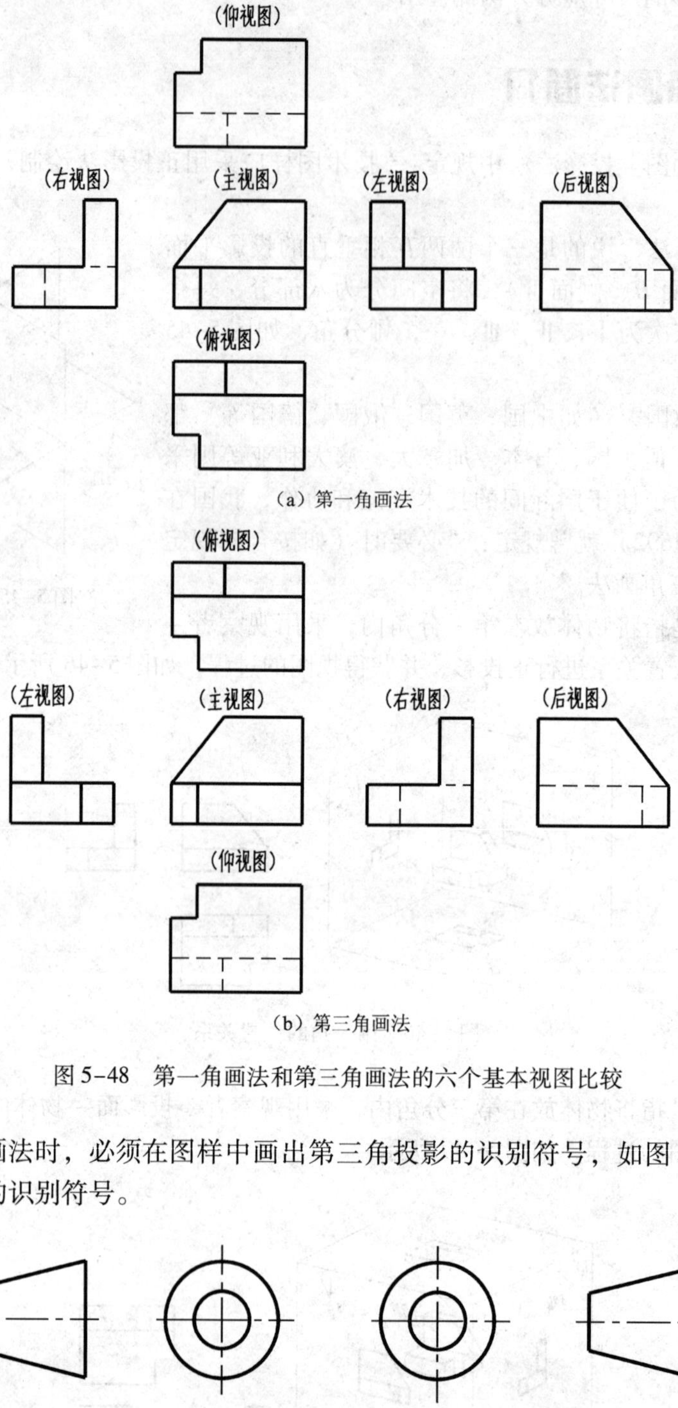

图 5-48　第一角画法和第三角画法的六个基本视图比较

采用第三角画法时，必须在图样中画出第三角投影的识别符号，如图 5-49 所示为第一角和第三角画法的识别符号。

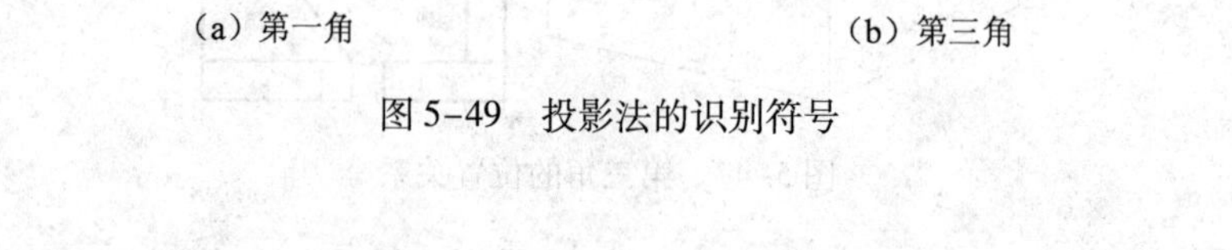

图 5-49　投影法的识别符号

知识梳理与总结

本单元重点学习了基本视图、局部视图、斜视图的概念、应用场合、绘制方法及标注方法；全剖、半剖、局部剖、各种剖切面剖视图的表达方法和剖视图的标注方法；断面图的概念、种类和不同断面图的绘制方法和标注方法；常用简化画法、剖视图中规定画法和局部放大图的画法。

通过以上学习内容，可以认识到，各种视图主要表达机件的外部形状，剖视图用于表达内部形状复杂的机件，断面图用于表达轴类机件、肋板及各种型钢的截面形状，简化画法用于特殊机件，而生产实用中的图样，通常是综合应用各种表达方法绘制的，具有表达方法灵活，视图、剖视、断面及其简化画法并存，投射方向和视图位置多变等特点，选用最佳表达方案。

学习单元6 标准件与常用件

教学导航

教	学习目标	学习各类标准件及常用件的查表、选用、标记及规定画法
	学习重点	内外螺纹的规定画法及连接画法、螺纹紧固件的连接画法；直齿圆柱齿轮的尺寸计算及规定画法；键、销、滚动轴承的选用、标记和画法；弹簧的尺寸计算及规定画法
学	学习难点	螺栓、双头螺柱、螺钉的连接画法；齿轮啮合区的画法；轴、轮上键槽的查表、画法及普通平键的连接画法
	建议课时	10～12 课时

任何机器或部件都是由零部件装配而成的，有些零部件用途广、用量大，为了便于批量生产和使用，对它们的结构与尺寸全部或部分进行了标准化。标准件是指为了使零件有更好的互换性，且便于批量生产和使用，对其结构、尺寸规格、技术要求等实现标准化的零件或零件组，如螺栓、螺钉、螺柱、螺母、垫圈、销、键等零件。有些零件只是部分参数被标准化了，称为常用件，如齿轮、弹簧。在绘图时，对这些已标准化的结构和形状不必按其真实投影画出，而是根据相应的国家标准所规定的画法、代号和标记进行绘图和标注。

6.1　螺纹及螺纹紧固件

6.1.1　螺纹画法及标注

1. 螺纹形成

螺纹是指在圆柱或圆锥表面上，沿螺旋线所形成的，具有相同断面的连续凸起和沟槽。在圆柱外表面上形成的螺纹，称为外螺纹；在圆柱内表面上形成的螺纹，称为内螺纹。内、外螺纹成对使用，可用于各种机械连接，传递运动和动力。

螺纹一般在车床、钻床上加工，如图 6-1（a）所示为车削外螺纹。内螺纹若加工直径较大时，先镗内孔至小径（牙顶）直径，再用内螺纹车刀车出牙形，如图 6-1（b）所示。若内螺纹的加工直径较小可先用钻头钻孔，再用丝锥攻丝加工出牙形，如图 6-1（c）所示。

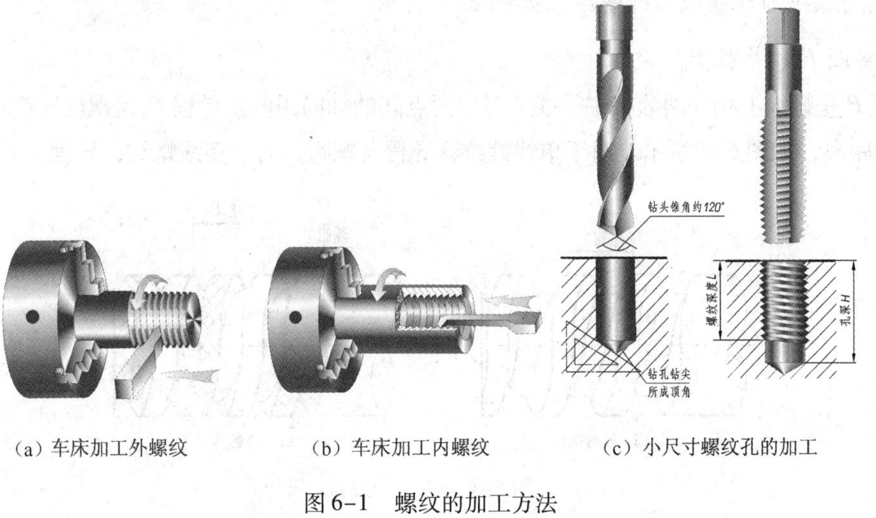

（a）车床加工外螺纹　（b）车床加工内螺纹　（c）小尺寸螺纹孔的加工

图 6-1　螺纹的加工方法

2. 螺纹要素

1）牙型

在通过螺纹轴线的剖面上，螺纹的轮廓形状称为牙型。常见的有三角形螺纹（也叫普通螺纹）、梯形螺纹、锯齿形螺纹、矩形螺纹（也叫方牙螺纹）等。其中，矩形螺纹尚未标准化，其余牙型的螺纹均为标准螺纹，如图 6-2 所示。

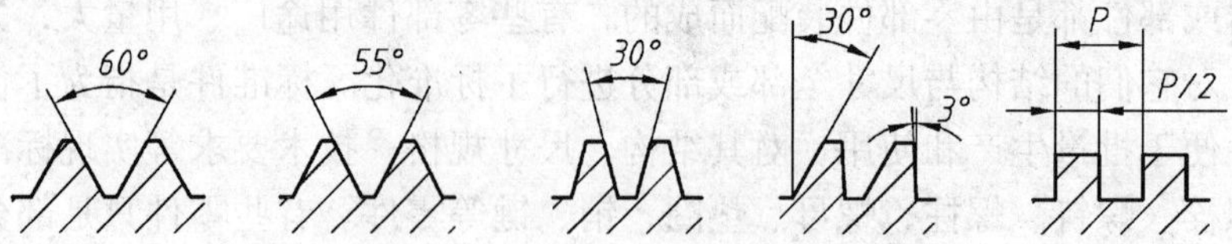

（a）三角螺纹　（b）管螺纹　（c）梯形螺纹　（d）锯齿形螺纹　（e）矩形螺纹

图 6-2　螺纹的牙型

2）直径

螺纹直径有大径（d、D）、小径（d_1、D_1）、中径（d_2、D_2）。公称直径是代表螺纹尺寸的直径，一般是指螺纹大径的基本尺寸，如图 6-3 所示。

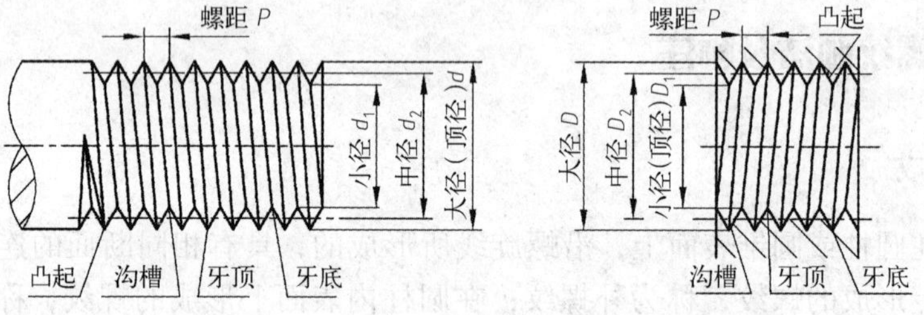

（a）外螺纹　（b）内螺纹

图 6-3　螺纹的牙型、直径

3）线数 n

螺纹有单线和多线之分。沿一条螺旋线形成的螺纹为单线螺纹；沿两条或两条以上的螺旋线形成的螺纹为双线或多线螺纹，如图 6-4 所示。

4）螺距 P 和导程 P_h

螺距 P 是螺纹上相邻两牙在中径线上对应两点间的轴向距离。导程 P_h 是螺旋线旋转一周时移动的轴向距离，如图 6-4 所示。对于单线螺纹，导程 = 螺距；对于多线螺纹，导程 = n × 螺距。

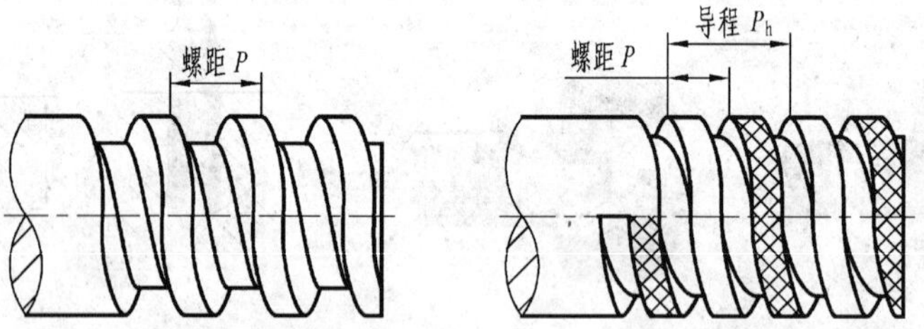

（a）线数为1　（b）线数为2

图 6-4　螺纹的线数

5）旋向

内、外螺纹旋合时的旋转方向称为旋向，有左旋、右旋之分。顺时针旋转时旋入的螺纹称为右旋螺纹；逆时针旋转时旋入的螺纹称为左旋螺纹。旋向的判别可采用如图 6-5 所示的方法，将螺杆轴线垂直放置，看螺旋线，左面高为左旋螺纹，右面高为右旋螺纹。

3. 螺纹的画法

由于螺纹采用专用机床和刀具加工，且尺寸、结构已标准化，绘图时无须将螺纹按真实

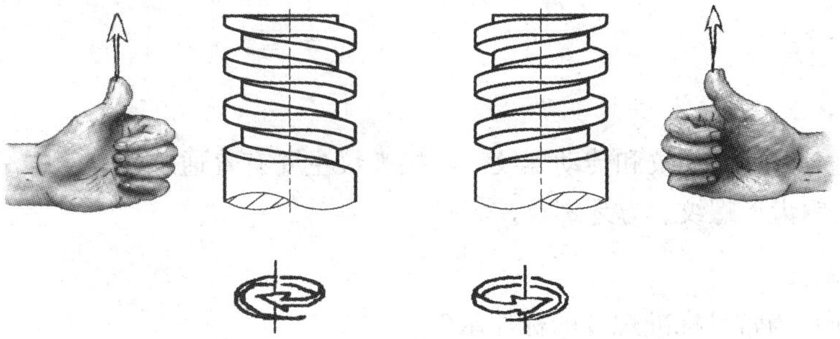

（a）左旋：左边高　　　（b）右旋：右边高

图 6-5　螺纹的旋向

投影作图，可采用规定画法以简化作图过程。

1）外螺纹的画法

如图 6-6（a）所示，外螺纹大径用粗实线表示，小径用细实线表示，小径约为大径的 0.85 倍。在非圆视图上，螺纹终止线画粗实线，在端视图上，小径画 3/4 的细实线圆，倒角圆不画。

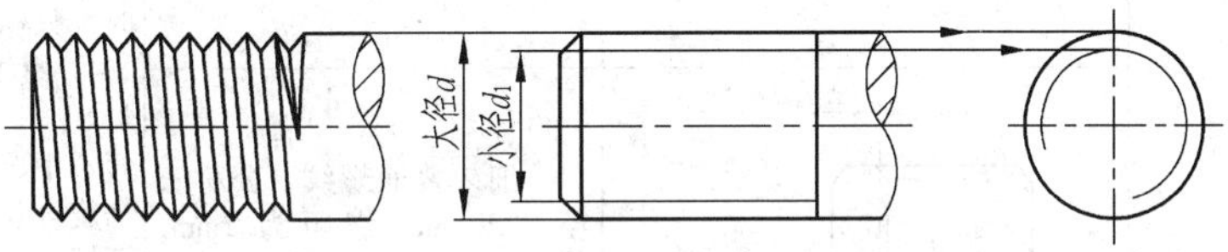

（a）外螺纹

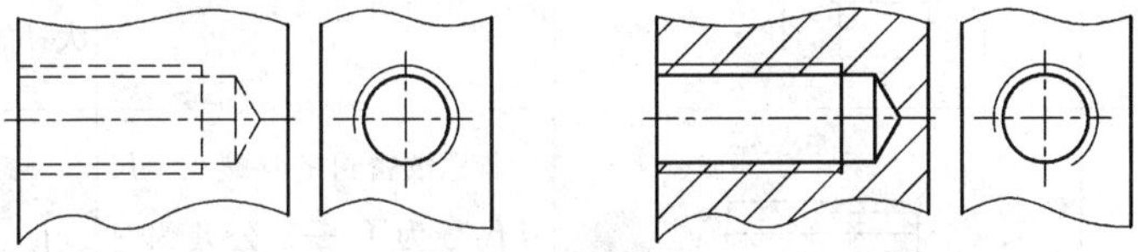

（b）内螺纹

图 6-6　螺纹的画法

2）内螺纹的画法

如图 6-6（b）所示，在剖视图中，内螺纹大径用细实线表示，小径用粗实线表示，螺纹终止线用粗实线表示，在端视图上，大径画 3/4 细实线圆，倒角圆不画。

3）内外螺纹连接的画法

画螺纹连接图时，旋合部分按外螺纹的画法绘制，其余仍按各自的画法绘制。图 6-7（a）为通孔零件连接，图 6-7（b）为不通孔零件的连接。

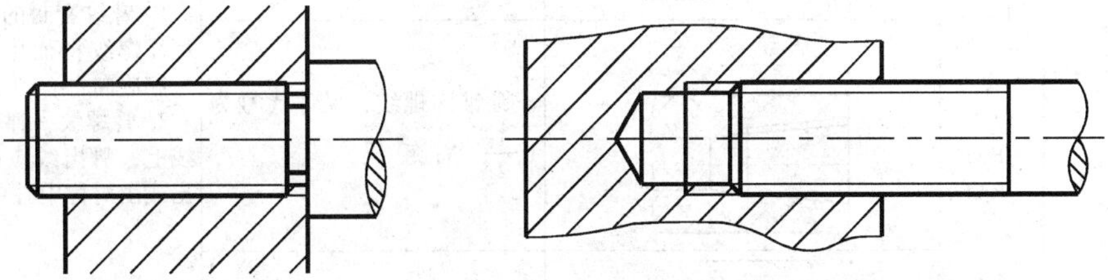

（a）内螺纹为通孔的螺纹连接图　　　（b）内螺纹为不通孔的螺纹连接图

图 6-7　螺纹连接的画法

4. 螺纹的标注

1）螺纹的种类

螺纹按用途分为连接螺纹和传动螺纹。连接螺纹主要有普通螺纹、管螺纹；传动螺纹主要有梯形螺纹、锯齿形螺纹、方牙螺纹。

2）螺纹的标注

如表6-1所示为常见标准螺纹的标注示例。

表6-1 标准螺纹的标注

螺纹种类			标注实例	代号的识别	标注要点说明
连接螺纹	普通螺纹（M）		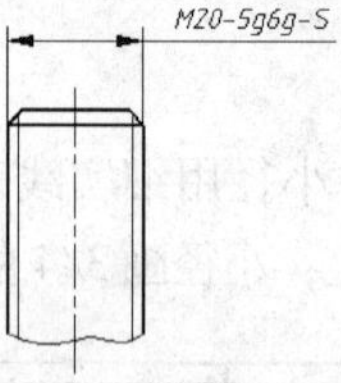	粗牙普通螺纹，公称直径为20mm，右旋，中径、顶径公差带为5g、6g，短旋合长度	1. 粗牙螺纹不标注螺距，细牙螺纹标注螺距 2. 右旋“RH”省略不标注，左旋以“LH”表示 3. 中径、顶径公差带相同时，只标注一个公差带代号 4. 螺纹旋合长度代号用字母S、N、L分别表示螺纹的短、中、长三种旋合长度。当旋合长度为中等时可省略不标注 5. 螺纹标记应直接标注在大径的尺寸线或延长线上
			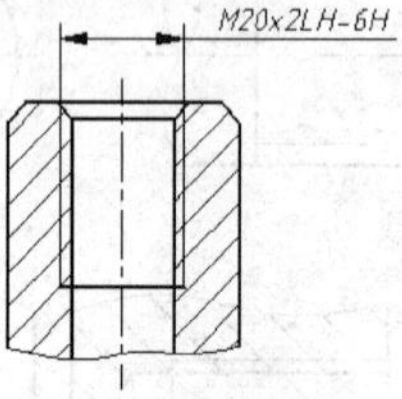	细牙普通螺纹，公称直径为20mm，螺距为2mm，左旋，中径、小径公差带为6H，中等旋合长度	
	管螺纹	非螺纹密封的管螺纹（G）	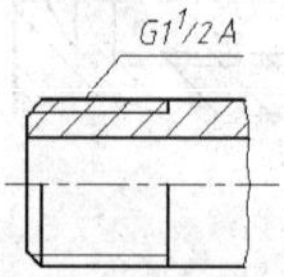	非螺纹密封的管螺纹，尺寸代号为$1\frac{1}{2}$，公差为A级，右旋	1. 非螺纹密封的管螺纹，其内、外螺纹都是圆柱管螺纹 2. 外螺纹的公差等级代号分为A、B两级，内螺纹不标记
			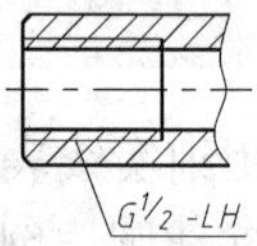	非螺纹密封的管螺纹，尺寸代号为$\frac{1}{2}$，左旋	
		用螺纹密封的管螺纹（R）（Rc）（Rp）	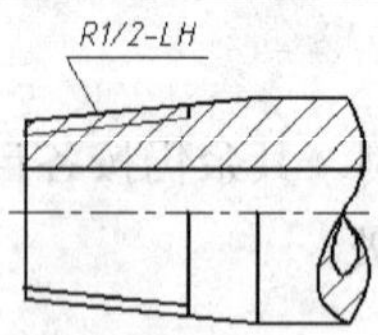	圆锥外螺纹，尺寸代号为$\frac{1}{2}$，左旋	1. 螺纹密封的管螺纹，只标注螺纹特征代号、尺寸代号和旋向 2. 管螺纹一律标注在引出线上，引出线应由大径处引出或由对称中心线处引出
			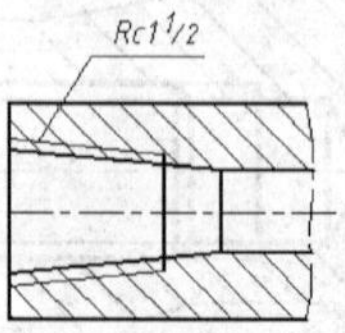	圆锥内螺纹，尺寸代号为$1\frac{1}{2}$，右旋	
			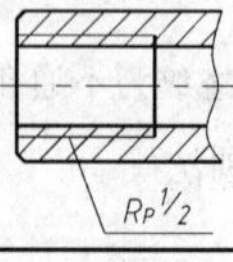	圆柱内螺纹，尺寸代号为$\frac{1}{2}$，右旋	

续表

螺纹种类		标注实例	代号的识别	标注要点说明
传动螺纹	梯形螺纹 （Tr）	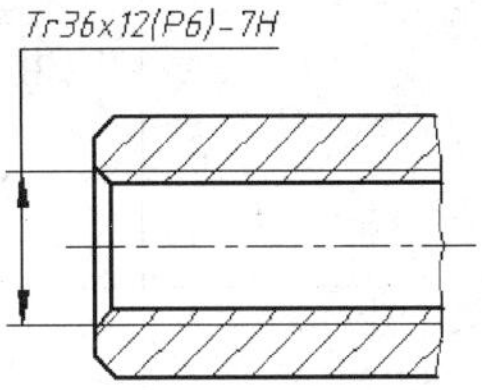	梯形螺纹，公称直径为36mm，双线，导程为12mm，螺距为6mm，右旋，中径公差带为7H，中等旋合长度	1. 两种螺纹只标注中径公差带代号 2. 旋合长度只有中等旋合长度（N）、长旋合长度（L）两种 3. 中等旋合长度规定不标注
	锯齿形螺纹 （B）	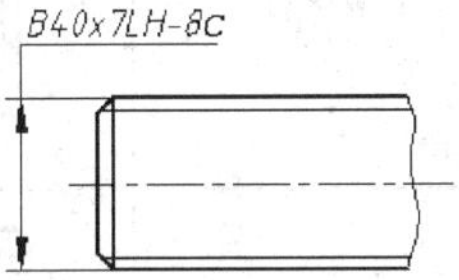	锯齿形螺纹，公称直径为40mm，单线，螺距为7mm，左旋，中径公差带为8C，中等旋合长度	

6.1.2 螺纹紧固件

螺纹紧固件包括螺栓、螺柱、螺钉、螺母和垫圈等，如图6-8所示。由于使用量大，所以由专门厂家生产，并实现了标准化、系列化。常见的连接形式有：螺栓连接、双头螺柱连接和螺钉连接。

（a）六角头螺栓 （b）双头螺柱 （c）六角螺母 （d）六角开槽螺母

（e）内六角圆柱头螺钉 （f）开槽圆柱头螺钉 （g）半圆头螺钉 （h）开槽沉头螺钉

（i）平垫圈 （j）弹簧垫圈 （k）圆螺母用止动垫圈 （l）圆螺母 （m）开槽锥端紧定螺钉

图6-8 常用螺纹紧固件

如表6-2所示为常用螺纹紧固件采用的规定标记方法。

表 6-2　常用螺纹紧固件的规定标记

名　　称	图例和标记	名　　称	图例和标记
六角头螺栓	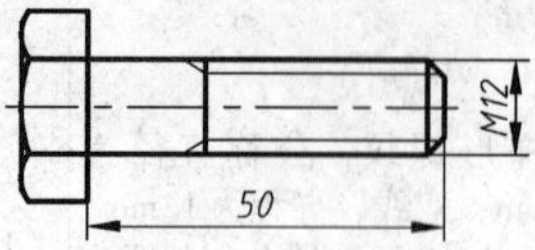 螺栓GB/T 5782 M12×50	双头螺柱	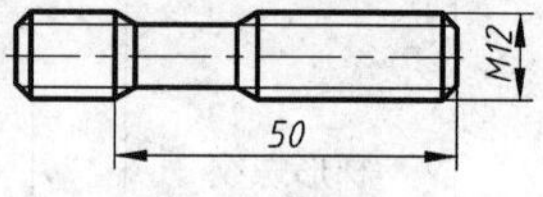 螺柱GB/T 89 M12×50
开槽沉头螺钉	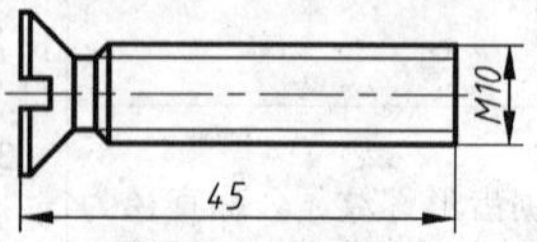 螺钉GB/T 68 M10×45	Ⅰ型螺母	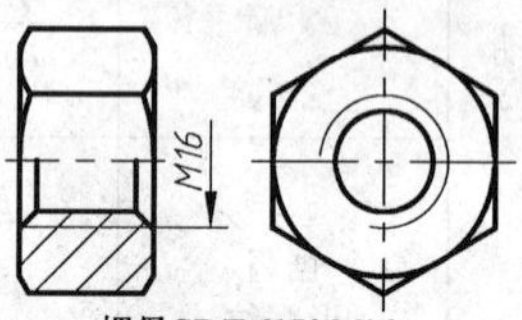 螺母GB/T 6170 M16
开槽圆柱头螺钉	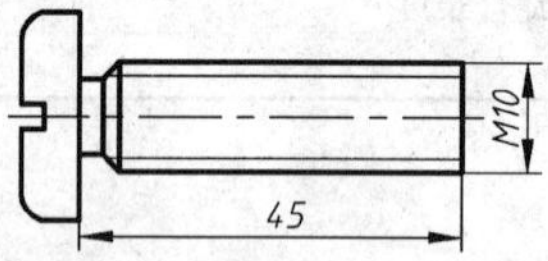 螺钉GB/T 65 M10×45	Ⅰ型开槽螺母	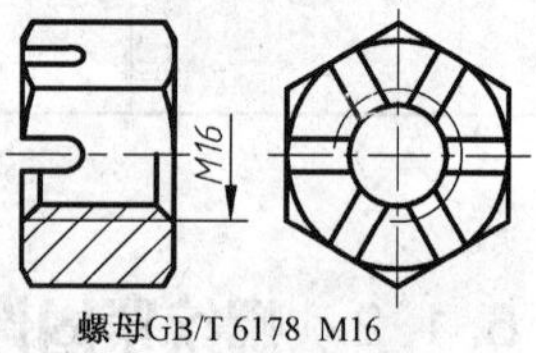 螺母GB/T 6178 M16
内六角圆柱头螺钉	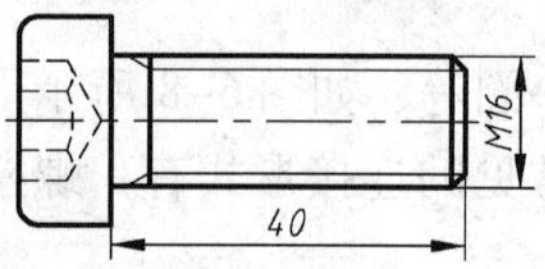 螺钉GB/T 70 M16×40	弹簧垫圈	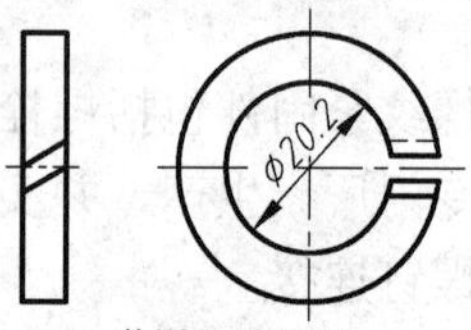 垫圈GB/T93 20
开槽锥端紧定螺钉	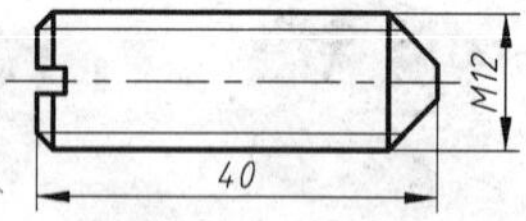 螺钉GB/T 71 M12×40	平垫圈	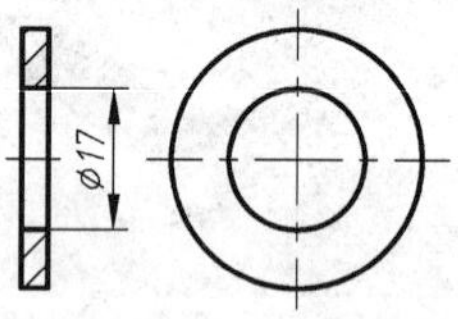 垫圈GB/T97.1 17—140HV

由于螺纹紧固件是标准件，由专门的工厂生产，所以一般不画出它们的零件图，而采用比例画法或简化画法。螺纹紧固件各部分的尺寸（除公称长度 L 外）都可用 d（或 D）的一定比例画出。常用螺纹紧固件的比例画法，如图 6-9 ～图 6-17 所示。

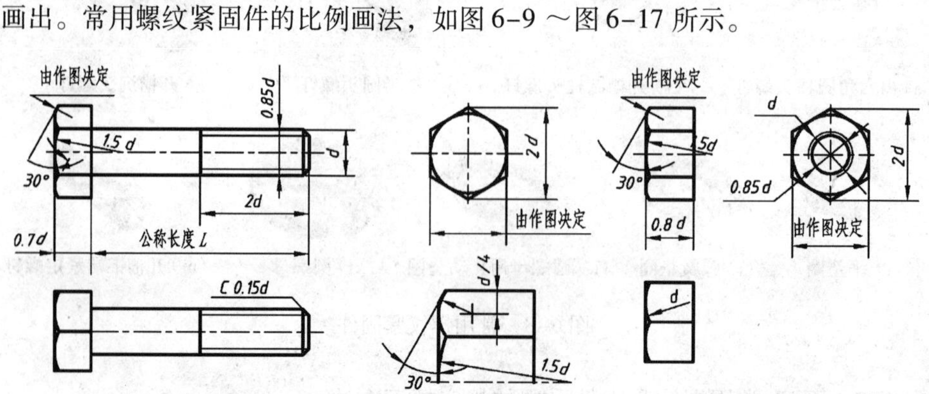

图 6-9　螺栓、螺母的比例画法

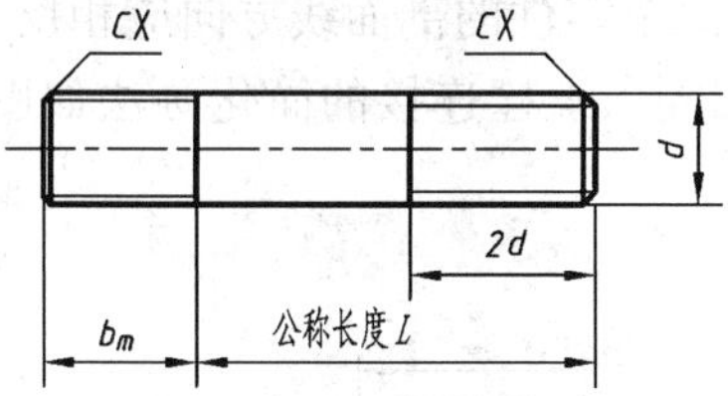

图 6-10　双头螺柱的比例画法

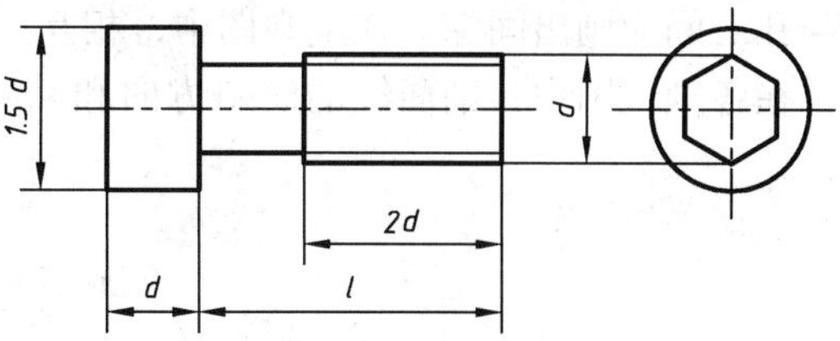

图 6-11　内六角圆柱头螺钉的比例画法

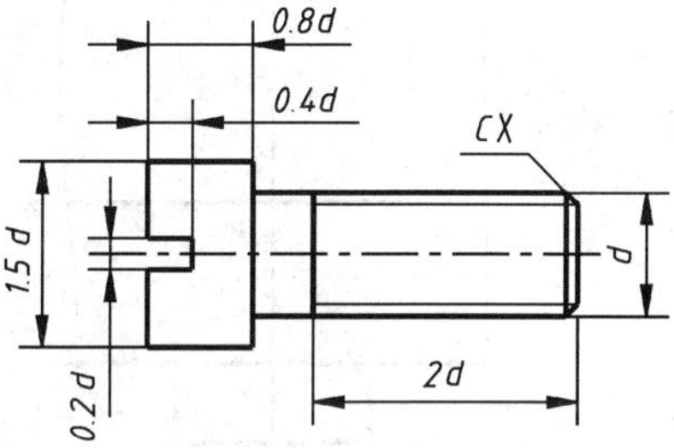

图 6-12　开槽圆柱头螺钉的比例画法

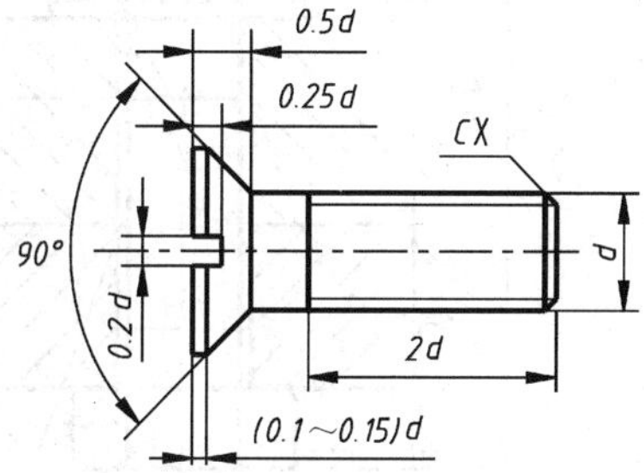

图 6-13　沉头螺钉的比例画法

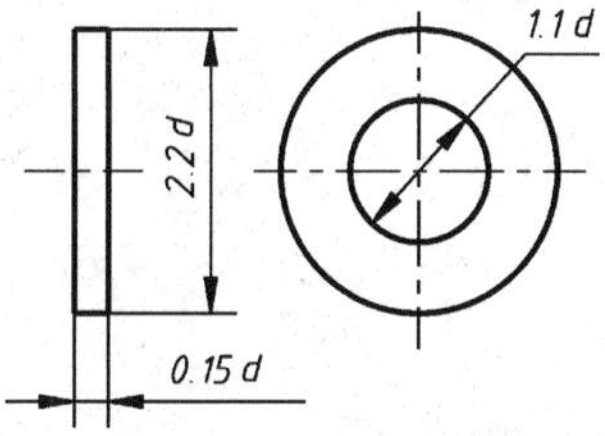

图 6-14　平垫圈的比例画法

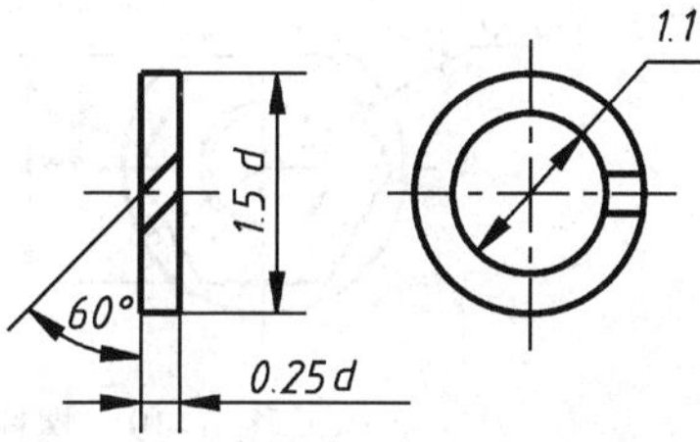

图 6-15　弹簧垫圈的比例画法

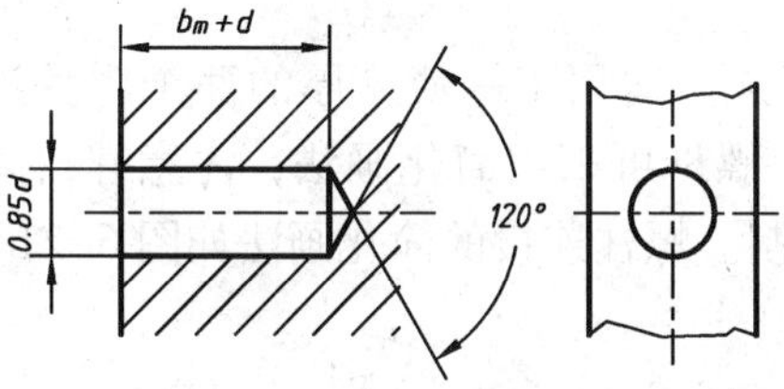

图 6-16　钻孔尺寸的比例画法

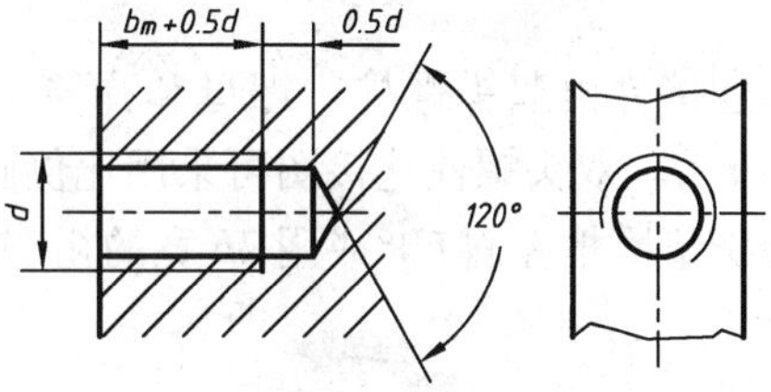

图 6-17　螺孔尺寸的比例画法

1. 螺栓连接

螺栓连接所用的连接件有螺栓、螺母、垫圈等。因连接时穿透被连接件，适用于连接几块厚度较小的零件，如图 6-18 所示。螺纹连接图一般用比例画法。当剖切平面通过连接件的轴线时，则螺栓、螺柱、螺钉、螺母、垫圈等均按未剖切绘制，即只画外形；螺纹紧固件上的工艺结构如倒角、退刀槽等均可省略不画。两个零件接触面处只画一条粗实线，不得将轮廓线加粗。凡不接触的表面，不论间隙多小，在图上应画出间隙，

图 6-18　螺栓连接立体图

如螺栓与孔之间应画出间隙。在剖视图中，相互接触的两个零件的剖面线方向应相反。而同一个零件在各剖视图中，剖面线的倾斜方向和间隔应相同。螺栓连接的简化画法如图 6-19 所示。

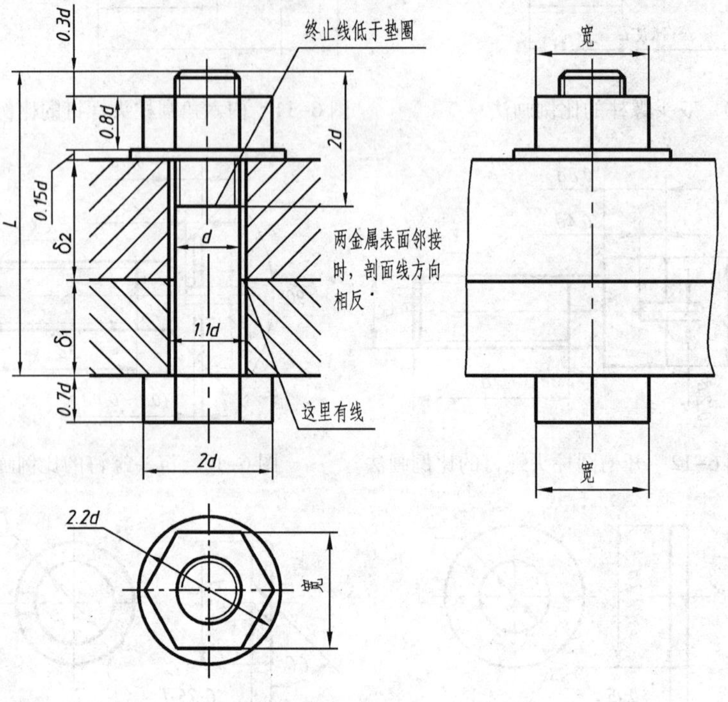

图 6-19　螺栓连接的简化画法

2. 双头螺柱连接

螺柱连接件由双头螺柱、螺母和弹簧垫圈组成，适用于一薄一厚的两个零件连接，如图 6-20 所示。双头螺柱连接图可采用比例画法，螺母可采用简化画法，注意螺纹终止线的位置，弹簧垫圈槽左斜 60°或用 2*b* 宽的粗实线绘制。螺柱连接的简化画法如图 6-21 所示。

图 6-20　螺柱连接立体图

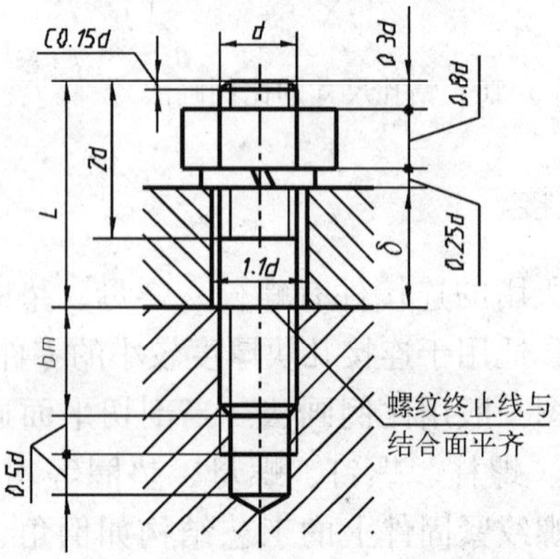

图 6-21　螺柱连接的简化画法

在图6-22中，b_m为双头螺柱旋入端的螺纹长度，它由被连接零件的材料决定（见表6-3）。螺孔深度一般取 $b_m + 0.5d$，钻孔深度一般取 $b_m + d$。

表6-3　旋入端长度

被旋入零件的材料	旋入端长度 b_m	国标代号
钢、青铜	$b_m = d$	GB/T 897—1988
铸铁或铝合金	$b_m = 1.25d$ 或 $1.5d$	GB/T 899—1988
铝合金	$b_m = 2d$	GB/T 900—1988

3. 螺钉连接

螺钉连接一般用于受力不大而又不经常拆卸的地方。被连接的零件中一个为通孔，另一个为不通的螺纹孔，如图6-22所示。螺孔深度和旋入深度的确定与双头螺柱连接基本一致，螺钉头部的形式很多，应按规定画出。螺钉连接的简化画法如图6-23所示。

螺钉连接图采用简化画法，画图时注意螺纹终止线在两零件连接线上方，螺钉头部的槽线在端视图上与水平成45°角，如图6-23所示。

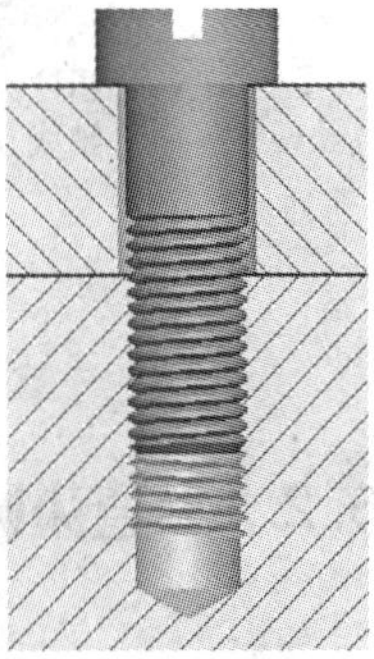

图6-22　螺钉连接立体图

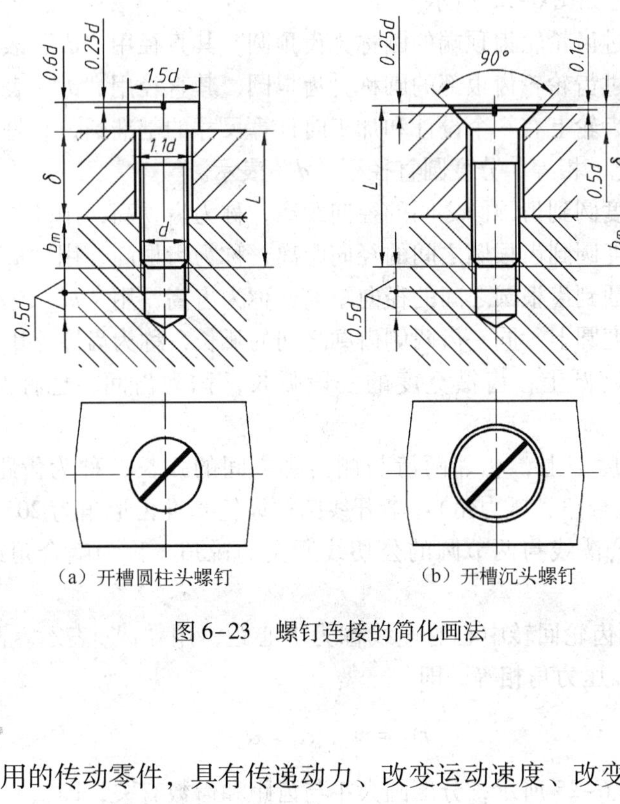

（a）开槽圆柱头螺钉　　（b）开槽沉头螺钉

图6-23　螺钉连接的简化画法

6.2　齿轮

齿轮是一种常用的传动零件，具有传递动力、改变运动速度、改变运动方向的功能。常用的齿轮按两轴的相对位置不同分三种：圆柱齿轮传动、圆锥齿轮传动、蜗轮蜗杆传动，如图 6-24 所示。

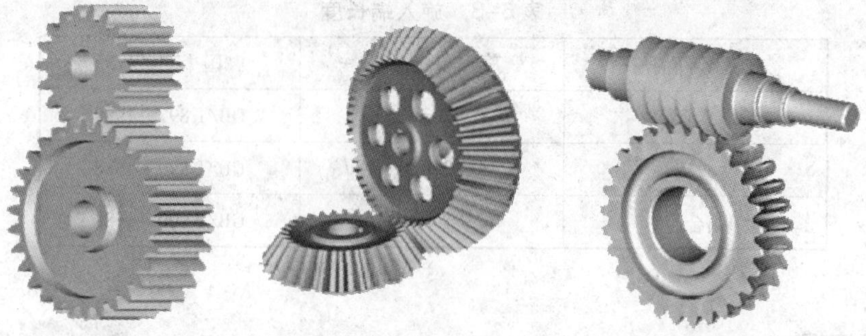

（a）圆柱齿轮：两轴线互相平行　（b）圆锥齿轮：两轴线互相垂直相交　（c）蜗轮蜗杆：两轴线互相垂直交叉，能实现大降速比

图 6-24　齿轮传动的种类

6.2.1　直齿圆柱齿轮的参数计算与画法

1. 直齿圆柱齿轮轮齿

轮齿各部分的名称如图 6-25 所示。

（1）齿顶圆：通过齿轮轮齿顶端的圆称为齿顶圆，其直径用“d_a”表示。

（2）齿根圆：通过齿轮轮齿根部的圆称为齿根圆，其直径用“d_f”表示。

（3）分度圆：在齿轮上有一个设计和加工时计算尺寸的基准圆，它是一个假想圆，在该圆上，齿厚 s 与齿槽宽 e 相等，分度圆直径用“d”表示。

（4）齿顶高：分度圆到齿顶圆之间的径向距离，称为齿顶高，用“h_a”表示。

（5）齿根高：分度圆到齿根圆之间的径向距离，称为齿根高，用“h_f”表示。

（6）齿高：齿顶圆到齿根圆之间的径向距离，称为齿高，用“h”表示，$h = h_a + h_f$。

（7）齿厚：在分度圆上，同一齿两侧齿廓之间的弧长，称为齿厚，用“s”表示。

（8）齿厚：在分度圆上，齿槽宽度的一段弧长，称为齿间，也称为齿槽宽，用“e”表示。

（9）齿距：在分度圆上，相邻两齿与侧齿廓之间的弧长，称为齿距，用“p”表示。

（10）齿形角（啮合角、压力角）：渐开线圆柱齿轮基准齿形角为 20°，它等于两齿轮啮合时齿廓在节点处的公法线与两节圆的公切线所夹的锐角，称为啮合角或压力角，用字母“α”表示。

（11）中心距：两齿轮回转中心的连线称为中心距，用“a”表示。两齿轮啮合的条件是两齿轮的模数相等、压力角相等，即

$$m_1 = m_2，\ \alpha_1 = \alpha_2$$

（12）模数：如图 6-25 所示，分度圆大小与齿距和齿数有关，即

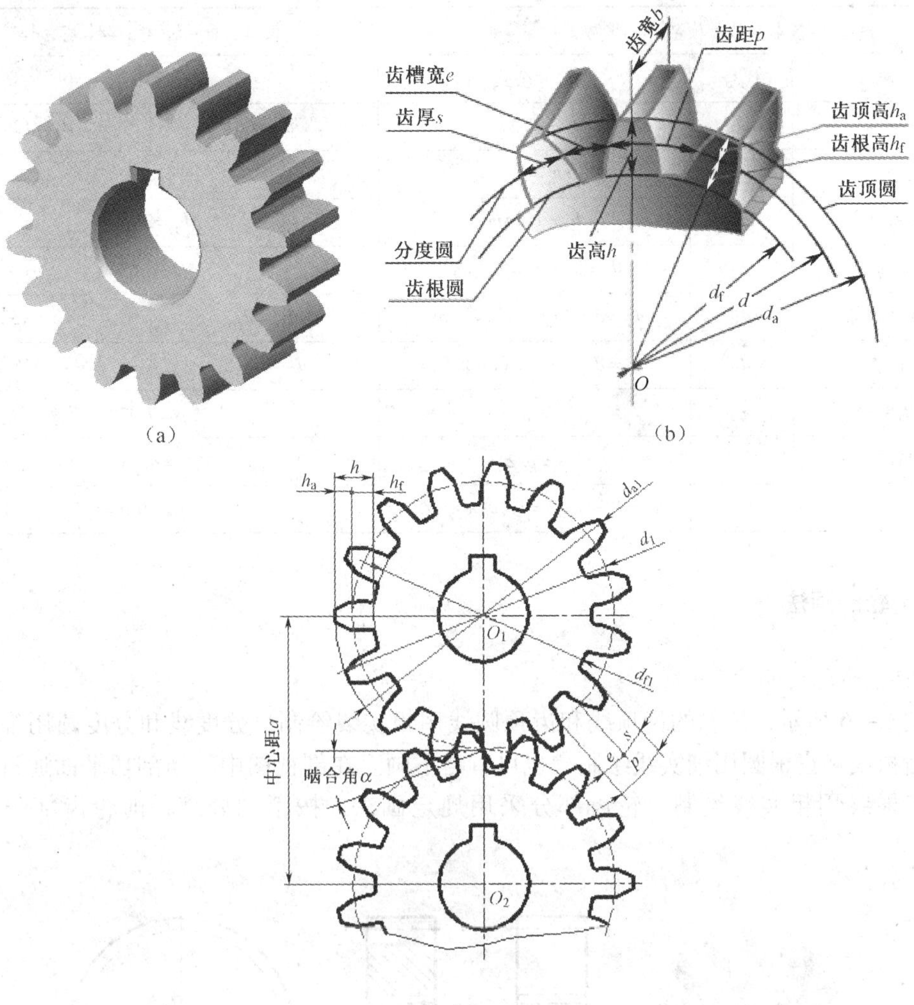

（a）　　（b）

（c）

图 6-25　轮齿各部分的名称

$$\pi d = pz \text{ 或 } d = z\,p/\pi$$

$$\text{令 } m = p/\pi \qquad \text{则 } d = mz$$

m 称为模数，单位为 mm，模数的大小直接反映出轮齿的大小。一对相互啮合的齿轮，其模数必须相等。为了便于设计和制造齿轮，减少齿轮加工的刀具种类，模数已标准化，其系列值如表 6-4 所示。如表 6-5 所示为直齿圆柱齿轮各部分尺寸的计算公式及举例。

表 6-4　渐开线圆柱齿轮模数（GB/T 1357—1987）　　（单位：mm）

第一系列	0.1，0.12，0.15，0.2，0.25，0.3，0.4，0.5，0.6，0.8，1，1.25，1.5，2，2.5，3，4，5，6，8，10，12，16，20，25，32，40，50
第二系列	0.35，0.7，0.9，1.75，2.25，2.75，（3.25），3.5，（3.75），4.5，5.5，（6.5），7，9，（11），14，18，22，28，36，45

注：优先采用第一系列，括号内的模数尽可能不用。

表 6-5　直齿圆柱齿轮各部分尺寸的计算公式及举例

基本参数：模数 m、齿数 z			已知：$m=3$，$z_1=22$，$z_2=42$	
名称	代号	尺寸公式	计算举例	
分度圆	d	$d=mz$	$d_1=66$	$d_2=126$
齿顶高	h_a	$h_a=m$	$h_a=3$	
齿根高	h_f	$h_f=1.25m$	$h_f=3.75$	
齿高	h	$h=h_a+h_f=2.25m$	$h=6.75$	
齿顶圆直径	d_a	$d_a=d+2h_a=m(z+2.5)$	$d_{a1}=72$	$d_{a2}=132$
齿根圆直径	d_f	$d_f=d-2h_f=m(z-2.5)$	$d_{f1}=58.5$	$d_{f2}=118.5$
齿距	p	$p=\pi m$	$p=9.42$	
齿厚	s	$s=p/2$	$s=4.71$	
中心距	a	$a=d_1+d_2/2=m(z_1+z_2)/2$	$a=96$	

2. 齿轮的画法

1）单个齿轮的画法

如图 6-26 所示，齿轮的齿顶线和齿顶圆线用粗实线绘制；分度线和分度圆用细点画线绘制；齿根线和齿根圆用细实线绘制，也可省略不画。在剖视图中，当剖切平面通过齿轮轴线时，齿根线用粗实线绘制，轮齿部分采用规定画法，按不剖处理，即轮齿部分不画剖面线。

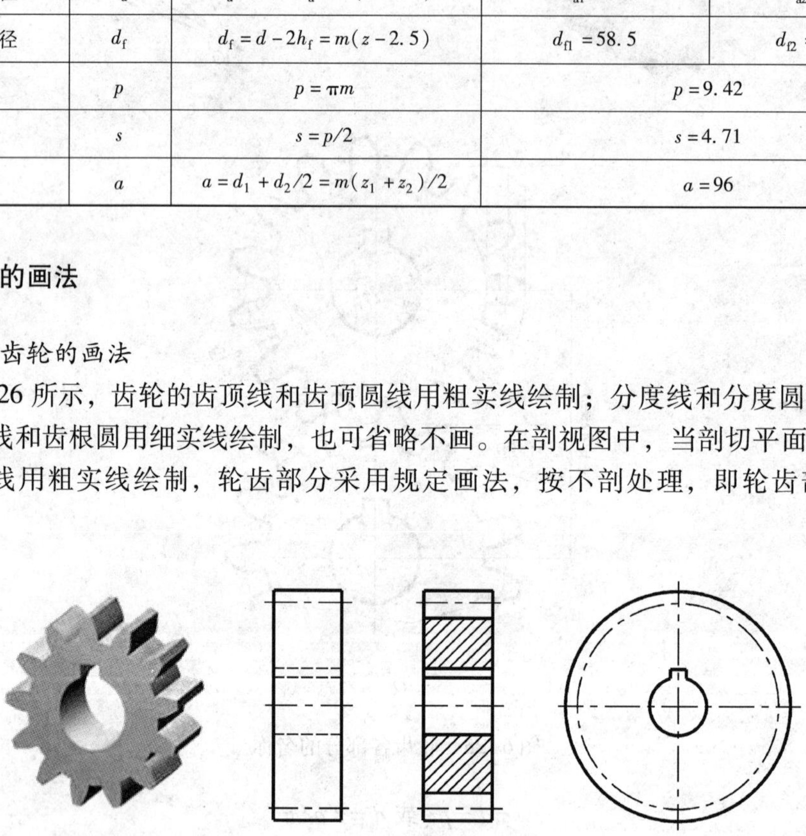

（a）立体图　　（b）外形　　（c）剖视

图 6-26　单个齿轮的画法

2）齿轮啮合的画法

如图 6-27 所示，在垂直于齿轮轴线的投影面的视图中，啮合区内的齿顶圆均用粗实线绘制，也可省略不画，两分度圆用点画线画成相切，两齿根圆省略不画。在剖视图中，啮合区内的两条节线重合为一条，用细点画线绘制。两条齿根线都用粗实线画出；两条齿顶线，其中一条用粗实线绘制，而另一条用虚线绘制或省略不画。

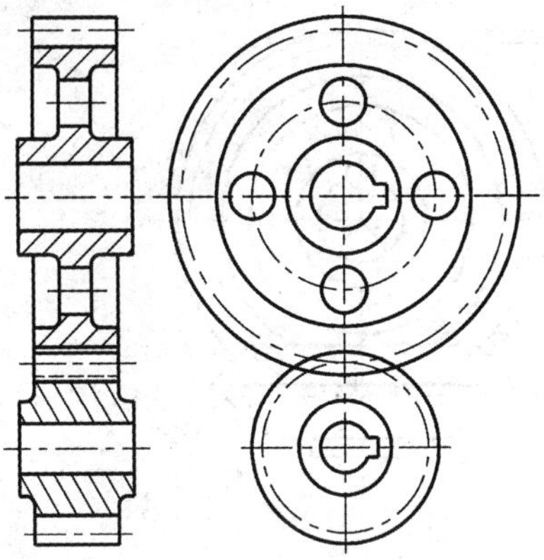

（a）剖视画法

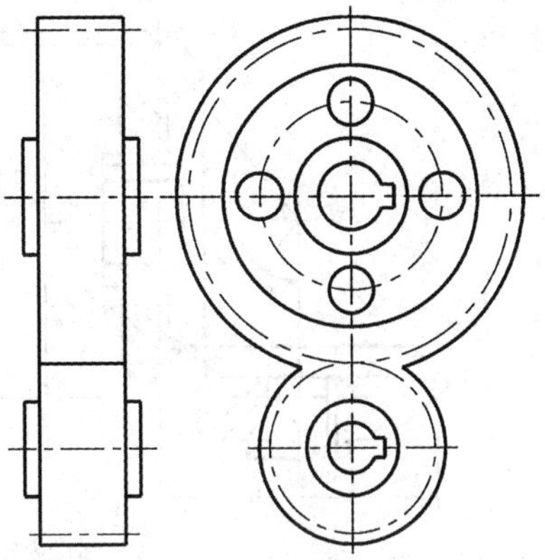

（b）外形画法

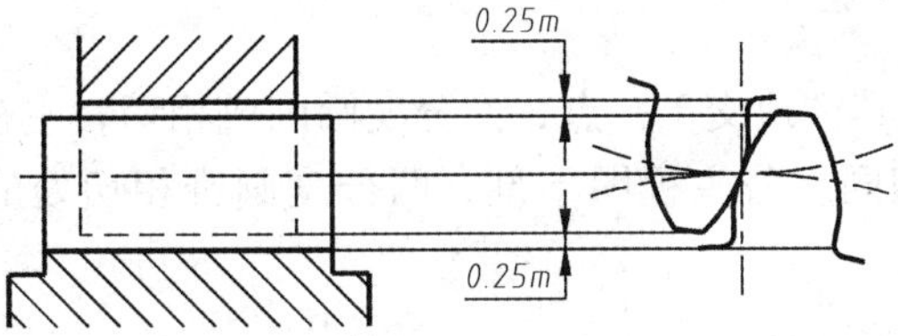

（c）啮合区画法放大图

图 6-27　齿轮啮合的画法

6.2.2　圆锥齿轮传动

圆锥齿轮用于垂直相交两轴之间的传动。由于圆锥齿轮的轮齿分布在圆锥面上，所以其齿厚、齿高、模数和直径由大端到小端是逐渐变小的，如图 6-28（a）所示。为了便于设计制造，规定圆锥齿轮的大端端面模数为标准模数。在计算各部分尺寸时，齿顶高、齿根高沿大端背锥素线量取，其背锥素线与分锥素线垂直。

画图时单个锥齿轮常用的表达方法：其主视图一般画成剖视图；在左视图中，用粗实线画出大端和小端的齿顶圆，用点画线画出大端的分度圆，大、小端齿根圆及小端分度圆均不画出，如图 6-28（b）所示。

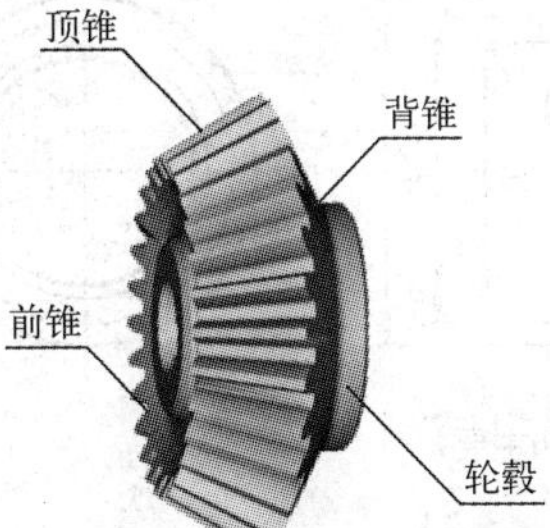

（a）圆锥齿轮各部分的名称

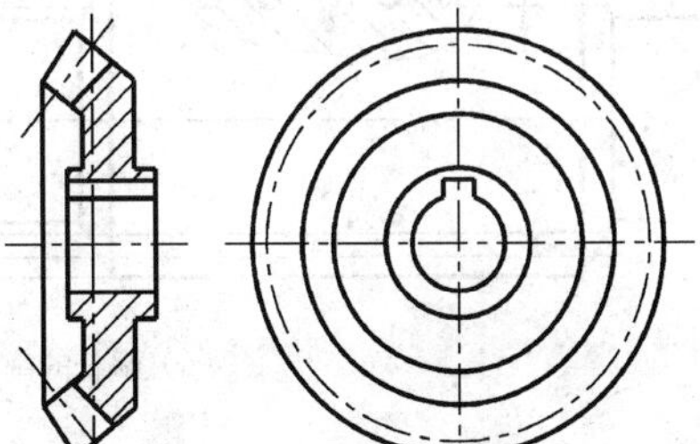

（b）单个圆锥齿轮的画法

图 6-28　圆锥齿轮

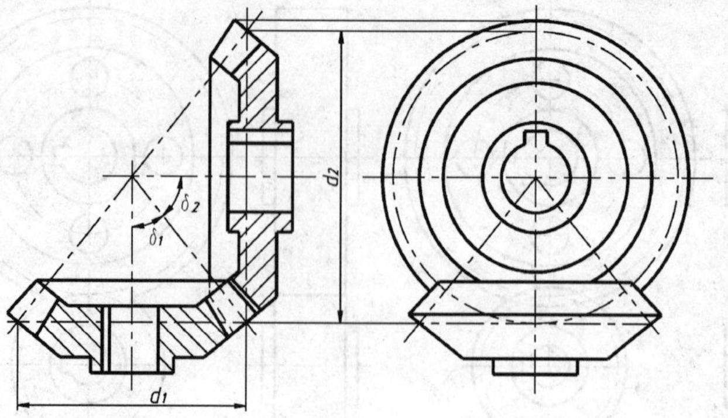

（c）圆锥齿轮啮合画法

图 6-28　圆锥齿轮（续）

两圆锥齿轮啮合时，其锥顶交于一点，两分度圆画成相切，主视图画成剖视图，其啮合区域的表达与圆柱齿轮相同。若主视图不剖，两分度圆锥相切处的节线用粗实线绘制，如图 6-28（c）所示。

6.2.3　蜗杆和蜗轮

蜗杆和蜗轮通常用于垂直交叉的两轴之间的传动，蜗杆是主动件，蜗轮是从动件。它们的齿向是螺旋形的，为了增加接触面积，蜗轮的轮齿顶面常制成圆弧形。蜗杆的齿数称为头数，相当于螺杆上螺纹的线数，有单头和多头之分。在传动时，蜗杆旋转一圈，蜗轮只转一个齿或两个齿。蜗轮蜗杆的传动比较大，且传动平稳，但效率较低。相互啮合的蜗轮蜗杆的模数必须相同，蜗杆的导程角与蜗轮的螺旋角大小相等，方向相同。

蜗杆的画法与圆柱齿轮画法基本相同。为了表达蜗杆上的牙型，一般采用局部放大图，如图 6-29（a）所示。蜗轮的画法与圆柱齿轮相似，如图 6-29（b）所示。

蜗杆蜗轮啮合可画成外形图和剖视图两种形式，其画法如图 6-29（c）所示。在蜗轮投影为圆的视图中，蜗轮的节圆与蜗杆的节线相切。

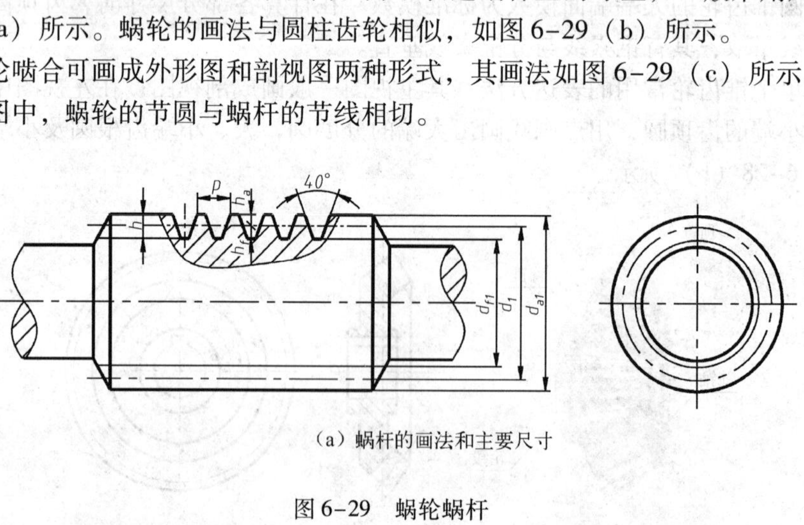

（a）蜗杆的画法和主要尺寸

图 6-29　蜗轮蜗杆

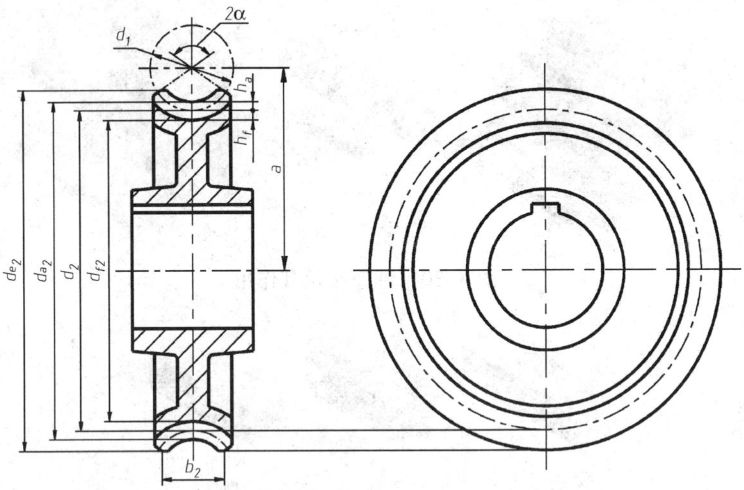

（b）蜗轮的画法和主要尺寸

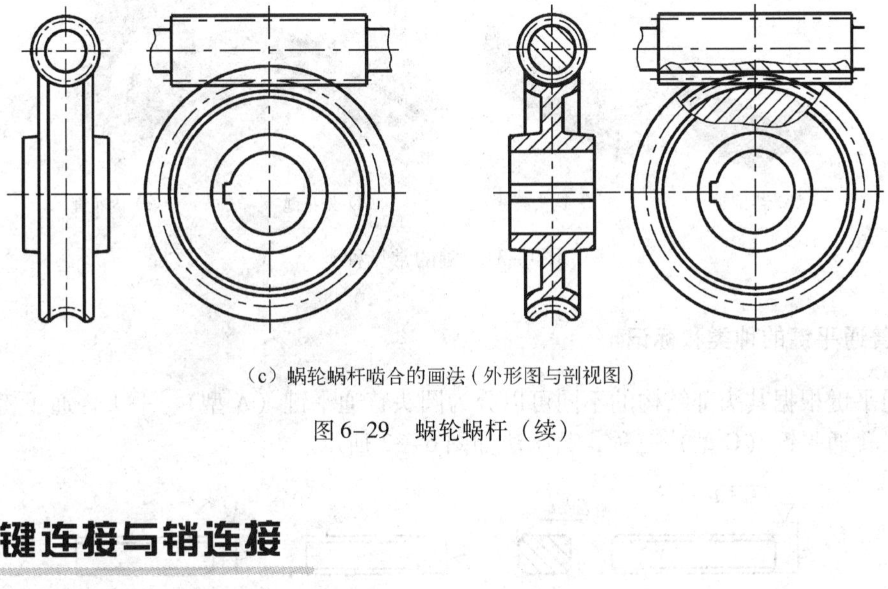

（c）蜗轮蜗杆啮合的画法（外形图与剖视图）

图 6–29　蜗轮蜗杆（续）

6.3　键连接与销连接

6.3.1　键连接

1. 键连接的作用和种类

键主要用于轴和轴上的零件（如带轮、齿轮等）之间的连接，起着传递扭矩的作用。如图 6–30 所示，将键嵌入轴上的键槽中，再将带有键槽的齿轮装在轴上，当轴转动时，因为键的存在，齿轮就与轴同步转动，达到传递动力的目的。

键的种类很多，常用的有普通平键、半圆键、钩头楔键、内外花键等，如图 6–31 所示。这里主要介绍普通平键及其连接画法。

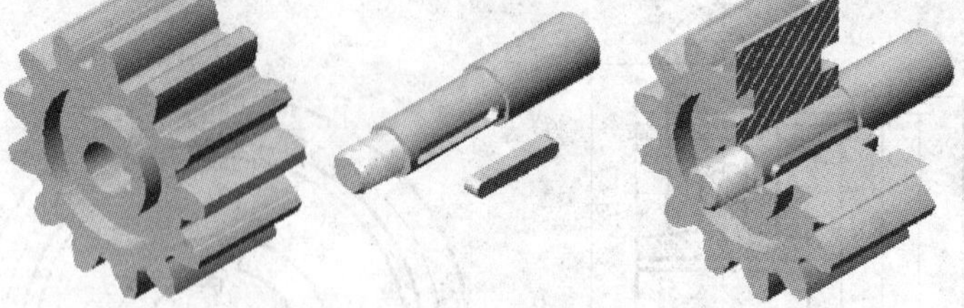

图 6-30　键连接及其作用

A 型　　B 型　　C 型

（a）盖通平键（三种型号）

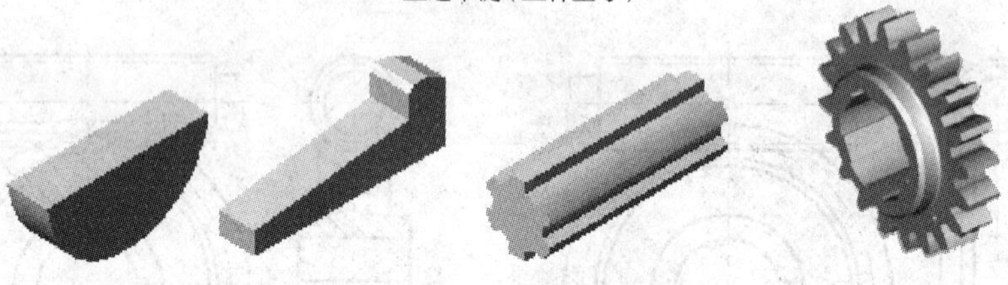

（b）半圆键　（c）钩头锲键　（d）外花键　（e）内花键

图 6-31　键的常见种类

2. 普通平键的种类和标记

普通平键根据其头部结构的不同可以分为圆头普通平键（A 型）、平头普通平键（B 型）和单圆头普通平键（C 型）三种，其画法如图 6-32 所示。

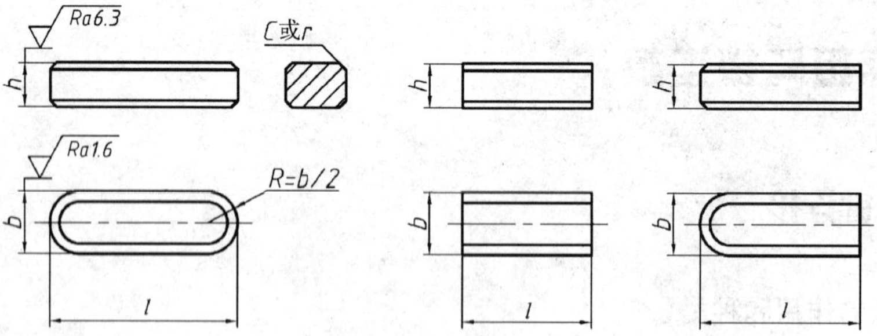

A 型　　B 型　　C 型

图 6-32　普通平键的画法

普通平键的标记格式和内容为：键 型式代号 宽度 × 高度 × 长度 标准代号，其中 A 型可省略型式代号。

例如，

键　B 16×10×100　GB/T 1096－2003

国定标准代号
规格尺寸（宽×高×长，单位为 mm）
型号
标准件的名称

查附录 A 中表 A-11 可知，键的尺寸规格与所连接的轮（轴）的直径相关，一定尺寸的直径对应相应的键及键槽。该示例中表示平头普通平键（B 型）、宽 $b=16$mm、高 $h=10$mm、长 $l=100$mm。

3. 普通平键的连接画法

采用普通平键连接时，键的长度 L 和宽度 b 要根据轴的直径 d 和传递的扭矩大小从标准中选取适当值。轴和轮毂上的键槽的表达方法及尺寸如图 6-33（a）、（b）所示。在装配图上，普通平键的连接画法如图 6-33（c）所示。

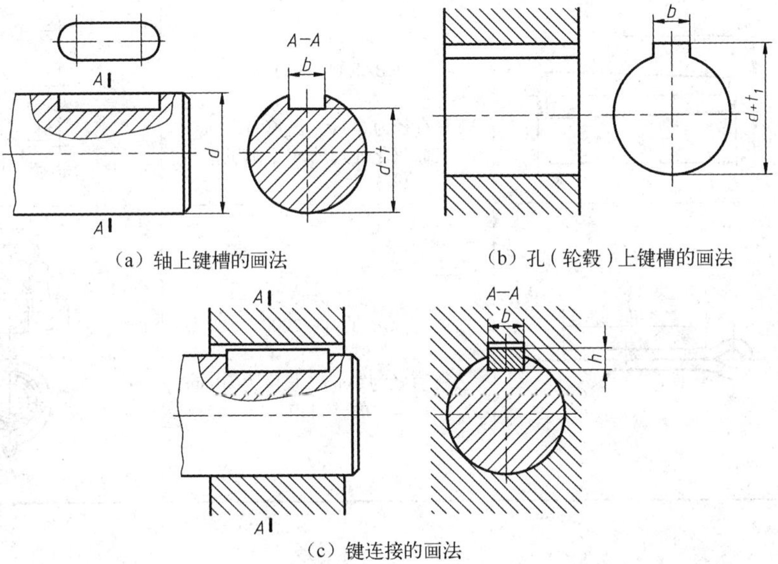

（a）轴上键槽的画法
（b）孔（轮毂）上键槽的画法
（c）键连接的画法

图 6-33　普通平键连接

注意： 纵向剖切时键按不剖绘制，而横向将键切断则应画出剖面线。普通平键的工作表面为键的两侧面，因此在接触面上画一条轮廓线；而轮上键槽的底面与键不接触，不论间隙多小，必须画出间隙。

6.3.2　销连接

销主要用来固定零件之间的相对位置，起定位作用，也可用于轴与轮毂的连接，传递不大的载荷。销的常用材料为 35#、45#钢。常用的销有圆柱销、圆锥销和开口销，如图 6-34 所示。各种销的型式、标记和连接画法如表 6-6 所示。

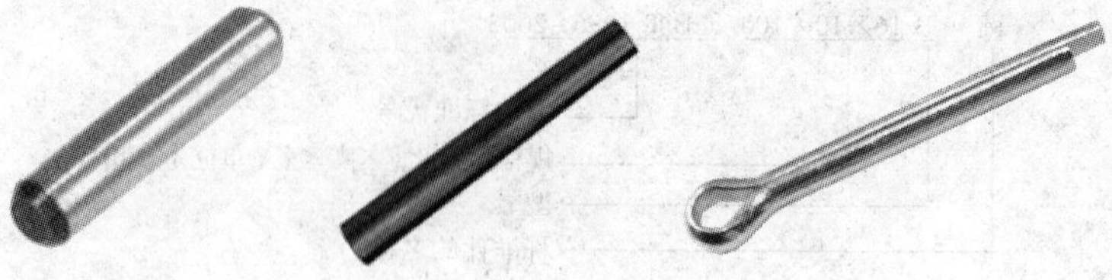

（a）圆柱销　　（b）圆锥销　　（c）开口销

图 6-34　销的种类

表 6-6　销的种类、型式、标记和连接画法

名　称	型　　式	标　　记	连接画法
圆柱销	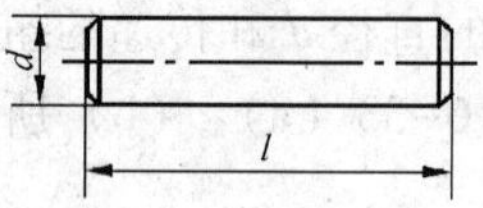	销 6m6 ×30 GB/T 119.1—2000 直径为 6mm，公差 m6， 键长为 30mm 的圆柱销	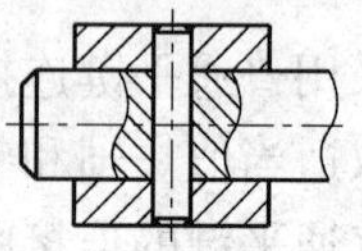 轴、套、圆柱销连接
圆锥销	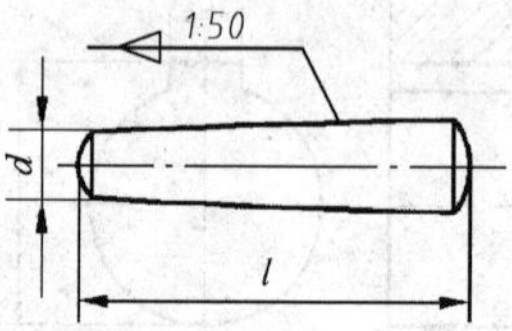	销 A6 ×30 GB/T 117—2000 公称直径为 6mm，销长为 30mm， 表面氧化处理的 A 型圆锥销	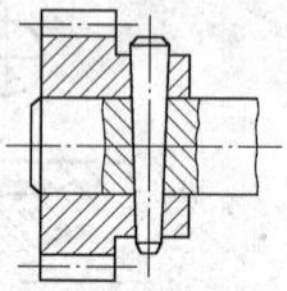 轴、齿轮、圆锥销连接
开口销	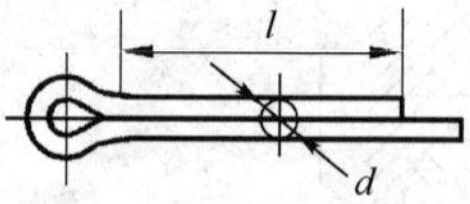	销 5 ×50 GB/T 91—2000 公称直径为 5mm，长度为 50mm 的开口销	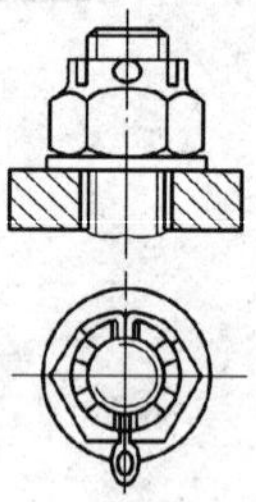 螺杆、座体、销连接

6.4　滚动轴承

滚动轴承是支承轴的一种标准组件。由于结构紧凑，摩擦力小，拆装方便等优点，所以在各种机器、仪表等产品中得到广泛应用。滚动轴承的规格、型式很多，但都已标准化，由专门的工厂生产，需要时可根据要求查阅有关标准选购。

6.4.1　滚动轴承的结构和种类

1）滚动轴承的结构

滚动轴承的结构由内圈、外圈、滚动体和保持架等零件组成，如图 6-35 所示。

2）滚动轴承的种类

滚动轴承的种类主要有以下三种，如图 6-36 所示。

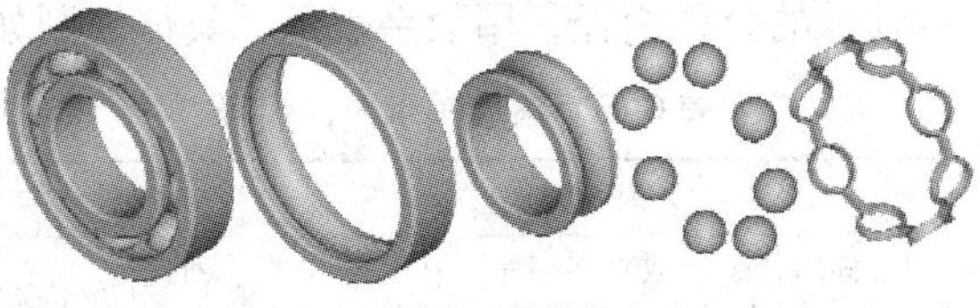

（a）深沟球轴承的结构

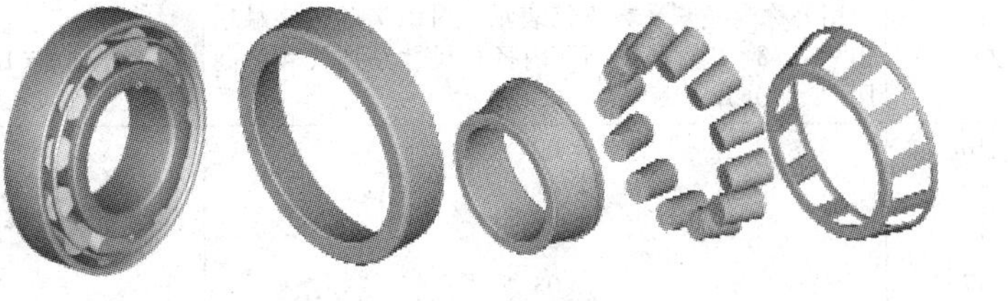

（b）圆锥滚子轴承的结构

图 6-35　滚动轴承的结构

（1）向心轴承：主要承受径向载荷，也能承受较小的轴向载荷，如深沟球轴承。

（2）推力轴承：承受轴向载荷，如推力球轴承。

（3）向心推力轴承：同时承受径向载荷和轴向载荷，如圆锥滚子轴承。

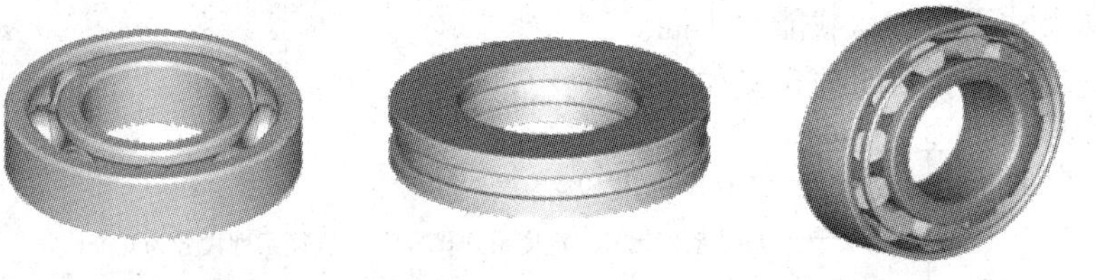

（a）向心轴承　　（b）推力轴承　　（c）向心推力轴承

图 6-36　滚动轴承的种类

6.4.2　滚动轴承的代号（GB/T 272—1993）

滚动轴承的代号由基本代号、前置代号和后置代号三部分组成。这三部分中基本代号是必须要标的，滚动轴承的基本代号表示轴承的基本类型、结构和尺寸，是滚动轴承代号的基础。前置代号和后置代号是轴承在结构、尺寸、公差和技术要求等有改变时，在其基本代号前后添加的补充代号。

下面主要介绍基本代号的标注方法。

（1）类型代号：用阿拉伯数字或大写拉丁字母表示，常见类型如表 6-7 所示。

表 6-7　常见的轴承类型代号

代号	轴 承 类 型	代号	轴 承 类 型	代号	轴 承 类 型
0	双列角接触球轴承	4	双列深沟球轴承	8	推力圆柱滚子轴承
1	调心球轴承	5	推力球轴承	N	圆柱滚子轴承
2	调心滚子轴承	6	深沟球轴承	U	外球面球轴承
3	圆锥滚子轴承	7	角接触球轴承	QJ	四点接触球轴承

（2）内径代号：表示轴承的公称内径，用数字表示，具体规则如表 6-8 所示。

表 6-8　滚动轴承内径代号

轴承公称内径（mm）		内 径 代 号	示　　例
0.6 ～ 10（非整数）		用公称内径毫米数直接表示，在其与尺寸系列代号之间用“/”分开	深沟球轴承 618/2.5　d = 2.5mm
1 ～ 9（整数）		用公称内径毫米数直接表示，对深沟及角接触球轴承 7、8、9 直径系列，内径与尺寸系列代号之间用“/”分开	深沟球轴承 618/5　d = 5mm
10 ～ 17	10	00	深沟球轴承 6200　d = 10mm
	12	01	
	15	02	
	17	03	
20 ～ 480 （22、28、32 除外）		公称内径除以 5 的商数，商数为个位数，需在商数左边加“0”，如 08	调心滚子轴承 23208　d = 40mm
大于或等于 500， 以及 22、28、32		用公称内径毫米数直接表示，在其与尺寸系列代号之间用“/”分开	调心滚子轴承 230/500　d = 500mm 深沟球轴承 62/22　d = 22mm

（3）尺寸系列代号：由滚动轴承的宽（高）度系列代号和直径代号组合而成。它反映了同类轴承在内圈孔径相同时内圈宽度、外圈宽度、外圈外径的不同及滚动体大小的不同。滚动轴承的外廓尺寸不同、承载能力不同。

例如，滚动轴承 32005 的含义如下所示：

3 20 05
05——内径代号：d=(0)5×5=25
20——尺寸系列代号：宽度系列代号为 2，直径系列代号为 0
3——类型代号：圆锥滚子轴承

查附录 A 中表 A-14 可得：内径 d = 25mm，外圈直径 D = 47mm，宽度 B = 15mm。

6.4.3　滚动轴承的画法（GB/T 4459.7—1998）

滚动轴承是标准组件，使用时必须按要求选用。当需要画滚动轴承的图形时，可采用简化画法或规定画法，如表 6-9 所示。

表 6-9　常用滚动轴承的类型、结构和表示法

轴 承 类 型	结 构 形 式	主要尺寸	规 定 画 法	特 征 画 法
深沟球轴承 （GB/T 276—1994）	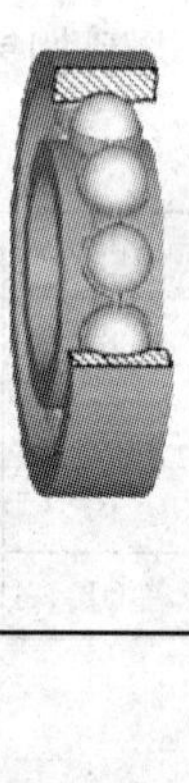	D d B	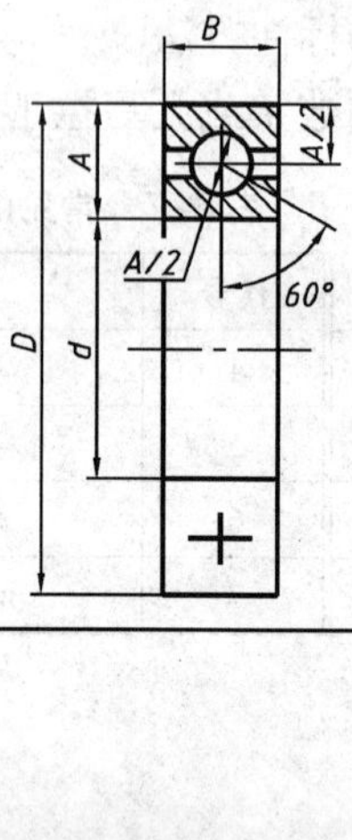	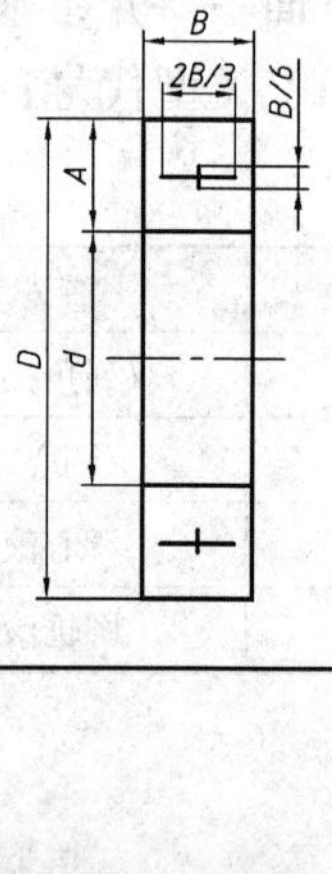

续表

轴承类型	结构形式	主要尺寸	规定画法	特征画法
圆锥滚子轴承（GB/T 297—1994）	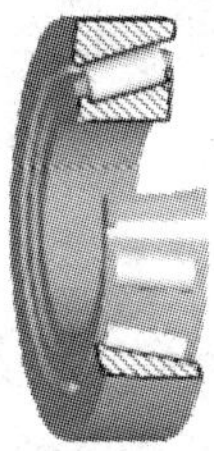	*D* *d* *T* *B* *C*	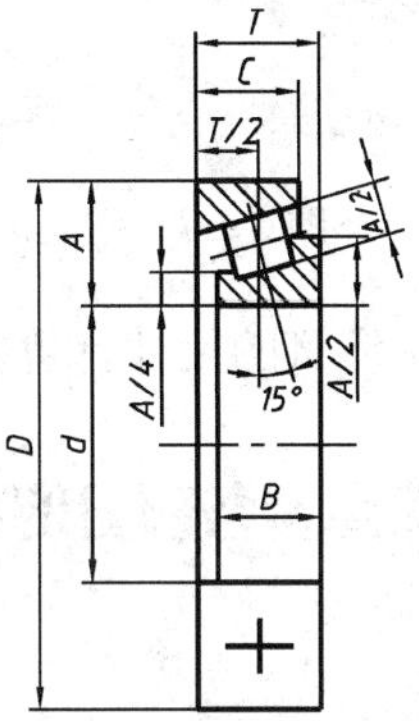	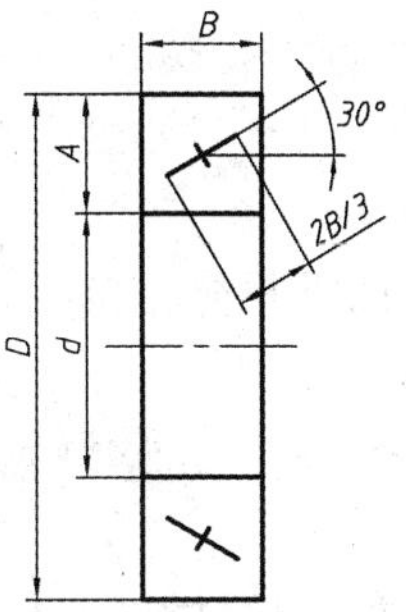
推力球轴承（GB/T 301—1995）	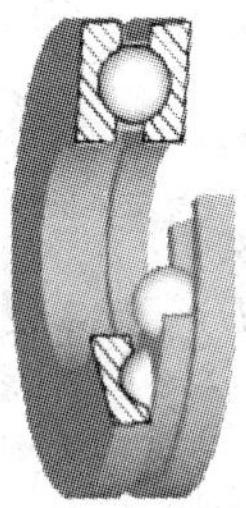	*D* *d* *T*	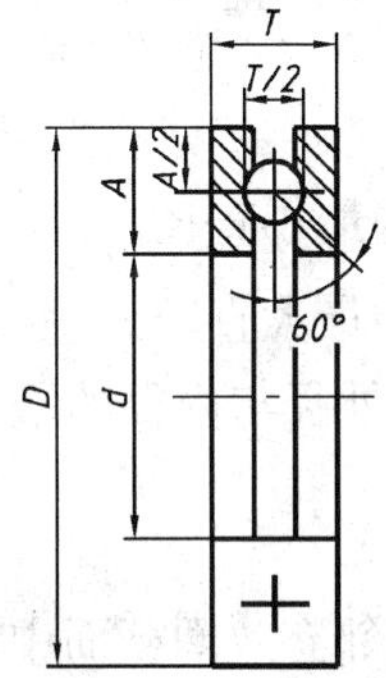	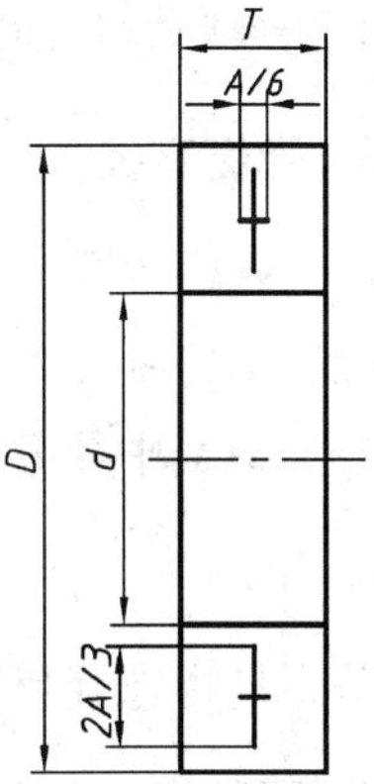

在装配图中需要较详细地表达滚动轴承的主要结构时，可采用规定画法。用规定画法绘制滚动轴承的剖视图时，轴承的滚动体不画剖面线，其各套圈画成方向与间隔相同的剖面线。规定画法一般绘制在轴的一侧，另一侧按通用画法画出。

6.5　弹簧

弹簧是一种常用件，应用范围很广，它可以用于减震、夹紧、储存能量和测力等。它的特点是当外力解除以后能立即恢复原状。弹簧的种类很多，按用途不同可分为：压缩弹簧、拉伸弹簧、扭转弹簧和弯曲弹簧；按形状不同分可分为圆柱弹簧、圆锥弹簧、平面涡卷弹簧、板簧等。常见的弹簧种类如图 6-37 所示。

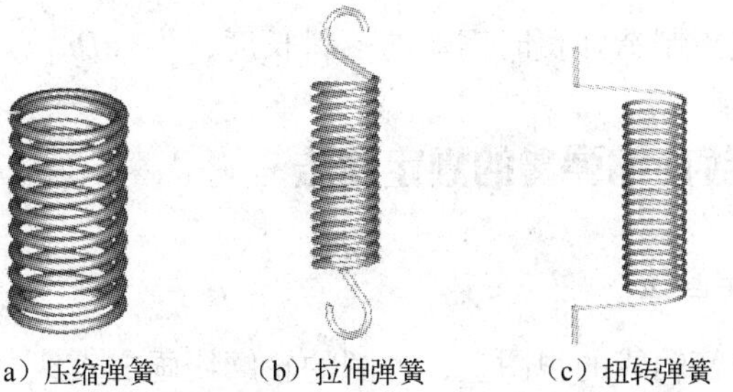

（a）压缩弹簧　（b）拉伸弹簧　（c）扭转弹簧

图 6-37　常见的弹簧种类

（d）板簧　　（e）平面涡卷弹簧

图6-37　常见的弹簧种类（续）

以下只介绍圆柱螺旋压缩弹簧的尺寸计算和规定画法。

6.5.1　圆柱螺旋压缩弹簧各部分的名称及尺寸关系

1. 弹簧材料直径 d

弹簧材料直径即为弹簧钢丝的直径。

2. 弹簧直径

（1）弹簧内径 D_1：弹簧的最小直径。

（2）弹簧外径 D_2：弹簧的最大直径。

（3）弹簧中径 D：弹簧的外径与内径的平均值，即 $D=(D_1+D_2)/2=D-d=D_1+d$。

3. 节距 t

节距是指螺旋弹簧两个相邻有效圈截面中心线的轴向距离。

4. 圈数

（1）弹簧支承圈数 n_2：为使弹簧工作时受力均匀，保证中心线垂直于支承面，制造时必须将两端并紧且磨平，称之为支承圈。在多数情况下，支承圈数为2.5圈，两端各并紧0.5圈，磨平0.75圈。

（2）弹簧有效圈数 n：参与变形并有相同节距的圈数。

（3）弹簧总圈数 n_1：支承圈数与有效圈数之和，$n_1 = n_2 + n$。

5. 自由高度 H_0

自由高度指弹簧不受外力时的高度，$H_0=nt+(n_2-0.5)d$。

6. 弹簧的展开长度 L

弹簧的展开长度是指制造弹簧时钢丝的落料长度，$L\approx\pi D n_1$。

6.5.2　圆柱螺旋压缩弹簧的规定画法

1. 单个弹簧的规定画法

（1）在平行螺旋弹簧轴线的视图上，各圈的轮廓线画成直线。

（2）有效圈数在4圈以上的弹簧，可只画出两端的1～2圈（不含支承圈），中间通过弹簧钢丝中心的点画线连起来。

(3) 在图样上，当弹簧的旋向不做规定时，螺旋弹簧一律画成右旋。左旋弹簧应加注“左”字。

圆柱螺旋压缩弹簧的画图步骤如图 6-38 所示。

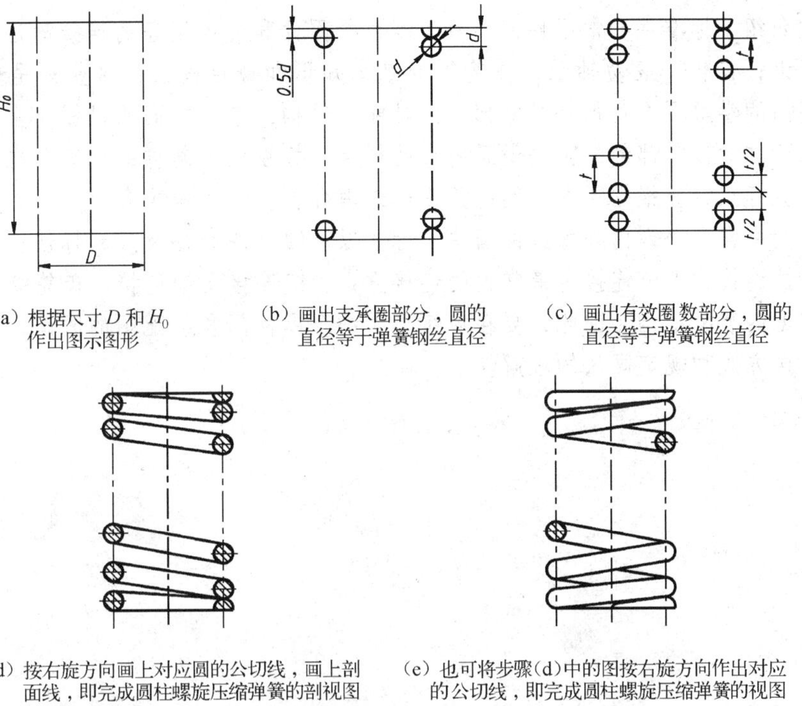

(a) 根据尺寸 D 和 H_0 作出图示图形

(b) 画出支承圈部分，圆的直径等于弹簧钢丝直径

(c) 画出有效圈数部分，圆的直径等于弹簧钢丝直径

(d) 按右旋方向画上对应圆的公切线，画上剖面线，即完成圆柱螺旋压缩弹簧的剖视图

(e) 也可将步骤(d)中的图按右旋方向作出对应的公切线，即完成圆柱螺旋压缩弹簧的视图

图 6-38　圆柱螺旋压缩弹簧的作图步骤

2. 弹簧在装配图中的规定画法

(1) 弹簧后面被挡住的零件轮廓，按不可见处理不必画出，可见轮廓线只画到弹簧钢丝的剖面轮廓或中心线上，如图 6-39 (a) 所示。

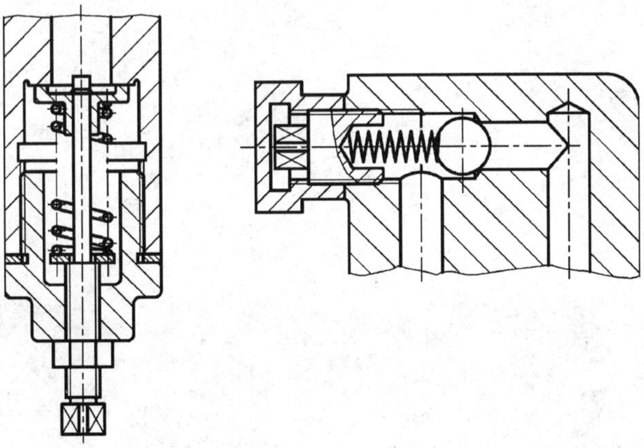

(a)　　(b)

图 6-39　圆柱螺旋压缩弹簧在装配图中的规定画法

（2）螺旋弹簧被剖切时，允许只画出簧丝剖面，当簧丝直径等于或小于2mm时，其剖面可全涂黑，或采用示意画法，如图6-39（b）所示。

知识梳理与总结

本单元介绍了标准件和常用件，学习了螺纹紧固件和键、销等的连接画法、尺寸标注和标准件的标记；齿轮、滚动轴承、弹簧等的基本知识和规定画法。这些都是较特殊的零部件，对于它们的学习要注意每一种零部件的功能、结构，确定它们的机械要素的基本参数有哪些；国家标准对该零部件的画法做了怎样的规定，标注做了怎样的规定。在理解的基础上要求能画、会标注、会根据要求查阅有关手册选用各种标准件和常用件。

在零件图中常常遇到内外螺纹的画法、标注以及键槽的画法及尺寸标注；在装配图中螺栓连接、螺柱连接、螺钉连接是最常见的连接方式；键连接、销连接、齿轮啮合、滚动轴承装配是其常见的装配结构。因此，要在后续单元结合零件图和装配图的阅读，分析并加深对所采用的连接方式和规定画法的理解。

学习单元 7 零件图

教学导航

教	学习目标	识读和绘制各类零件图（轴套类、盘盖类、叉架类、箱壳类）等。分析零件图的视图表达、尺寸标注、技术要求的标注与识读；零件测绘的方法与步骤。识读零件图的方法与步骤
	工作任务	测绘顶杆零件图（千斤顶部件中零件）； 读搅拌轴、轴承盖、叉、箱体零件图
学	学习重点	零件图的视图分析、尺寸标注、零件图上技术要求的标注与识读、零件测绘的方法与步骤。识读各类零件图
	学习难点	零件图的视图分析、尺寸标注、零件结构细节的绘制
	建议课时	12 课时

7.1　机械零部件与零件图

1. 机械零部件的概念

零件是机器的最小单元，是机器中的单个物体。一组有着互相联系按照特定的设计关系装配而成的零件组装体叫部件，部件是装配体。每一种部件都是为了实现特定功能而设计的。部件可以是整机的一部分，也可以是独立使用的小型机器。例如，一台加工中心由床身、工作台、操作面板、主轴箱、数控装置、机械手、刀库等部件构成；而千斤顶是可独立使用的部件。即零件经装配成为部件，部件就拥有了特定的机械功能；整机又是由若干个部件组装而成的。

如图 7-1 所示为千斤顶部件三维造型图，图 7-2 为其轴测分解图，即零件的三维造型图。

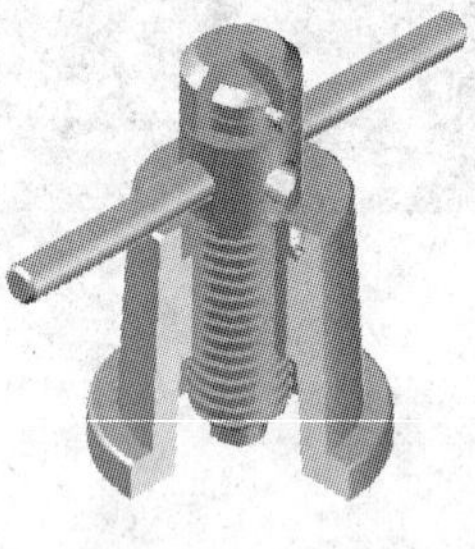

图 7-1　部件——千斤顶三维造型

图 7-2　零件——千斤顶轴测分解图

2. 零件图

机械图样是各类机械设计图的总称，本课程研究的机械图样是指零件图和装配图。图 7-3 所示为千斤顶上底座的零件图。千斤顶的装配图在学习单元 8 论述。

表达零件结构、尺寸及技术要求等内容的图样称为零件图。零件图的全称是零件工作图。零件图用于零件设计并指导零件的制造与检验。工程师以零件图为载体表达自己的设计意图；企业供应部门根据零件图购买原材料；计划部门根据零件图安排生产；工艺师根据零件图编制工艺文件，设计工装设备；操作员根据零件图和工艺图加工零件，检验员根据零件图检验工件，等等。零件图是企业的重要技术文件。

零件图的内容由四部分组成：一组视图、一组尺寸、技术要求、标题栏。

（1）一组图形。选用适当的图样画法，用一组图形将零件各部分的结构和形状正确、完整、清晰地表达出来。

（2）一组尺寸。确定零件上各组成部分的结构大小及相对位置关系的一组尺寸。尺寸应正确、完整、清晰、合理。

正确：数值正确，标注规范。

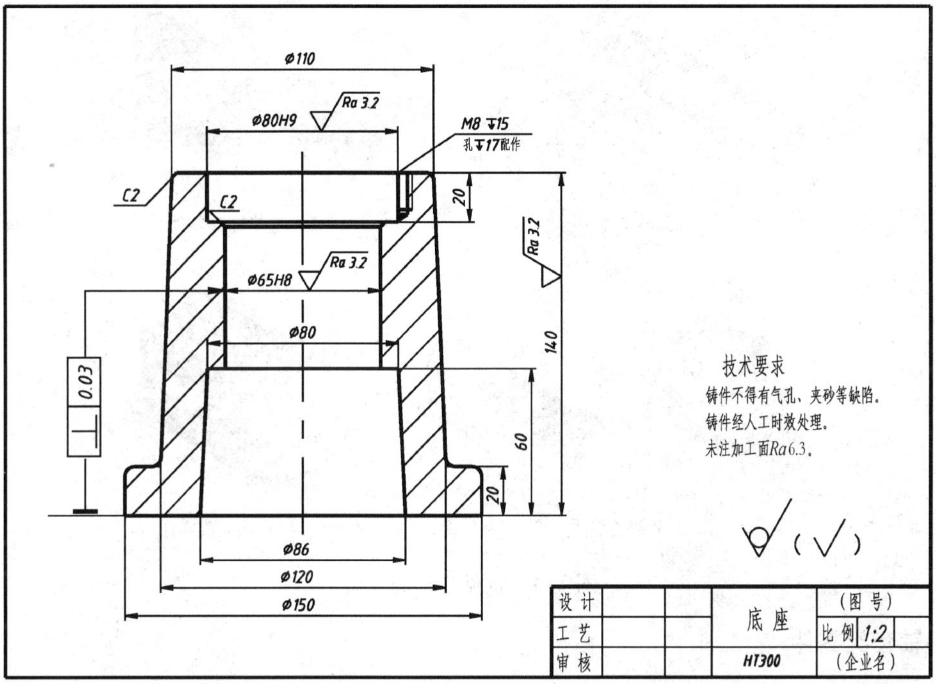

图 7-3　底座零件工作图

完整：齐全。

清晰：尺寸标注在便于阅读的位置，并注意布局清楚。

合理：尺寸标注能反映零件的设计要求和工艺特点，“合理”是设计师和工艺师的永远课题。

(3) 技术要求。对零件在制造和检验时应达到的各项指标、要求，用规定的代号或文字注写出来。

(4) 标题栏。标题栏上注写零件名称、材料、数量（数量的含义是该零件在所属部件中的个数）、绘制比例、生产厂家、图号、签字、更改区等栏目组成。

注意： 在签字栏目中填写日期时一定要填写年份。

7.2　零件的分类与视图表达

7.2.1　常见零件的分类

机器是由零件装配而成的，零件的结构千变万化，但是我们可根据其几何特征分成四大类：轴套类零件、盘盖轮类零件、叉架类零件和箱壳类零件等四大类，如图 7-4 所示。大类又可细分，而每一个细类及细类中的各个零件的作用、结构细节是有明显差异的。但不管它们的差异如何，同类零件在其视图表达、尺寸、技术要求甚至加工工艺流程有着许多共性，所以零件分类既有利于设计师图示设计意图，又有利于工艺师制定工艺文件。

（a）轴套类零件　（b）盘盖轮类零件

（c）叉架类零件　（d）箱壳类零件

图7-4　常见零件的分类

1. 轴套类零件

轴套类零件的主体结构为回转体类，径向尺寸小，轴向尺寸大，见图7-4（a）。轴是机器某一部分的回转核心零件，以实心零件居多。也有空心轴，如机床主轴常常是空心零件，套是空心零件。

2. 盘盖轮类零件

盘盖轮类零件的主体结构为扁平形状。若主体结构为回转体，则有较大的径向尺寸和较小的轴向尺寸，见图7-4（b）。

3. 叉架类零件

叉是操纵件，操纵其他零件变位，其功能就像晾晒衣服时用衣叉操纵衣架的移动一样；架是支撑件，用于支持其他零件。两者的共同点是结构较复杂或不规则：叉由圆柱筒结构（与轴相连获得动力）、叉口、连接结构组成；架由支撑底部结构、支撑面（或线和点）、连接结构组成，见图7-4（c）。

4. 箱壳类零件

顾名思义箱壳有一大容腔，可安装其他零件，一般由底板、箱壁、箱孔、凸台等结构组成，见图7-4（d）。底板起支撑作用，使机箱能平稳放置；箱壁形成容腔；箱体孔用来直接装入零件，如轴承、衬套等；箱壁内外有一些凸台，以加宽安装零件的支撑宽度。

7.2.2 零件图的视图表达

1. 主视图的选择

主视图是零件图的核心，选择主视图时应先确定零件的安放位置，再确定投射方向。

（1）零件的安放状态。

① 加工位置：零件加工时在机床上的装夹位置。回转体类零件，不论其工作位置如何，一般都将轴线水平放置，如图 7–5 所示。

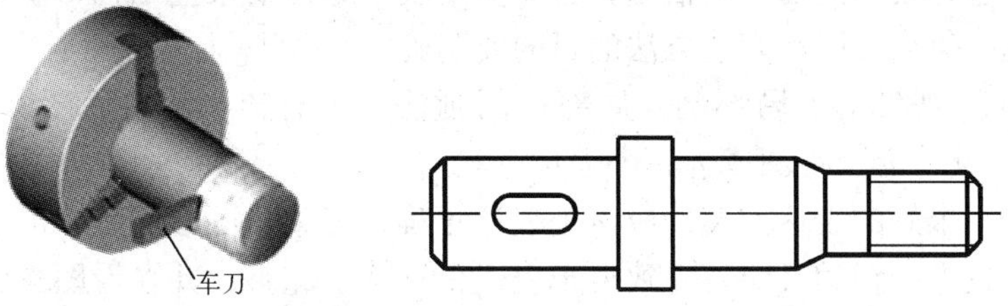

（a）加工位置　　（b）主视图

图 7–5　轴类零件的加工位置

② 工作位置：零件在机器中安装和工作时的位置。主视图的位置与工作位置一致，便于想象零件的工作状况，有利于阅读图样，如图 7–6 所示。

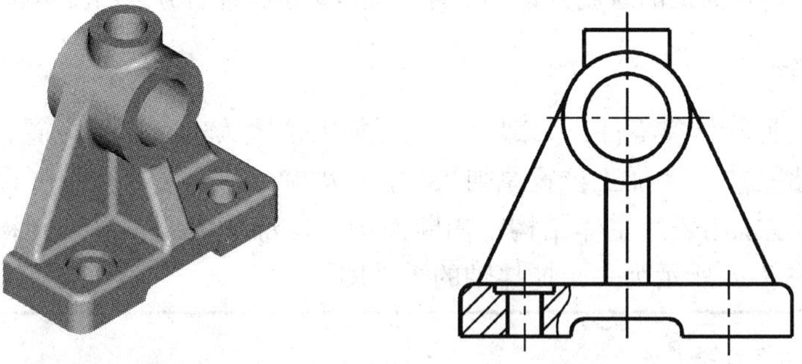

（a）轴承座立体图　　（b）轴承座主视图

图 7–6　轴承座的工作位置

（2）确定主视图的投射方向。选择投射方向时，应使主视图最能反映零件的形状特征，即在主视图上尽量多地反映出零件内外结构形状及它们之间的相对位置关系，如图 7–7 所示。

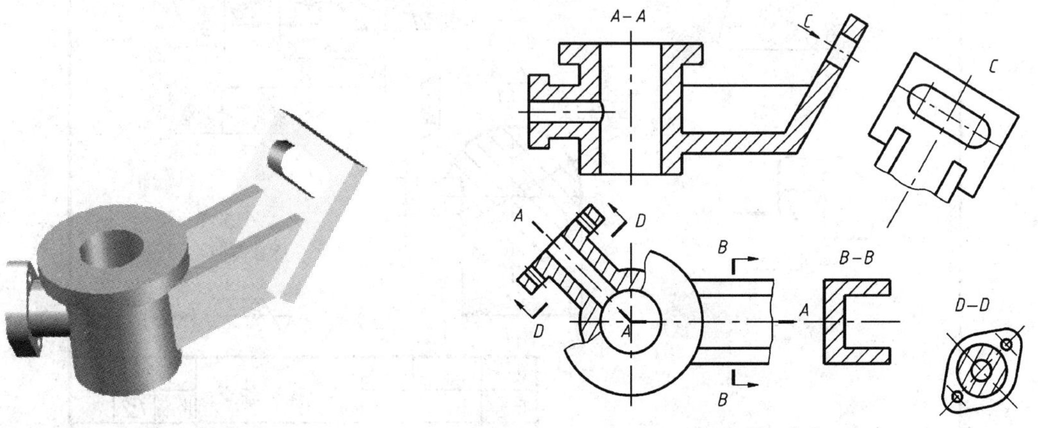

（a）立体图　　（b）视图表达

图 7–7　零件图的视图选择

2. 其他视图的选择

主视图确定后，还要再选择适当数量的其他视图和恰当的表达方法，把零件的内外结构形状表达清楚。选择视图的数目要恰当，避免重复表达零件的某些结构形状；选择的表达方法应正确、合理，每个视图和表达方法的目的要明确。

图7-7中，俯视图用了局部剖、局部视图画法，还有 *B*－*B* 断面图、*C* 向局部视图、*D*－*D* 全剖视图，共有五个视图成为一个表达方案。

综上所述，一个好的表达方案，应该是表达正确、完整，图形简明、清晰。由于表达方法选择的灵活性较大，初学者应首先致力于表达得正确、完整，并在看图、画图的不断实践中，逐步提高零件图的表达能力与技巧。

7.2.3 零件视图方案的选择

零件的表达方案是指能完整地表达某零件结构形状的若干种表示法的集合。可比较几个备选方案，确定一个清晰简捷的绘制方案。零件按主体结构特征可分为回转体和非回转体两大类。

1. 轴套类零件

轴套类零件是回转体类零件，大部分工序的加工位置为轴线水平放置，所以视图表达方案为：零件轴线水平放置（加工位置原则）；并使大端在左，小端在右（因为通常小端的加工工步更多）；用主视图表达主体结构；用断面图、局部放大图、局部剖视等方法处理局部结构的表达。如图7-8所示为一个搅拌轴的零件图。

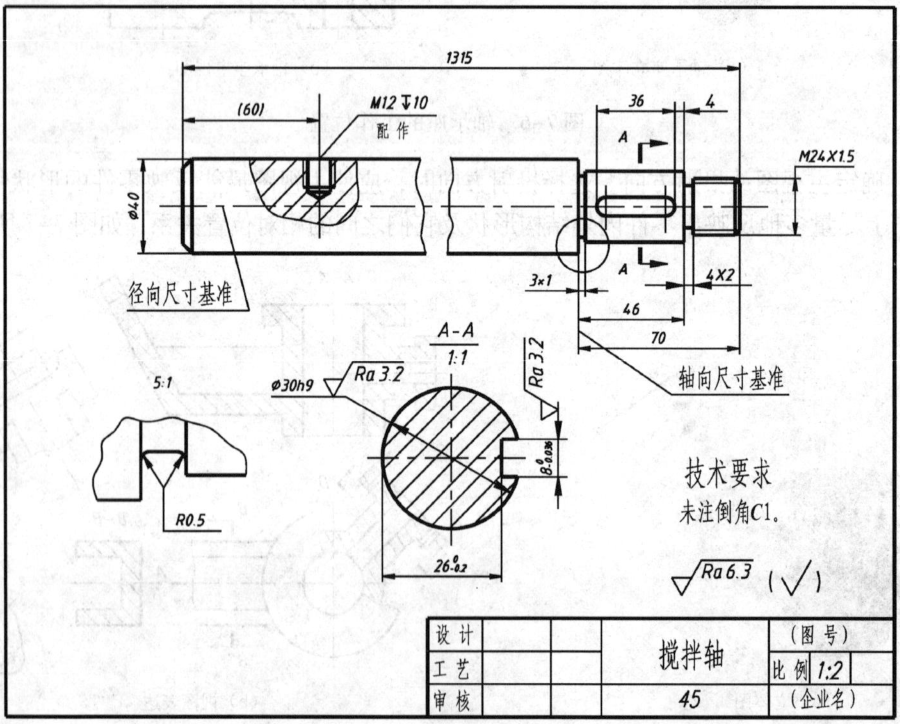

图7-8 搅拌轴零件图

2. 盘盖轮类零件

盘盖轮类零件有法兰盘、端盖、压盖、手轮、齿轮等，一般为圆盘形零件，即回转体类居多。它们的作用主要是传递扭矩、支承、轴向定位和密封等。如图 7-9 所示为一个轴承盖零件图。

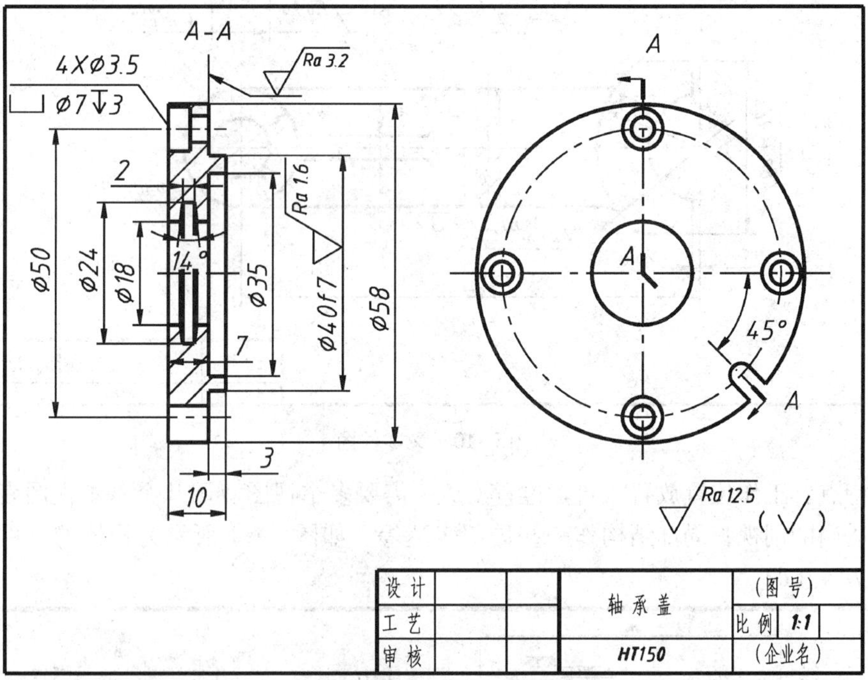

图 7-9　轴承盖零件图

表达特点：圆盘形零件一般在车床上加工，在选择主视图时常将轴线水平放置。为使内部结构表达清楚，一般都采用剖视。为了表达盘上各孔的分布情况，往往还需选取一端视图，即左视图或右视图，由两个基本视图组成视图表达方案。如果其上有些局部小结构比较特殊，也可增加局部放大图、重合断面图等补充表达。非圆盘盖类零件也可采用类似表达方式。

3. 叉架类零件

叉架类零件是机器操纵机构中起操纵、支撑作用的一种零件，如拨叉、连杆、杠杆、支架、支座等，它们多为铸件或锻件。如图 7-10 所示为一个叉零件图。

表达特点：可考虑叉架类零件的主要几何要素水平或垂直放置或以工作位置放置，取最能反映其形状特征的方向作为投射方向。用几个基本视图表达主体结构，并作适当的剖视，局部结构用断面图、局部视图等作一些局部表达。

4. 箱壳类零件

常见的箱壳类零件有机床床身、主轴箱箱体、变速箱箱体、走刀箱箱体、发动机机壳等各类箱壳、夹具体，其作用是装入、容纳其他零件。

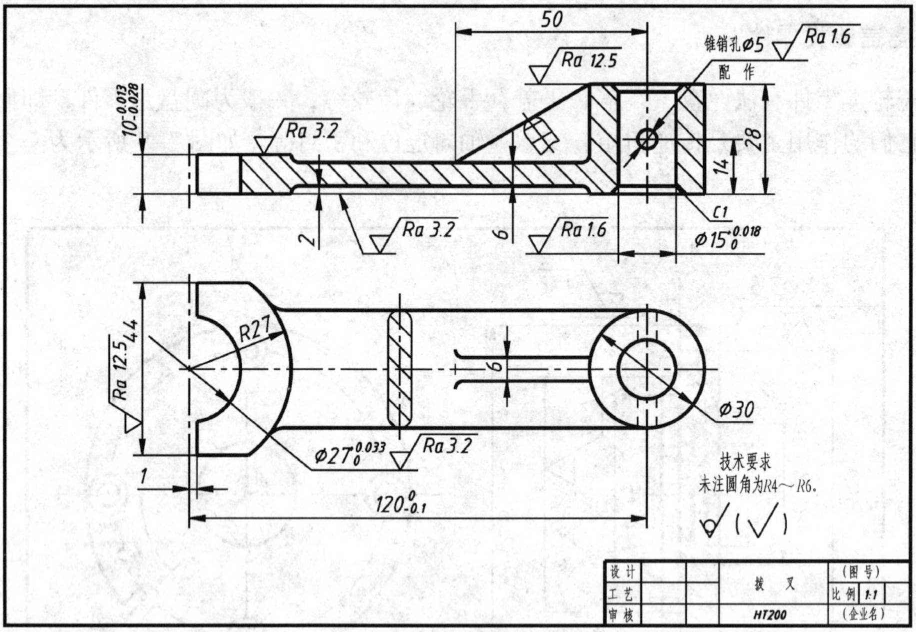

图 7-10　叉零件图

表达特点：工作位置放置或自然位置安放，需要多个视图。用几个基本视图表达主体结构，并作适当的剖视，局部结构作一些局部表达等。如图 7-11 所示为箱体的零件图，它的造型图见 7-4（d）。

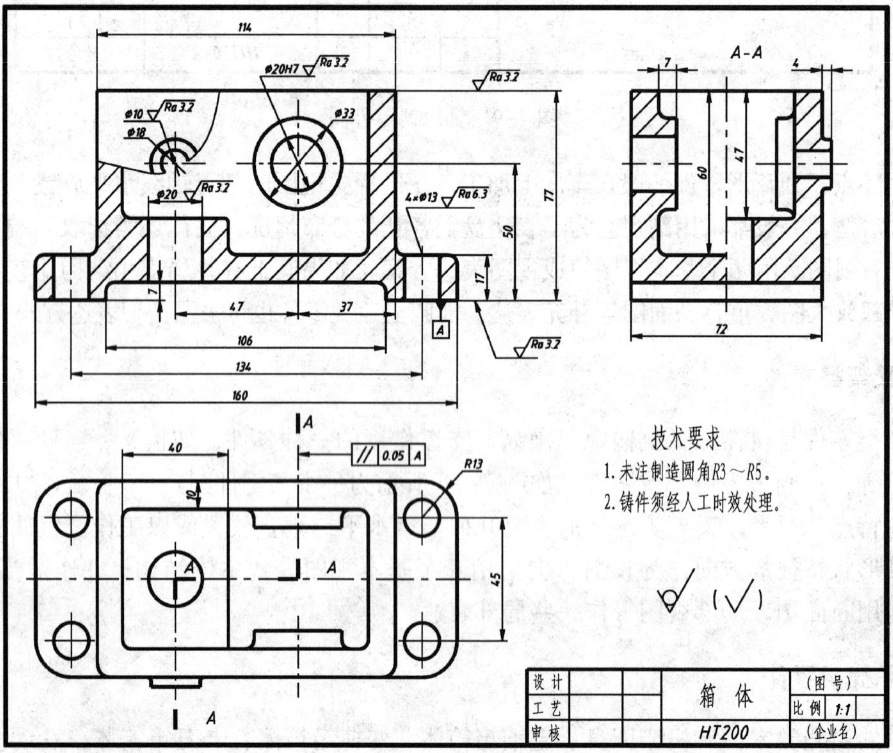

图 7-11　箱体零件图

7.3 零件图的尺寸标注

在前面章节中，已介绍了尺寸标注的基本规定和尺寸标注的正确性、完整性和清晰性。本节着重讨论在零件图中，应怎样标注尺寸才能切合生产实际要求，即合理性的问题。

7.3.1 零件图尺寸标注的要求

零件图上尺寸标注的要求是：正确、完整、清晰、合理。

特别要指出的是“正确”是指数值准确、标注规范，即符合《制图国标》等标准要求；“合理”是指所注尺寸既符合设计要求，又满足工艺要求。

下面讨论合理标注尺寸的一般原则和要求。合理标注尺寸包括如何处理设计与工艺要求的关系，怎样选择尺寸基准，以及按照什么原则和方法标注主要尺寸和非主要尺寸等。

7.3.2 合理选择尺寸基准

尺寸基准一般都选择零件上的一些重要面和线。尺寸标注时，面基准一般选择零件上的主要加工面、两零件的结合面、零件的对称中心面、端面、轴肩等；线基准一般选择轴、孔的轴线，零件某一方向的对称中心线等。在确定基准时，要考虑设计要求和便于加工、测量，为此有设计基准和工艺基准之分。

1. 设计基准

设计基准是指根据零件在机器中的位置和作用所选定的基准，它通常是主要基准。

如图 7-12 所示，座体的高度方向的主要基准为底面。

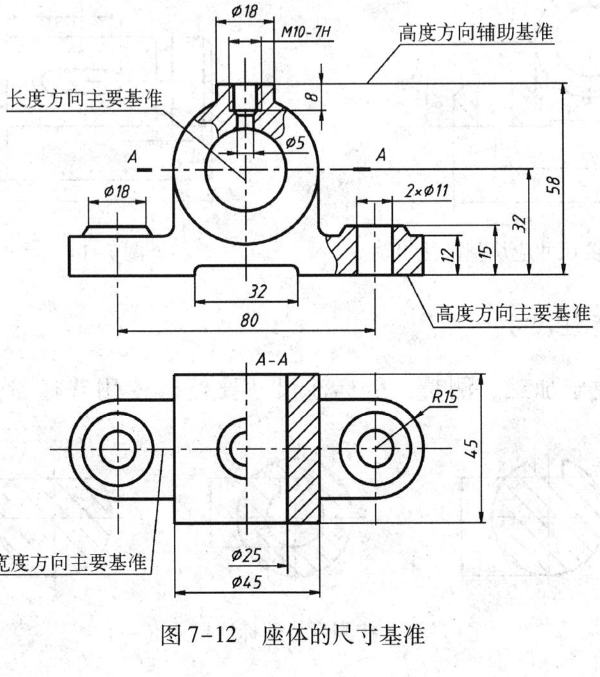

图 7-12 座体的尺寸基准

2. 工艺基准

工艺基准是指为零件的加工和测量而选定的基准。在加工轴、套、轮、圆盘等零件的回转面时，其尺寸是以车床主轴轴线为基准来测定的，因此，这类零件的轴线又都是工艺基准（设计基准与工艺基准重合）。

零件的长、宽、高三个方向，每一方向至少应有一个基准，即主要基准（一般为设计基准）。选择基准时，应尽可能使工艺基准和设计基准重合，当不重合时，所标注的尺寸应在保证设计要求的前提下满足工艺要求。图 7-12 中的顶面为座体的高度方向辅助基准。但是回转类零件选择径向、轴向基准才合理。

不同类型零件标注尺寸的方案是不同的，基准选择也不同。回转类零件应主要考虑径向和轴向尺寸基准，径向以整体轴线为基准，轴线以重要端面为基准。非回转类零件应标注长、宽、高三个方向尺寸，基准选择各方向上的重要线、面为主要基准。

7.3.3 合理选择尺寸的一般原则

1. 重要尺寸直接注出

重要尺寸是指影响产品性能、工作精度和配合的尺寸，应直接注出，如图 7-13 所示。

2. 避免形成封闭的尺寸链

在标注一个方向的尺寸时，注意不能形成封闭的尺寸链。应使要求高的段落尺寸得到保证，使这些尺寸的误差积累起来，最后都集中反映到某个不重要的段落上，即开环处，如图 7-14 所示。

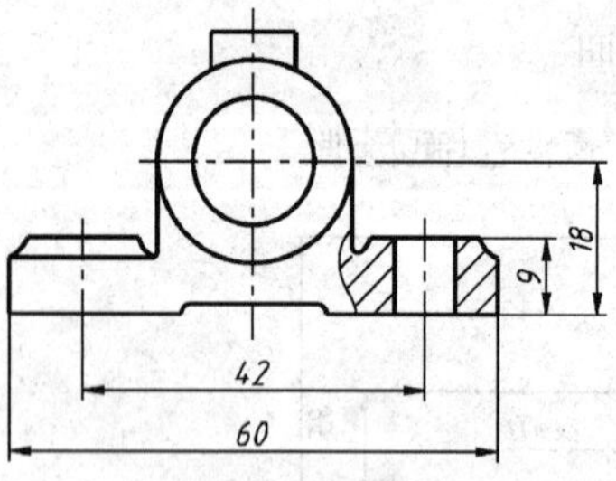

图 7-13 重要尺寸应从基准注出

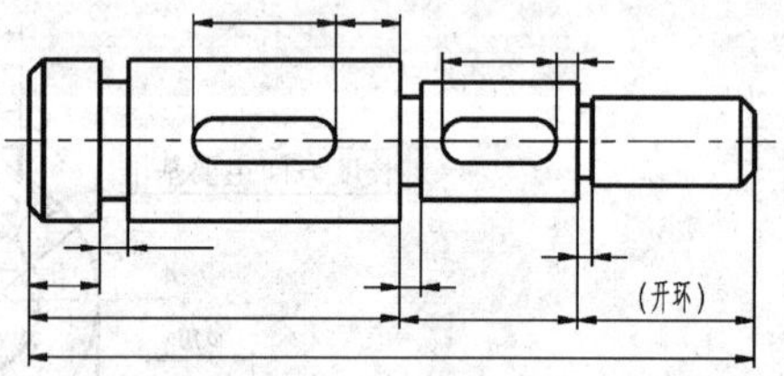

图 7-14 尺寸链不能封闭

3. 按加工工艺标注尺寸

在生产中，为便于加工、测量，所标注尺寸要便于使用普通量具测量，如图 7-15、图 7-16 所示。

图 7-15 按测量方便标注尺寸（一）

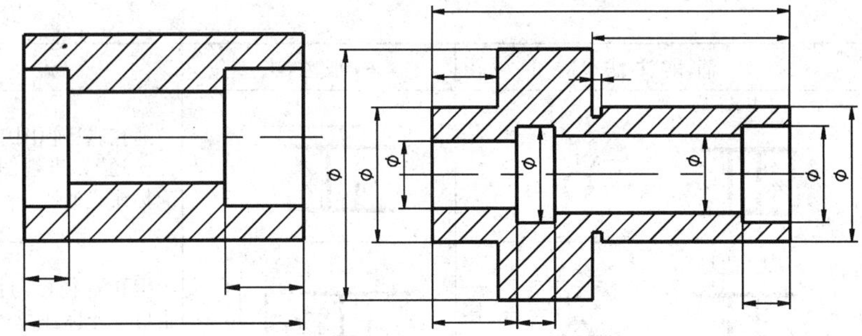

图 7–16　按测量方便注尺寸（二）

4. 零件上常见孔的标注

零件上常见孔的尺寸标注如表 7–1 所示。

表 7–1　常见孔的尺寸标注

零件结构		简化注法	一般注法	说　明
光孔	一般孔	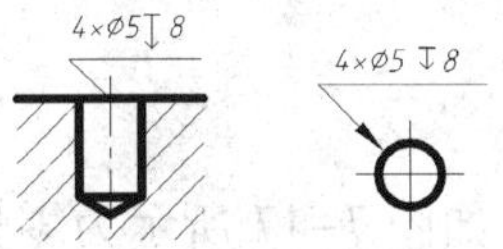	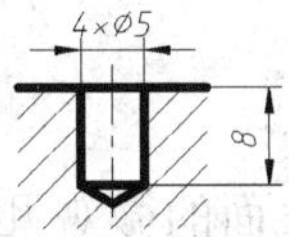	↧为深度符号。表示四等分光孔，直径 5mm，深度 8mm
	精加工孔	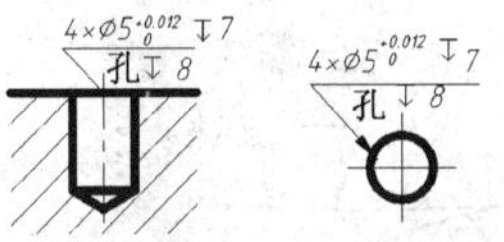	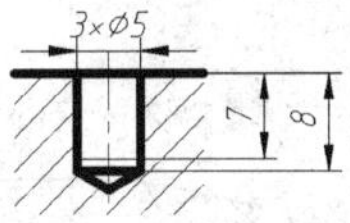	三等分光孔，直径 5mm，上偏差 + 0. 012mm，下偏差 0mm，钻孔深 8mm，精加工深度 7mm
	锥孔	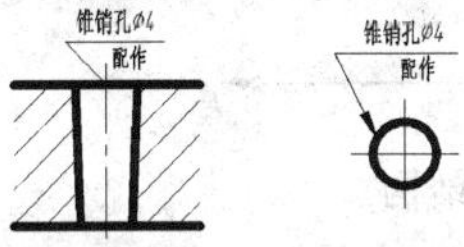	锥销孔无普通注法，$\phi 4$ 是指与其相配的圆锥销的公称直径（小端直径）	“配作”是指该孔与相邻零件的同位孔一起加工
沉孔	锥形沉孔	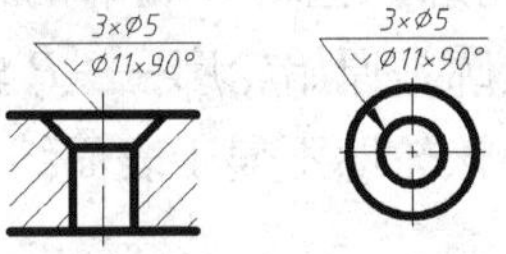	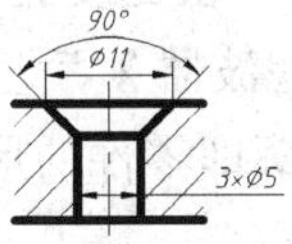	“⌵”是埋头孔符号，该孔位安装开槽沉头螺钉所用
	柱形沉孔	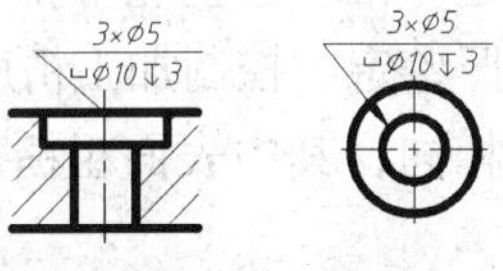	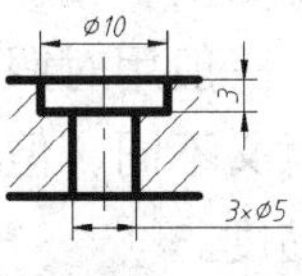	“⌴”是沉孔或锪平符号。图中所注表示 3 等分台阶孔，小孔直径 $\phi 5$mm，沉孔直径 $\phi 10$mm，深度 3 mm
	锪平沉孔	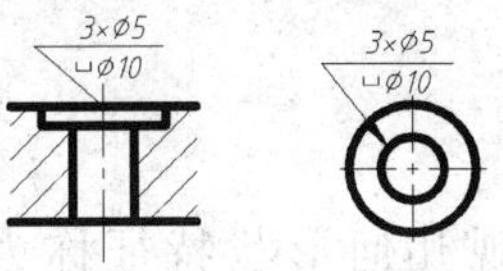	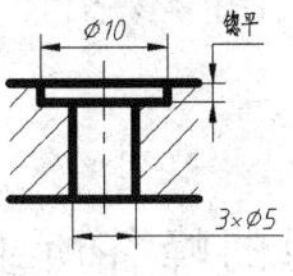	3 等分台阶孔，小孔直径 $\phi 5$mm，锪孔直径 $\phi 10$mm，深度为不出现毛坯即可

续表

零件结构		简化注法	一般注法	说明
螺孔	通孔	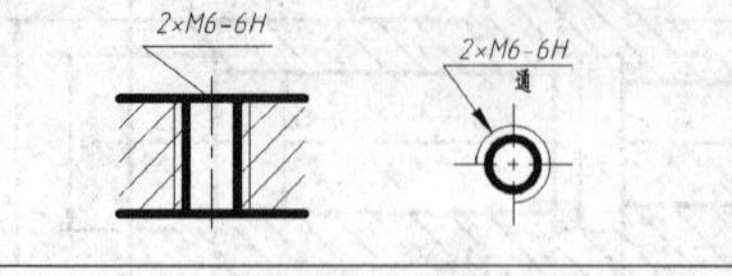	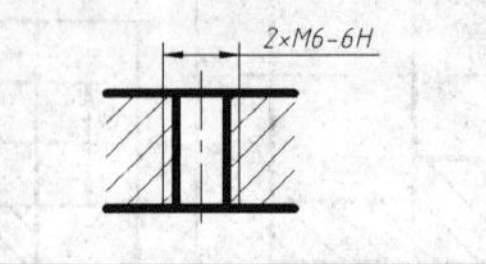	通孔能从视图中看出时不必标注“通”，当视图中不能看出时应标注“通”
	不通孔	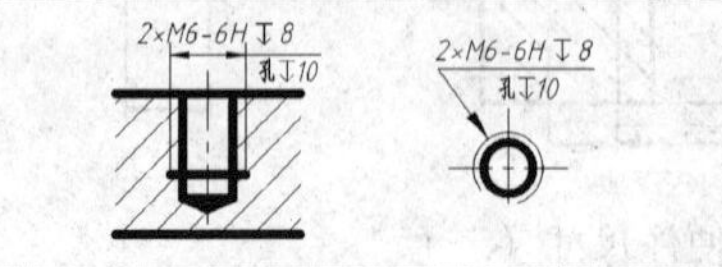	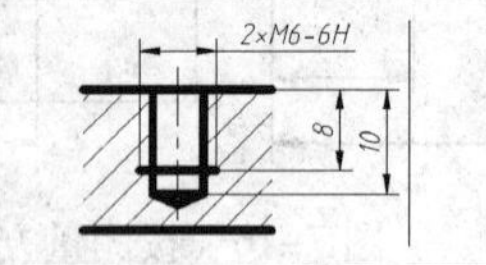	螺孔直径可与深度一起标注，也可分开标注。一般应分别标注螺孔深度和光孔深度

7.4 机械图样中的技术要求

7.4.1 零件的表面结构

1. 零件表面结构的概念

零件的表面结构是指零件表面的微观几何形貌，如图 7-17 所示为零件表面结构的几何意义。

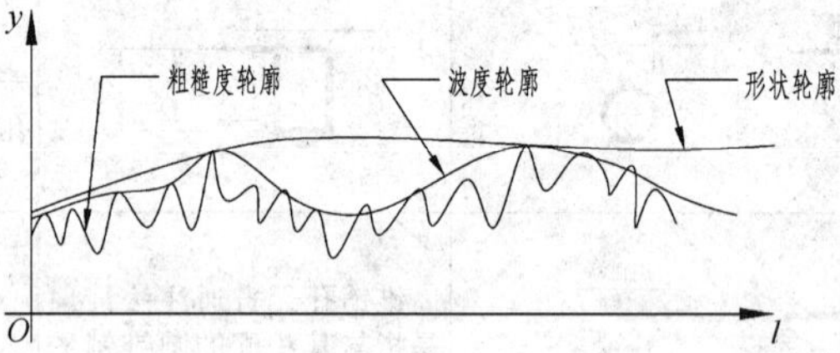

图 7-17　零件的表面结构

图 7-17 中波纹最小的是表面粗糙度轮廓——R 轮廓；包络 R 轮廓的峰形成的轮廓是波度轮廓——W 轮廓；通过短波滤波器 λ_s 后生成的总轮廓是原始轮廓——P 轮廓。

包络 W 轮廓的峰形成的轮廓即零件的形状轮廓，该轮廓不属于表面结构指标，这里绘出来仅用于轮廓的比较。

国家标准对这些表面结构都给出了相应的指标评定标准。这些轮廓都能在特定的仪器中观察到，在零件的实际加工中，一般用对照块规来比照鉴定，控制加工精度。

表面结构的三个参数描述意义不同，但标注方式相同，其中表面粗糙度参数使用最为广泛，所以本书重点介绍表面粗糙度。

2. 表面粗糙度

1）表面粗糙度的概念

零件表面上具有较小间距的峰谷所组成的微观几何形状特征称为表面粗糙度，如图 7-18（a）所示。不同的加工方法形成不同的表面粗糙度。

零件在加工过程中，刀具从零件表面上分离材料时的塑性变形、机械振动及刀具与被加工表面的摩擦会产生零件表面微观几何不平整。其危害是降低了零件的耐磨性、抗腐蚀能力，以及零件间的配合质量。不平整程度越大，零件表面性能越差，反之，则表面性能越高，但加工成本也必将随之增加。因此，在满足使用要求的前提下 *R* 轮廓参数值取大一些为好。

2）表面粗糙度的评定参数

评定零件表面质量的 *R* 轮廓参数有两种：轮廓的算术平均偏差 *Ra* 和轮廓的最大高度 *Rz*，目前在生产中主要用到的是轮廓的算术平均偏差 *Ra*。它是在取样长度 l 内，按一定的滤波传输带获得的轮廓，计算轮廓偏距 y 绝对值的算术平均值，用 *Ra* 表示，如图 7-18（b）所示。

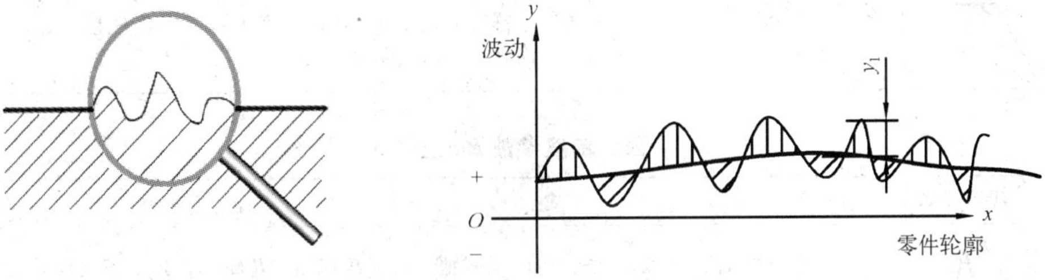

（a）　　（b）

图 7-18　表面粗糙度

用公式可表示为：

$$Ra = \frac{1}{l}\int_0^l |y(x)|\mathrm{d}x \qquad 或 \qquad Ra \approx \frac{1}{n}\sum_{i=1}^{n}|y_i|$$

Ra 用电动轮廓仪测量，运算过程由仪器自动完成。*Ra* 的数值系列如表 7-2（GB/T 1031—1995）所示，单位为 μm。

表 7-2　***Ra* 的数值**　　单位：μm

第一系列	0.012	0.025	0.050	0.100	0.20	0.40	0.80
	1.60	3.2	6.3	12.5	25.0	50.0	100
第二系列	0.008	0.010	0.016	0.020	0.032	0.040	0.063
	0.080	0.125	0.160	0.25	0.32	0.50	0.63
	1.00	1.25	2.00	2.50	4.00	5.00	8.00
	10.00	16.00	20.00	32.00	40.00	63.00	80.00

3. 表面结构要求的标注符号与代号

对产品表面结构要求的几何量技术规范的符号、代号如表 7-3（GB/T 131—2006）所示。常见的粗糙度参数 *Ra* 值的标注方法及其含义如表 7-4 所示。

表 7-3　表面结构符号及含义

符号与代号	含　义
√	基本符号，未指定工艺方法的表面，当通过一个注释解释时可单独使用

续表

符号与代号	含　义
	扩展图形符号，用去除材料的方法获得的表面；仅当其含义是“被加工表面”时可单独使用
	扩展图形符号，不去除材料的表面；也可用于表示保持上道工序形成的表面，不管这种状况通过去除材料或不去除材料形成的
	完整图形符号，当要求标注表面结构特征的补充信息时，应在上述图形符号的长边上加一段横线
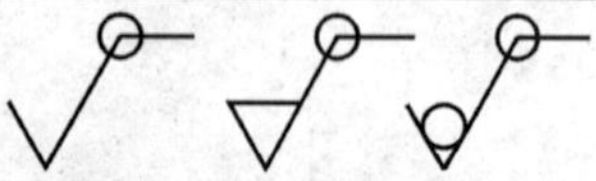	在上述三个符号上均加一个小圆，表示对投影视图上封闭的轮廓线所表示的各表面有相同的表面粗糙度要求

表 7-4　表面粗糙度参数 *Ra* 值的标注及含义

代　号	含　义
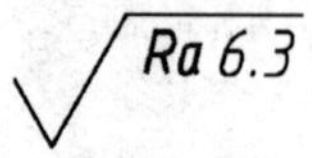	表示任意加工方法，单向上限值，默认传输带，*R* 轮廓，算术平均偏差为 6.3μm，评定长度为 5 个取样长度（默认），“16% 规则”（默认）
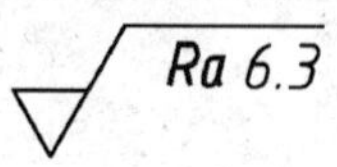	表示去除材料，单向上限值，默认传输带，*R* 轮廓，算术平均偏差为 6.3μm，评定长度为 5 个取样长度（默认），“16% 规则”（默认）
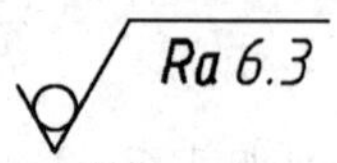	表示不允许去除材料，单向上限值，默认传输带，*R* 轮廓，算术平均偏差为 6.3μm，评定长度为 5 个取样长度（默认），“16% 规则”（默认）
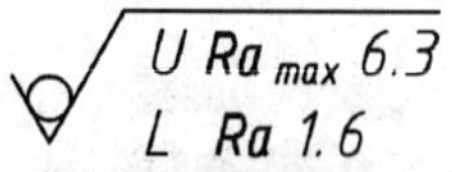	表示不允许去除材料，双向极限值，两个极限值使用默认传输带，*R* 轮廓，上限值：算术平均偏差为 6.3μm，评定长度为 5 个取样长度（默认），“最大规则”，下限值；算术平均偏差为 1.6μm，评定长度为 5 个取样长度（默认），“16% 规则”（默认）

注：1. 表中的传输带是指滤波方式参数。
2. *Ra* 符号两字母底线对齐。

4. 表面结构要求在零件图上的标注

表面结构要求大多用表面粗糙度参数来表示，因此在本书中提到的表面结构要求均特指表面粗糙度。

1）标注总则

表面结构要求对每一个表面都需标注，一般只标注一次，并尽可能标注在相应的尺寸及其公差的同一视图上。除非另有说明，所标注的表面结构要求是对完工零件表面的要求。

表面结构标注总的原则是根据 GB/T 4458.4 的规定，使表面结构的注写和读取方向与尺寸的注写和读取方向一致，如图 7-19 所示。

2）标注要求

表面结构要求可标注在轮廓线上，其符号应从材料外指向并接触表面。必要时，表面结构符号也可用带箭头或黑点的指引线引出标注，或直接标注在延长线上，如图 7-20、图 7-21 所示。

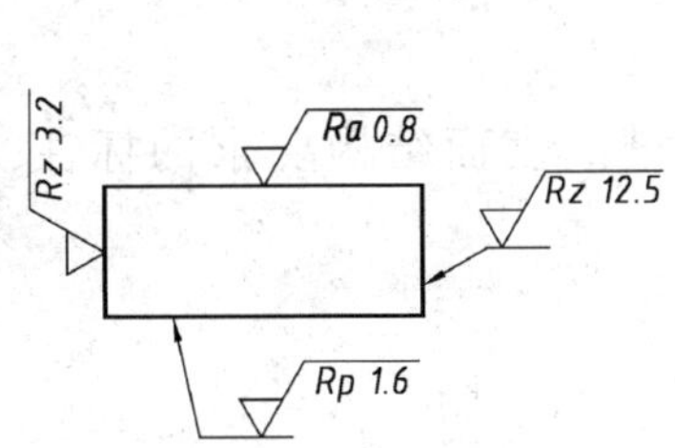

图 7-19 表面结构要求的注写方向

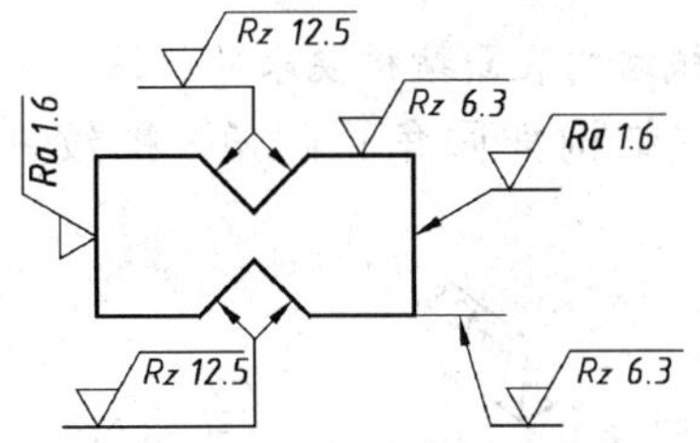

图 7-20 表面结构要求标注在轮廓线、延长线上

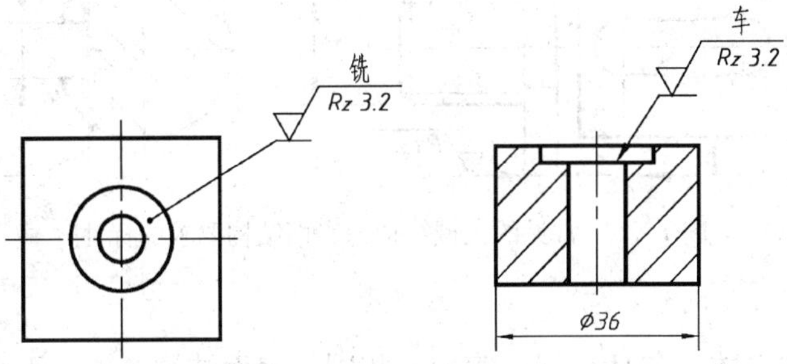

（a）（b）

图 7-21 用指引线引出标注表面结构要求

在不至于引起误解时，表面结构要求可以标注在指定的尺寸线上，如图 7-22 所示。

3）在形位公差框格上方的标注

表面结构要求可标注在形位公差框格的上方，如图 7-23 所示。

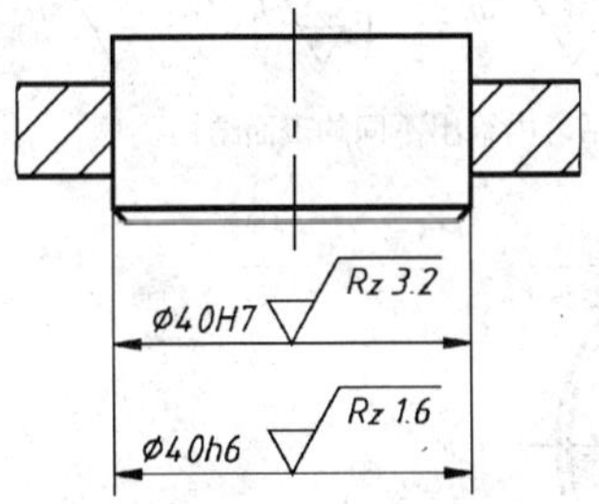

图 7-22 表面结构要求在尺寸线上的标注

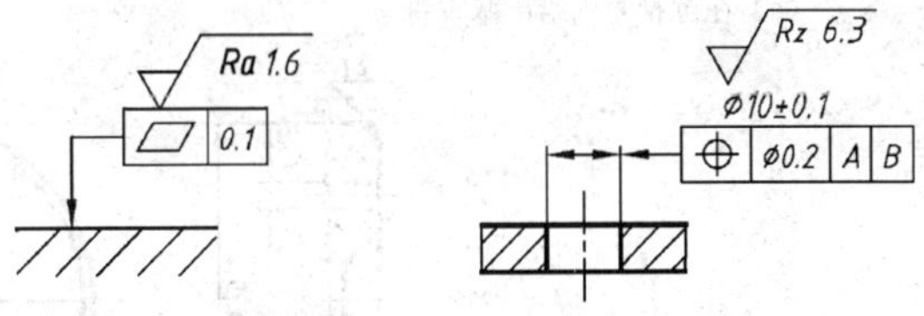

（a）（b）

图 7-23 表面结构要求在形位公差框格上方的标注

4）圆柱和棱柱表面不同表面结构要求的标注

圆柱和棱柱表面的表面结构要求只标注一次。如果每个棱柱表面有不同的表面结构要求，则应分别单独标注，如图 7-24 所示。

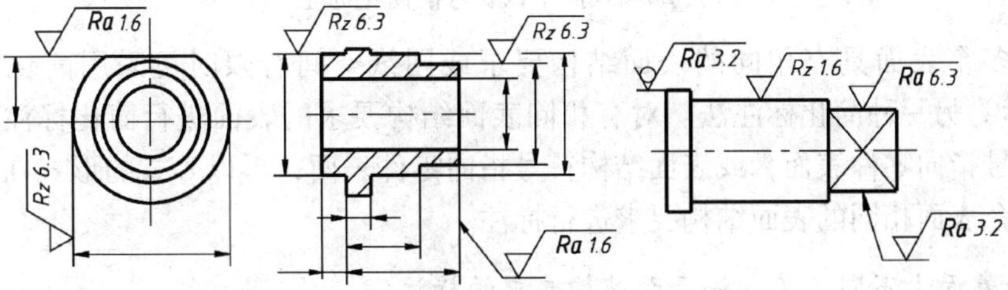

图 7-24 圆柱和棱柱上表面结构要求的标注

5）常见机械结构表面结构要求的标注

常见的机械结构如圆角、倒角、螺纹、退刀槽、键槽的表面结构要求的标注，如图 7-25 所示。

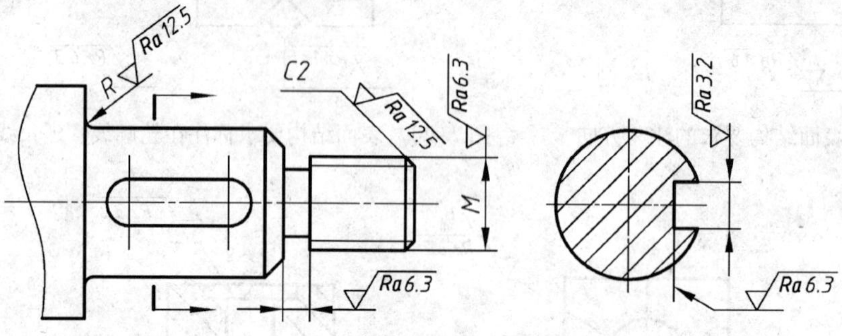

图 7-25　常见的机械结构的表面结构要求的标注

6）简化标注法

（1）如果工件的多数（包括全部）表面有相同的表面结构要求，则其表面结构要求可统一标注在图样的标题栏附近。表面结构要求的符号后面应该有两种情况，如图 7-26 所示为一种简化标注法，但不包括全部表面有相同要求的情况。

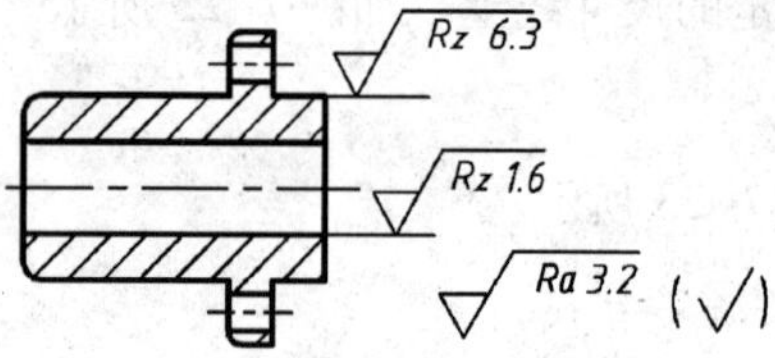

（a）在圆括号内给出基本符号

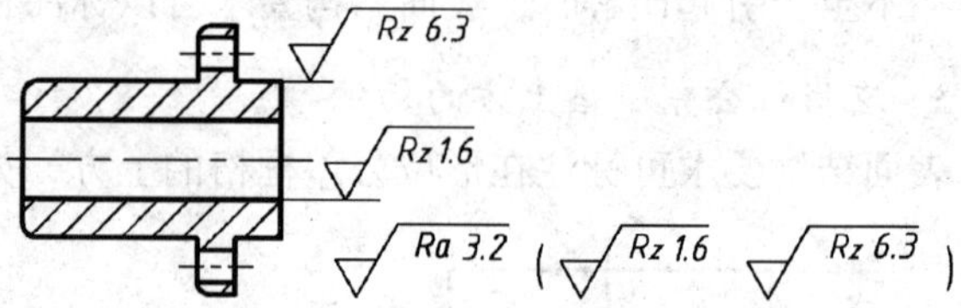

（b）在圆括号内给出不同的表面结构要求

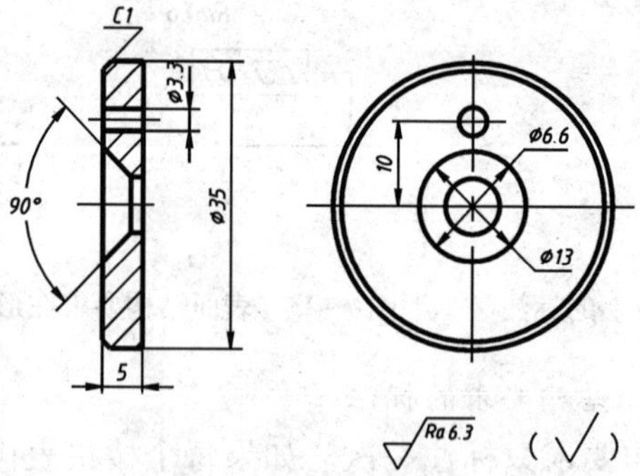

（c）所有表面结构要求相同时注法

图 7-26　表面结构要求的简化标注法

（2）当多个表面具有相同的表面结构要求或图纸空间有限时可采用简化标注法，如图 7-27 所示为另一种简化标注法。对有相同表面结构要求的表面进行简化标注，可用带字母的完整符号指向零件表面，或表面结构符号指向零件表面，再以等式的形式在图形或标题栏附近对多个表面相同的表面结构要求进行标注。

7）同一表面上不同工艺方法表面结构要求的标注

由几种不同的工艺方法获得的同一表面，当需要明确每种工艺方法的表面结构要求时，可按图 7-28 所示进行标注。

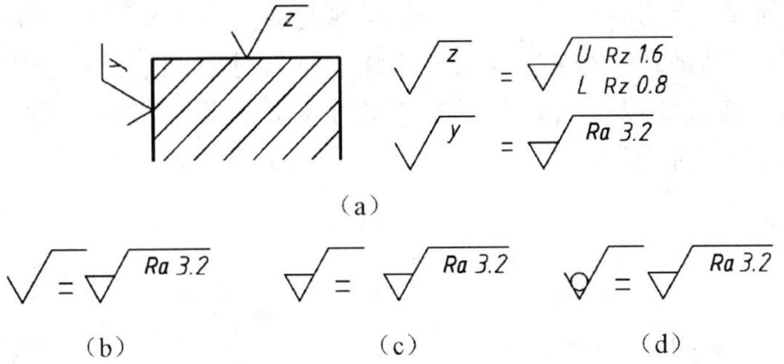

图 7-27　表面结构要求的另一种简化标注法

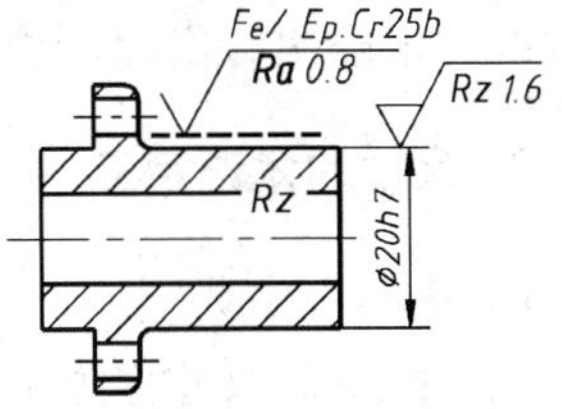

图 7-28　同时给出镀覆前后的表面结构要求的标注

5. 表面粗糙度参数值的选择

零件表面粗糙度参数值的选用，应该既要满足零件表面的功用要求，又要考虑其经济合理性，选用时要注意以下问题：

（1）在满足功用的前提下，尽量选用较大的表面粗糙度数值，以降低生产成本。

（2）在一般情况下，零件的接触表面比非接触表面的表面粗糙度参数值要小。

（3）受循环载荷的表面极易引起应力集中的表面，表面粗糙度参数值要小。

（4）配合性质相同，零件尺寸小的比尺寸大的表面粗糙度参数值要小；同一公差等级，小尺寸比大尺寸、轴比孔的表面粗糙度参数值要小。

（5）运动速度高、单位压力大的摩擦表面比运动速度低、单位压力小的摩擦表面的表面粗糙度参数值小。

（6）要求密封性、耐腐蚀的表面其粗糙度参数值要小。

如表 7-5 所示为表面粗糙度值的常用系列及对应的加工方式（GB/T 6060. 1—1997、GB/T 6060. 2—2006）。

表 7-5　常用加工方式的表面粗糙度值

加 工 方 式	表面粗糙度 *Ra* 值（μm）	加 工 方 式	表面粗糙度 *Ra* 值（μm）
铸造加工	100、50、25、12. 5、6. 3	车削加工	12. 5、6. 3、3. 2、1. 6
钻削加工	12. 5、6. 3	磨削加工	0. 8、0. 4、0. 2
铣削加工	12. 5、6. 3、3. 2	超精磨削加工	0. 1、0. 05、0. 025、0. 012

7. 4. 2　公差与配合

1. 互换性

在批量生产中，相同的一批零件在装配时，无须经过挑选和修配（辅助加工）便可装到机器上去，并能满足机器的性能要求，零件的这种性质称为互换性。显然零件具有互换性可提高机器制造时的装配速度，并便于使用后维修保养，当然也有利于机器的推广销售。

为使零件具有互换性，必须保证零件的尺寸、表面粗糙度、几何形状及零件上有关要素的相互位置等技术要求的一致性。就尺寸而言，互换性要求尺寸的一致性，并不是要求零件都准确地制成一个指定的尺寸，而是限定其在一个合理的范围内变动。对于相互配合的零件，一是要求在使用和制造上合理、经济；二是要求保证相互配合的尺寸之间形成一定的配合关系，以满足不同的使用要求。前者要以“公差”的标准化来解决，后者要以“配合”的标准化来解决，由此产生了“公差与配合”制度。

2. 尺寸的术语定义

1）基本尺寸

设计给定的尺寸称为基本尺寸，如图 7-29 中的尺寸 $\phi30$。

2）实际尺寸

通过测量所得的尺寸称为实际尺寸（由于存在测量误差，实际尺寸并非真值）。

3）极限尺寸

允许零件尺寸变化的两个界限值称为极限尺寸。这是以基本尺寸为基数来确定的。两个界限值中较大的一个称为最大极限尺寸，较小的一个称为最小极限尺寸。由此可见，极限尺寸可以大于、小于或等于基本尺寸。例如，在图 7-29 中，孔的最大极限尺寸为 $\phi30.021$，最小极限尺寸为 $\phi30$；轴的最大极限尺寸为 $\phi29.993$，最小极限尺寸为 $\phi29.980$。

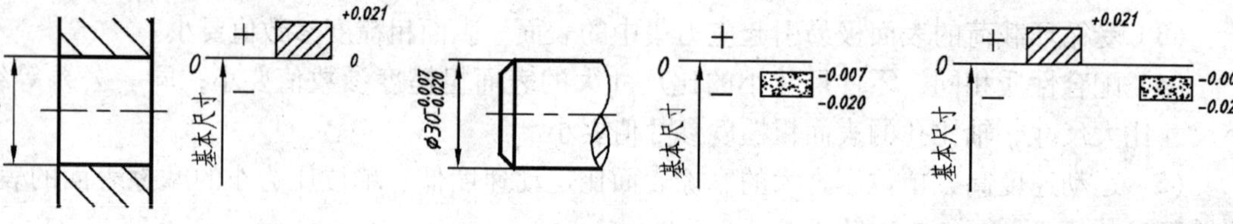

（a）孔　　（b）轴　　（c）尺寸公差带

图 7-29　孔和轴的尺寸公差

3. 公差与偏差的术语定义

1）极限偏差

极限尺寸与其基本尺寸的代数差称为极限偏差。极限偏差包括上偏差与下偏差。

上偏差为最大极限尺寸与其基本尺寸的代数差，其代号孔为 ES，轴为 es。例如，在图 7-29 中，孔的上偏差为 +0.021，轴的上偏差为 −0.007。

下偏差为最小极限尺寸与其基本尺寸的代数差，其代号孔为 EI，轴为 ei。例如，在图 7-29 中，孔的下偏差为 0，轴的下偏差为 −0.020。

注意： 偏差值除“0”以外都带正负号。

2）尺寸公差

尺寸的允许变动量称为尺寸公差，简称公差。

公差等于最大极限尺寸与最小极限尺寸之代数差的绝对值，也等于上偏差与下偏差之代数差的绝对值。例如，在图 7-29 中，孔的公差为 0.021，轴的公差为 0.013。

注意：公差值不带正负号。

4. 尺寸公差带和公差带图

尺寸公差带即尺寸的允许变动范围的图解形式。

在分析尺寸公差时，为了形象地表示基本尺寸、偏差和公差的关系，常画出简图表示，用“0线”表示基本尺寸，“0线”上方为正值，下方为负值，再画出放大后的轴、孔公差带来分析问题，这就是公差与配合的图解，简称公差带图，如图7-29（a）、（b）的右边图形和图7-29（c）所示。

5. 配合

基本尺寸相同的相互结合的孔与轴，其公差带之间的关系称为配合。

配合具有两层含义：一是指基本尺寸相同的轴与孔装配在一起；二是指轴与孔的公差带大小、相对“0线”的位置决定配合的精确程度和配合种类。

根据孔、轴公差带之间的关系（即形成间隙或过盈的情况），国家标准规定配合分为三类，如图7-30所示。

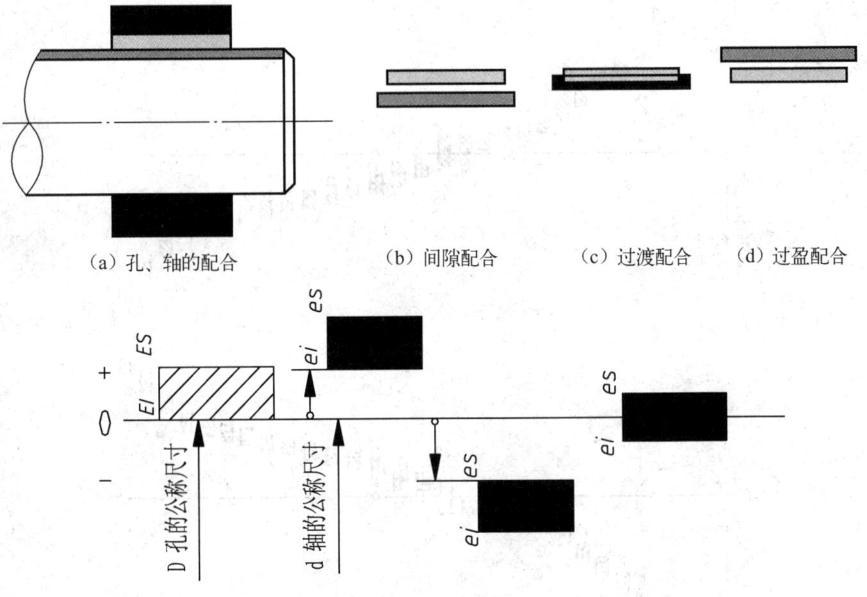

（a）孔、轴的配合 （b）间隙配合 （c）过渡配合 （d）过盈配合

（e）孔、轴配合的公差带图

图7-30 配合的三种情况

（1）间隙配合：具有间隙（包括最小间隙等于零）的配合称为间隙配合，即孔大于轴。间隙配合时，孔的公差带在轴的公差带之上。

（2）过盈配合：具有过盈（包括最小过盈等于零）的配合称为过盈配合。过盈配合时，孔的公差带在轴的公差带之下。

（3）过渡配合：可能具有间隙或过盈的配合称为过渡配合。过渡配合时的孔、轴公差带相互交叠。

6. 标准公差与基本偏差

在公差带图中，公差带是由“公差带大小”和“公差带位置”两个要素组成的。“公差带大小”由“标准公差”来确定，“公差带位置”由“基本偏差”来确定。

1）标准公差

标准公差是指国家标准（GB 1800.3—1998）所规定的已标准化的公差值，它确定了与基本尺寸相对应的精度等级的公差带的大小，见附录A中表A-15。

此项国家标准将标准公差分为20个公差等级。公差等级是确定尺寸精确度的等级。国家标准规定标准公差以“IT”表示，公差等级用01，0，1，2，3，…，18表示。其中01等级最高，0，1，2，…依次降低，标准公差数值则由小到大。

2）基本偏差

基本偏差是用以确定公差带相对于零线位置的，即公差带的起点。在上、下偏差中靠近零线的那个偏差为基本偏差，公差对称分布时可取+IT/2或-IT/2为基本偏差。基本偏差共有28个，其代号用拉丁字母表示，大写字母表示孔的基本偏差，小写字母表示轴的基本偏差。如图7-31所示表示孔、轴的基本偏差分布图。

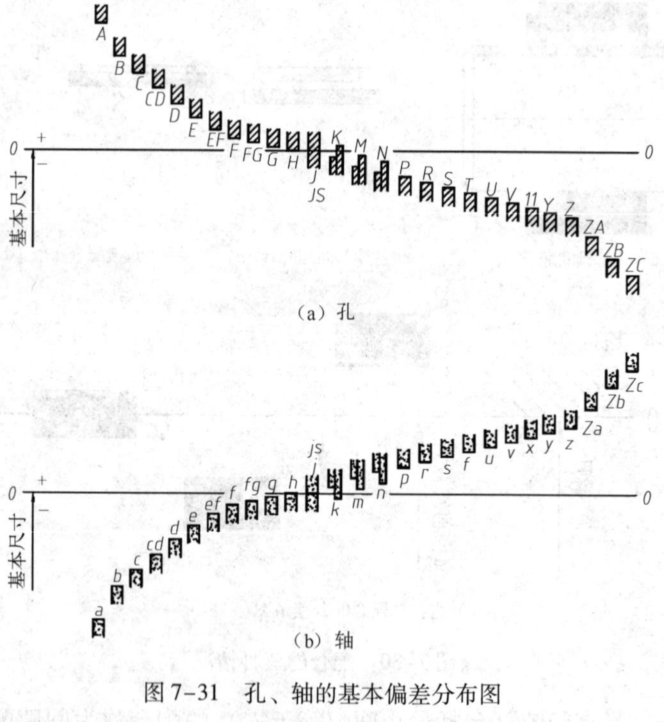

图7-31 孔、轴的基本偏差分布图

3）公差带代号

孔与轴的公差带代号由基本偏差代号和公差等级两部分组成，如图7-32所示。其中ϕ50H8/f7是装配图上的公差标注方式，在孔零件图上标注ϕ50H8，即分子为孔的公差带代号，在轴零件图上标注ϕ50f7，即分母为轴的公差带代号。

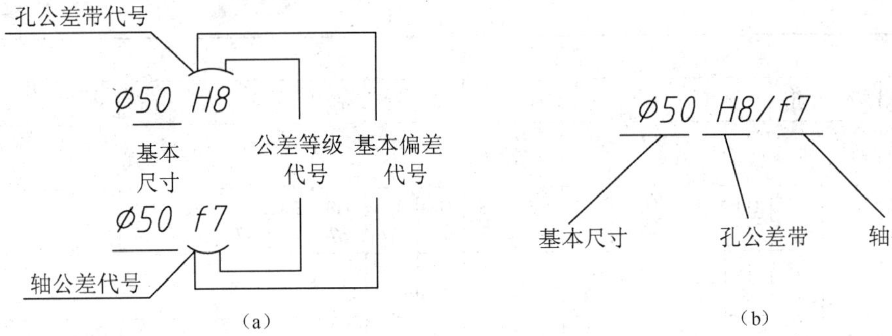

图7-32 公差代号的含义

7. 基准制

基准制是指以两个配合零件中的一个为基准件，并选定标准公差带，而改变另一个零件（非基准件）的公差带位置，从而形成各种配合的制度，国家标准中规定了两个基准制，基孔制和基轴制。

1）基孔制

基本偏差为一定的孔的公差带，与不同基本偏差的轴的公差带形成各种配合的一种制度称为基孔制。基孔制中的孔为基准孔。国家标准规定的基准孔下偏差为零，上偏差为正值。其基本偏差代号为“H”。

2）基轴制

基本偏差为一定的轴的公差带，与不同基本偏差的孔的公差带形成各种配合的一种制度称为基轴制。基轴制中的轴为基准轴。国家标准规定的基准轴上偏差为零，下偏差为负值。其基本偏差代号为“h”。

3）基孔制、基轴制常用配合

在设计中应优先采用基孔制，因为在一般情况下孔的加工测量都比轴难度大。而在以下几种情况下采用基轴制：根据装配结构的要求同一基本尺寸的轴上装配有几个不同配合要求的孔；与标准件的轴配合（如箱体孔与滚动轴承外圆的配合）等。

国家标准规定了基孔制及基轴制常用配合和优先配合的种类，如表7-6和表7-7所示。

表7-6 基孔制常用配合和优先配合

基准孔	轴																				
	a	b	c	d	e	f	g	h	js	k	m	n	p	r	s	t	u	v	x	y	z
	间隙配合								过渡配合			过盈配合									
H6						H6/f5	H6/g5	H6/h5	H6/js5	H6/k5	H6/m5	H6/n5	H6/p5	H6/r5	H6/s5	H6/t5					
H7						H7/f6	◤H7/g6	◤H7/h6	H7/js6	◤H7/k6	H7/m6	◤H7/n6	◤H7/p6	H7/r6	◤H7/s6	H7/t6	◤H7/u6	H7/v6	H7/x6	H7/y6	H7/z6

续表

基准孔	轴																				
	a	b	c	d	e	f	g	h	js	k	m	n	p	r	s	t	u	v	x	y	z
	间隙配合								过渡配合			过盈配合									
H8					H8/e7	◤H8/f7	H8/g7	◤H8/h7	H8/js7	H8/k7	H8/m7	H8/n7	H8/p7	H8/r7	H8/s7	H8/t7	H8/u7				
				H8/d8	H8/e8	H8/f8		H8/h8													
H9			H9/c9	◤H9/d9	H9/e9	H9/f9		◤H9/h9													
H10			H10/c10	H10/d10				H10/h10													
H11	H11/a11	H11/b11	◤H11/c11	H11/d11				◤H11/h11													
H12		H12/b12						H12/h12													

注：1. H6/n5、H7/p6 在基本尺寸小于或等于 3mm 和 H8/r7 在小于或等于 100mm 时，为过渡配合。

2. 标注◤的配合为优先配合。

表 7–7 基轴制常用配合和优先配合

基准孔	轴																				
	A	B	C	D	E	F	G	H	JS	K	M	N	P	R	S	T	U	V	X	Y	Z
	间隙配合								过渡配合			过盈配合									
h5						F6/h5	G6/h5	H6/h5	JS6/h5	K6/h5	M6/h5	N6/h5	P6/h5	R6/h5	S6/h5	T6/h5					
h6						F7/h6	◤G7/h6	◤H7/h6	JS7/h6	◤K7/h6	M7/h6	◤N7/h6	◤P7/h6	R7/h6	◤S7/h6	T7/h6	◤U7/h6				
h7					E8/h7	◤F8/h7		◤H8/h7	JS8/h7	K8/h7	M8/h7	N8/h7									
h8				D8/h8	E8/h8	F8/h8		H8/h8													
h9				◤D9/h9	E9/h9	F9/h9		◤H9/h9													
h10				D10/h10				H10/h10													
h11	A11/h11	B11/h11	◤C11/h11	D11/h11				◤H11/h11													
h12		B12/h12						H12/h12													

注：标注◤的配合为优先配合。

8. 尺寸公差的识读与查表

以图7-33为例来识读装配图上的公差，并查表获取公差值，同时也能知道属于什么基准制，得到什么配合。在装配图上配合尺寸为ϕ14H7/p6，意义是基本尺寸为ϕ14的孔与基本尺寸为ϕ14的轴配合，查表7-6可知是基孔制过盈配合；在夹具体零件图上应标注尺寸ϕ14H7，查附录A中表A-17得上偏差为+0.018，下偏差为0，因为靠近零线的为基本偏差，所以这里下偏差是基本偏差，公差为0.018；在定位支撑零件图上应标注ϕ14p6，查附录A中表A-16得上偏差为+0.023，下偏差为+0.012，同理下偏差为基本偏差，公差为0.011。

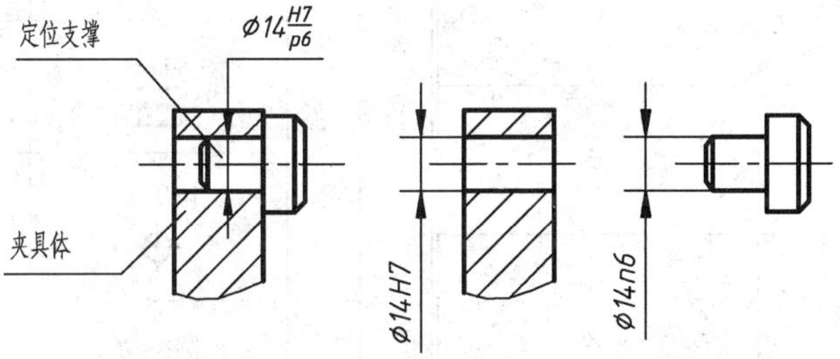

图7-33　公差代号应用

7.4.3　几何公差（GB/T 1182—2008）

产品的质量不仅需要通过表面粗糙度、尺寸公差来保证，还需要用零件的几何形状和构成零件几何要素（点、线、面）的相对位置的准确度来保证。为此，国家标准对评定产品质量还规定了一项重要技术指标——几何公差，它由形状公差和位置公差两部分组成。在零件图上，对零件上有几何公差要求的要素，均应按标准中规定的代号加以标注。

1. 几何公差的概念与项目符号

形状公差是指单一实际要素的形状对其理想要素所允许的变动全量。

位置公差是指关联实际要素的位置对其理想要素（基准）所允许的变动全量。

形位公差的分类、项目名称及符号，如表7-8所示。

2. 几何公差代号及其标注

1）几何公差代号与基准代号

几何公差标准规定，在技术图样中几何公差应采用代号标注，如图7-34所示。

2）被测要素与基准要素的标注

当被测要素为线或表面时，指引线的箭头应垂直于被测部位轮廓线或其引出线，并应明显地与尺寸线错开，如图7-35（a）所示。

表 7-8　几何公差的分类、项目及符号

分类		特征项目及符号	基准要求
形状公差	形状	直线度 ⏤	无
		平面度 ⏥	无
		圆度 ○	无
		圆柱度 ⌭	无
	轮廓	线轮廓度 ⌒	有或无
		面轮廓度 ⌓	有或无
位置公差	定向	平行度 ∥	有
		垂直度 ⊥	有
		倾斜度 ∠	有
	定位	同轴度 ◎	有
		对称度 ⌯	有
		位置度 ⌖	有或无
	跳动	圆跳动 ↗	有
		全跳动 ⌰	有

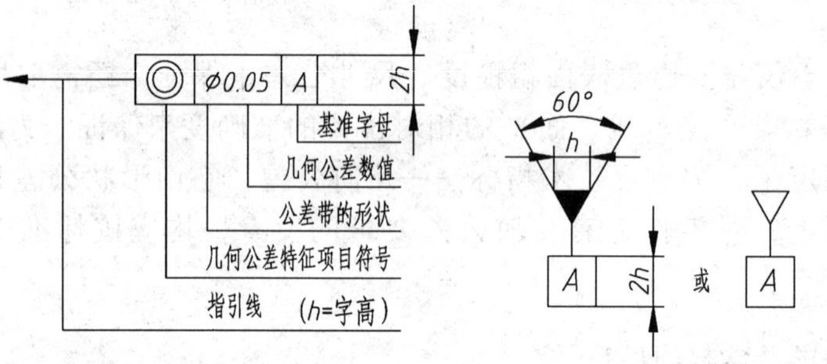

（a）　（b）

图 7-34　形位公差代号及基准代号

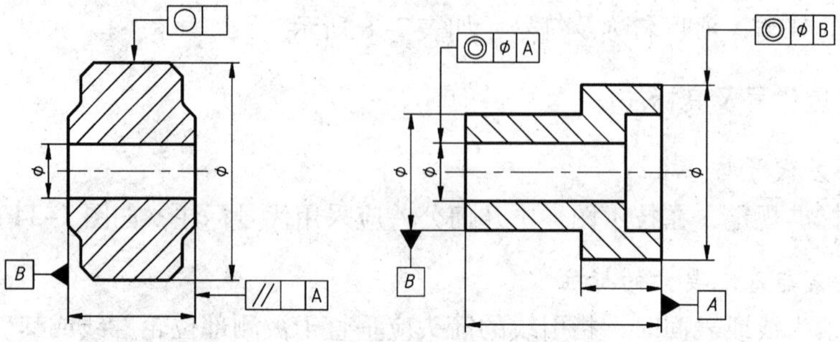

（a）　（b）

图 7-35　基准要素、被测要素的标注

当被测要素、基准要素为轴线或中心平面时，指引线的箭头、基准符号应与该要素的尺寸箭头对齐，如图 7-35（b）所示。

3）几何公差的标注方法及其含义

几何公差的标注方法及其含义，举例如图 7-36 所示。

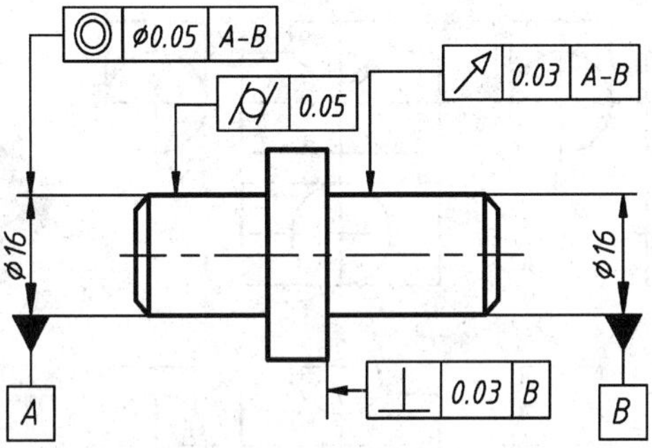

图 7-36　形位公差的标注

|⌭|0.05| 表示 ϕ16 圆柱面的圆柱度公差为 0.05。

|◎|ϕ0.05|A-B| 表示左端 ϕ16 圆柱轴线对左、右两端 ϕ16 圆柱公共轴线的同轴度公差为 ϕ0.05。

|↗|0.03|A-B| 表示右端 ϕ16 圆柱面对左、右两端 ϕ16 圆柱公共轴线的圆跳动公差为 0.03。

|⊥|0.03|B| 表示轴肩右端面对右端 ϕ16 圆柱轴线的垂直度公差为 0.03。

7.4.4　其他技术要求

除了以上粗糙度要求、尺寸公差、几何公差要求外还有一些其他应说明的技术要求，如材质要求（热处理、表面处理等）、铸造圆角、应避免的铸造缺陷、未注倒角等要求。

1）热处理要求

淬火、调质、正火、回火，等等。

2）表面处理

发黑、发蓝；镀铬、镀镍；渗碳、渗氮，等等。

7.5　零件工艺结构

7.5.1　铸造工艺结构

1. 铸造圆角

铸（或锻）件的工艺要求转角处由圆角光滑过渡。铸造圆角可避免铸件在冷却时转角处应力集中而产生裂纹，同时可以提高零件的疲劳强度。

零件中三角肋板的上方斜面与底板的上平面相交处，应有圆角光滑过渡，若按实际轮廓投影，则在俯视图中该处不应画线。但这样看图时就不易想象出该形状，所以俯视图上仍画出，并绘制出圆角光滑过渡的状态，这种线叫做过渡线。过渡线用细实线绘制，其端点的确定如图 7-37 所示。

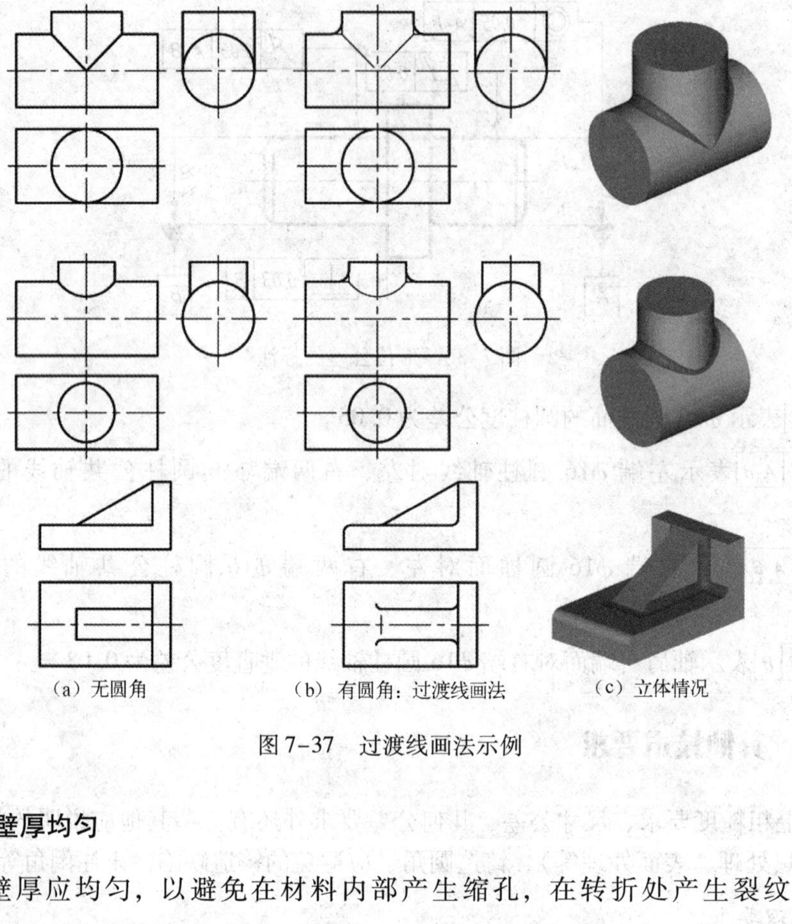

（a）无圆角　　（b）有圆角：过渡线画法　　（c）立体情况

图 7-37　过渡线画法示例

2. 铸件壁厚均匀

铸件的壁厚应均匀，以避免在材料内部产生缩孔，在转折处产生裂纹等缺陷，如图 7-38 所示。

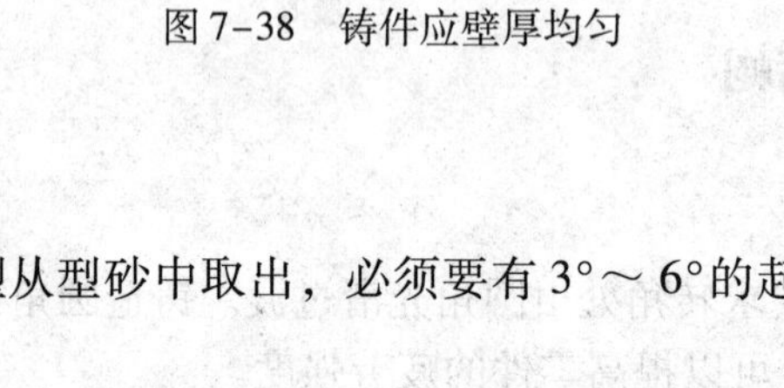

图 7-38　铸件应壁厚均匀

3. 起模斜度

铸造时为了便于将模型从型砂中取出，必须要有 3°～ 6°的起模斜度，如图 7-39 所示，但在视图中可以不画出。

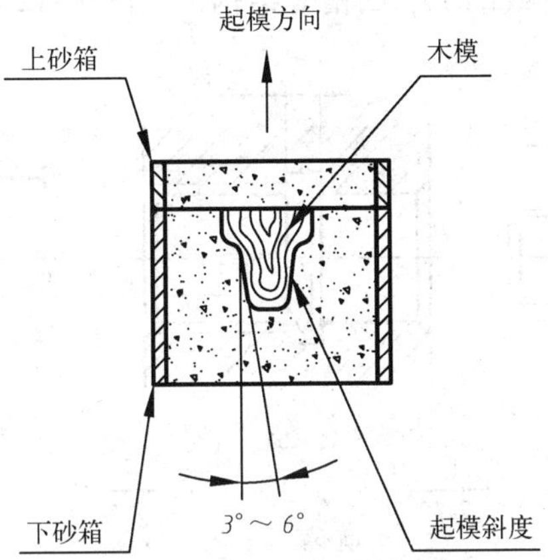

图7-39　铸件的起模斜度

7.5.2　机加工工艺结构

1. 倒角和倒圆

为便于零件在装配和制造过程中不划伤手，常在零件的锐边进行倒角、锐边倒钝或锐边去毛刺处理。零件上加工出倒角后，会有明显的装入导向功能，常见的倒角为45°，其尺寸标注可简化，如图7-40（b）中的“*C*2”，“*C*”表示45°，“2”表示轴向距离。倒角为30°、60°时的标注方法如图7-40（c）和（d）所示。

另外为避免因应力集中而产生裂纹，提高零件的疲劳强度，轴肩根部处常以圆角过渡，加工后的倒圆如7-40（a）和（b）所示。台阶根部的尺寸为*R*1.5。

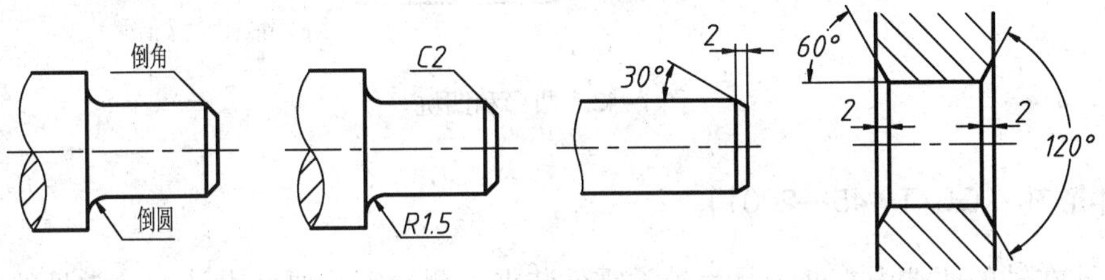

图7-40　倒角和倒圆

2. 退刀槽和砂轮越程槽

在车削和磨削加工时，为了安全退刀或退砂轮以及符合制造工艺的要求，通常在加工部分的末端，预加工出退刀槽或砂轮越程槽，如图7-41所示。

3. 凸台和凹坑

两零件的接触面应该为加工面，为了减小加工面积，并保证两零件的表面接触良好，通常将两零件的接触面做成凸台或凹坑、凹槽等结构，如图7-42所示。

常将两零件的接触面做成凸台或凹坑、凹槽等结构，如图 7-42 所示。

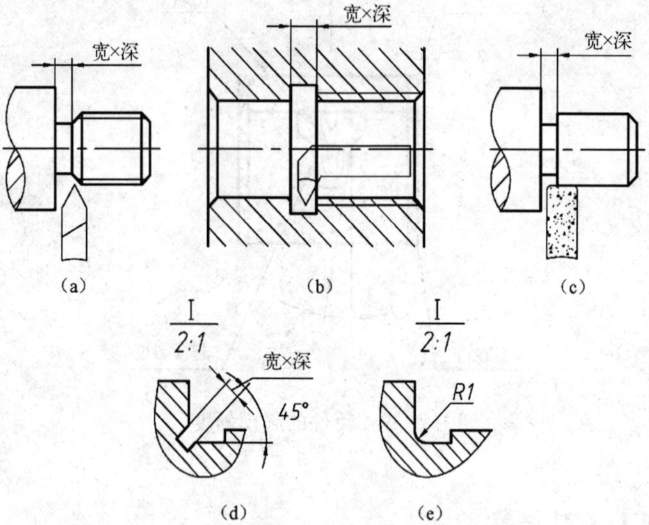

图 7-41　退刀槽和砂轮越程槽

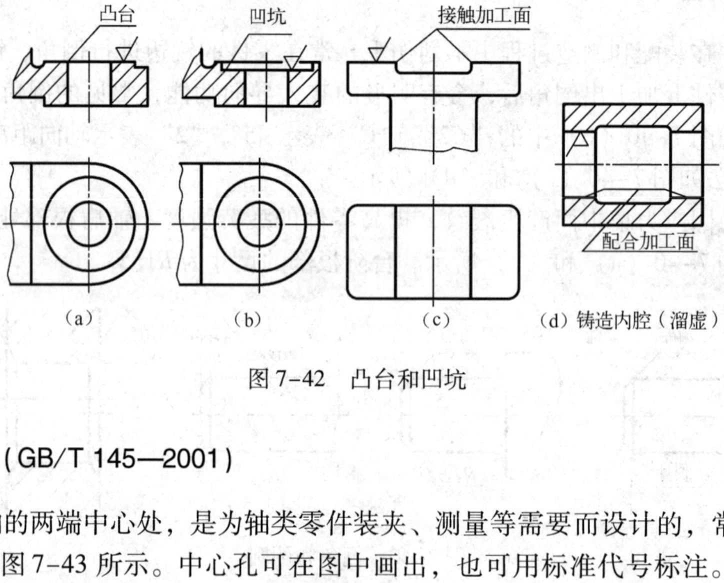

图 7-42　凸台和凹坑

4. 中心孔（GB/T 145—2001）

中心孔在轴的两端中心处，是为轴类零件装夹、测量等需要而设计的，常见的有 A、B、C 三种类型，如图 7-43 所示。中心孔可在图中画出，也可用标准代号标注。如果中心孔只是工艺需要，可不画出也不标注，在工艺图中表达即可。

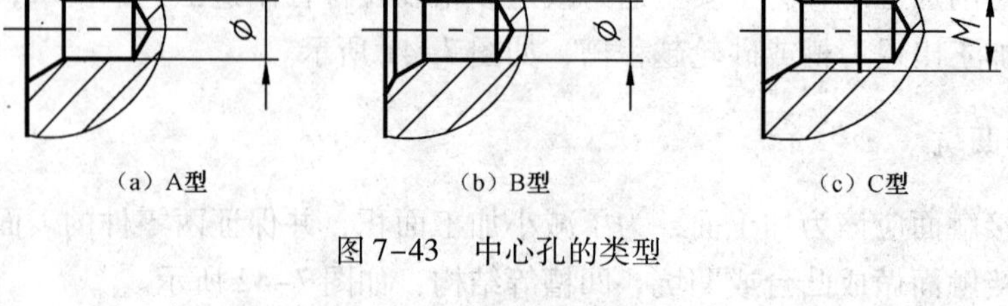

图 7-43　中心孔的类型

5. 钻孔结构

钻孔时，钻头的轴线应与被加工表面垂直，否则会使钻头弯曲，甚至折断。零件表面倾斜时，可设置凸台和凹坑；钻头钻透处的结构，也要考虑到不使钻头单边受力。钻孔时，应尽可能使钻头轴线与被钻孔表面垂直，以保证孔的精度和避免钻头的折断，如图7-44所示。

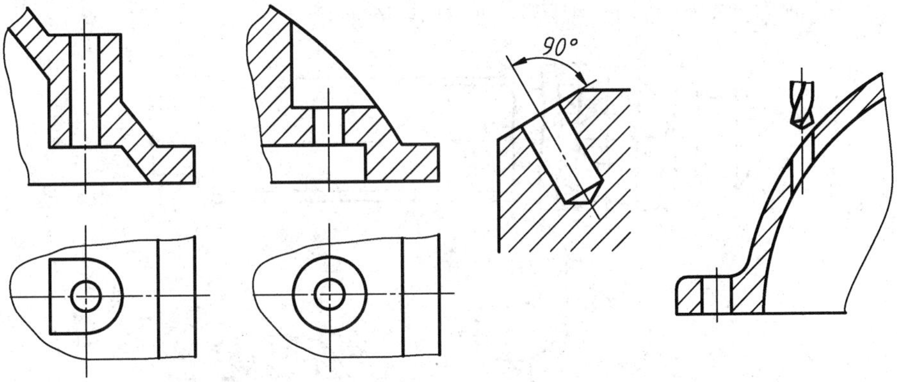

图7-44 钻孔结构

7.6 零件图的绘制与识读

在研究引进设备和其他企业生产的设备时，或者在修配损坏零件时常常需要零件测绘。零件测绘是指对零件进行结构分析，目测徒手绘制出图形，然后测量并标注尺寸，提出并注写技术要求，填写标题栏形成零件草图，由此绘制出零件图的过程。

7.6.1 零件测绘的方法与步骤

下面以测绘顶杆为例，来介绍零件测绘的方法与步骤。

如图7-45所示为顶杆的三维造型图，其零件图见图7-48。

图7-45 顶杆的三维造型图

1. 绘制零件草图

(1) 分析结构确定表达方案。

主视图：取加工位置放置顶杆，大端在左，小端在右，等直径相贯孔处用局部剖视；用断面图对等直径孔进行进一步表达；局部放大图表达方牙螺纹详细结构，也为了能标注其牙型尺寸。

(2) 徒手绘制零件草图（一组视图），如图 7-46 所示。

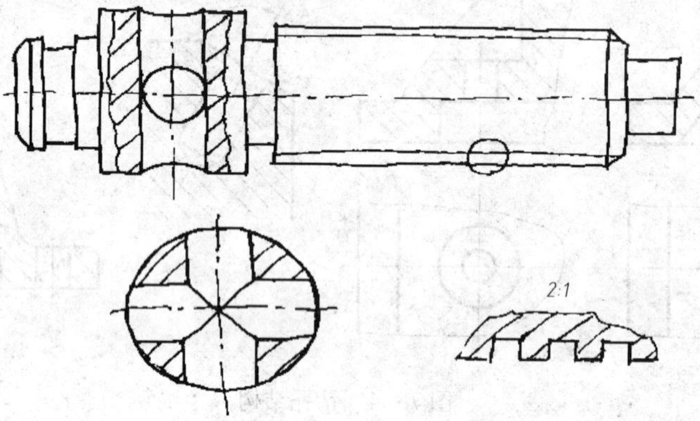

图 7-46　顶杆零件草图（一组视图）

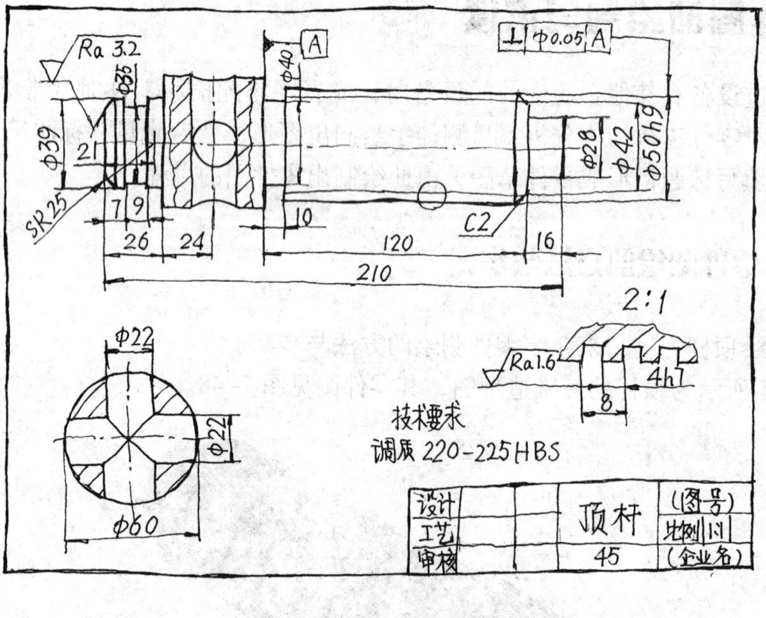

图 7-47　顶杆零件草图

(3) 画好尺寸线，然后测量标注尺寸。

确定径向、轴线尺寸基准，标注尺寸。

尺寸基准：径向以整体轴线为基准；轴向以 $\phi60$ 外圆的右端面为设计基准，以右端面为工艺基准。

(4) 由类比法确定技术要求，标注技术要求如下。

尺寸公差：大径 ϕ50h9、方牙螺纹牙宽 h7。

表面粗糙度：螺纹两侧面 *Ra*1.6μm；左端球面和方牙螺纹牙顶面 *Ra*3.2μm，其余 *Ra* 6.3μm。

几何公差：垂直度——基准要素为 ϕ60 外圆右端面，被测要素为方牙螺纹牙顶圆轴线。

(5) 文字标注的技术要求，配置在图样下方。

热处理：调质 220 ～ 225HBS。

(6) 注写标题栏。

零件名称：顶杆；材料：45；等等。

2. 绘制零件正图

(1) 选择绘图比例、图幅。取比例为 1:1，选用 A3 号纸绘制。

(2) 优化表达方案，布图。画基准线（主视图中的点画线）在中间偏上位置。

(3) 用绘图工具绘制一组视图。

(4) 对草图中确定的尺寸基准、尺寸标注、以及所选定的各项技术要求进行合理性审核。

(5) 完成全图。

顶杆零件图如图 7-48 所示。

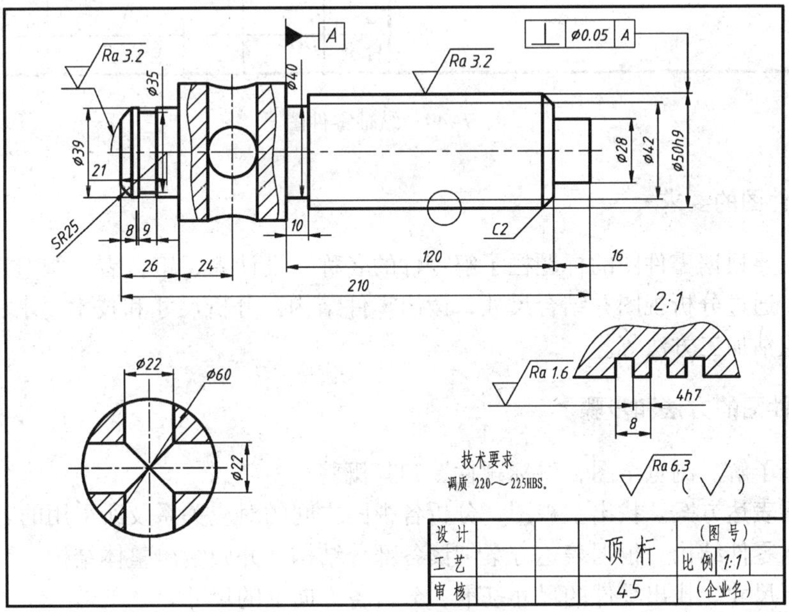

图 7-48　顶杆零件图

7.6.2　读零件图

阅读零件图就是理解设计者设计意图的过程，下面通过读纵轴零件图为例，来介绍读零件图的方法和步骤。如图 7-49 所示为纵轴零件图。

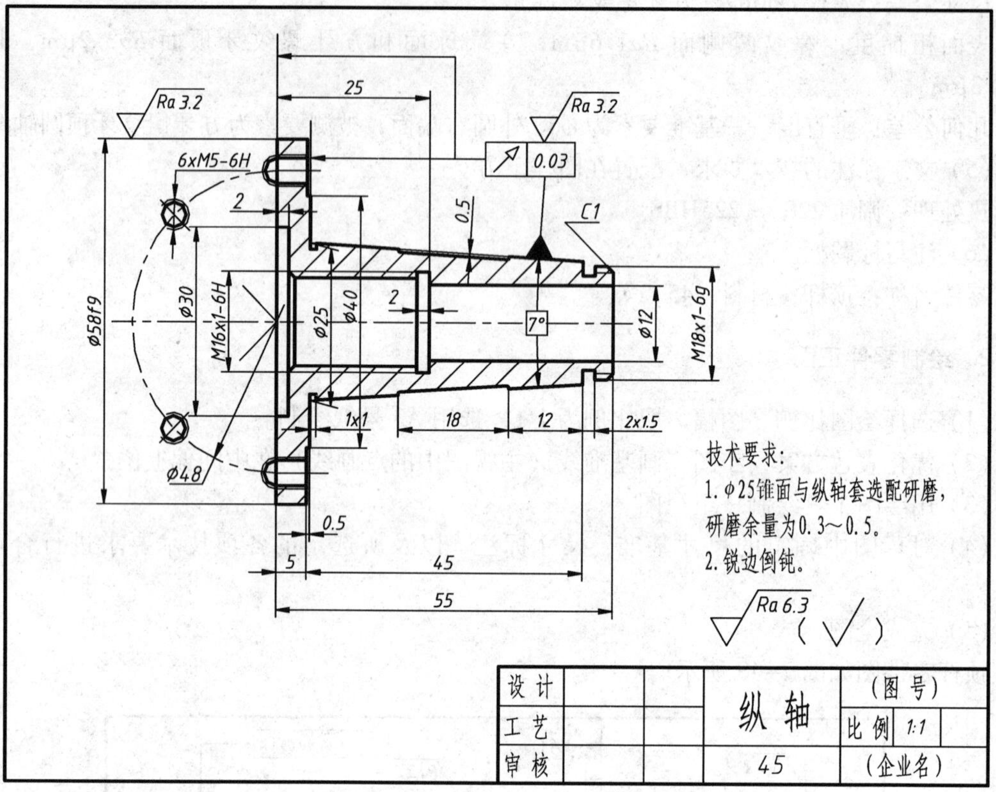

图 7-49 纵轴零件图

1. 读零件图的要求

读零件图要根据零件图的标题栏了解零件的名称、设计者、审核者、制造厂家、零件所用的材料等；通过分析视图并结合尺寸，读出零件结构；分析尺寸和技术要求，明确零件的精度要求和粗估加工方法等。

2. 读零件图的方法和步骤

（1）初步了解。浏览全图，看标题栏，知其概貌。

（2）分析表达方案。找出主视图，分析各视图之间的对应关系及所采用的表达方法。

（3）读出零件结构。根据表达方案细读各部分结构，并归纳出整体结构。

（4）分析尺寸。找出零件的尺寸基准，分析各方向上的尺寸。

（5）看技术要求。了解表面粗糙度、尺寸公差、形状和位置公差、材质要求等。

（6）归纳总结。

3. 读纵轴零件图

（1）初步了解零件图。浏览全图，该轴由两段组成，左边大端为盘状结构，右边端小外形带锥度，空心轴；用材为 45#钢，按 1:1 的比例绘制（由于印刷版面的关系看不出实际比例）。

（2）分析表达方案。一组视图共由两个视图组成，主视图全剖表达主体结构；左边用简化画法绘制局部视图，表达螺纹孔的等分状态，并便于注尺寸。

（3）读出零件结构。零件的主体结构为回转体结构，左边大端为盘状结构，且有六等分螺纹孔；右边小端外形带锥度，锥面中段溜虚，右端为细牙螺纹；内腔结构为多段圆柱孔结构，并有一段为螺纹孔，且为细牙螺纹。

（4）分析尺寸。径向尺寸基准是整体轴线；轴向尺寸基准是零件左端面。

（5）看技术要求。表面粗糙度：要求高的是 $\phi58$ 外圆、锥面和圆盘右端面为 $Ra3.2\mu m$；其余为 $Ra6.3\mu m$。尺寸公差：$\phi58f9$ 等。几何公差：有端面圆跳动要求，基准要素为圆锥轴线，被测要素为圆盘外圆 $\phi58f9$ 的两端面。材质要求：无特殊要求。其他要求：锥面与轴套配磨。

通过读图，想象出零件的整体形象。如图 7-50 所示为纵轴三维造型图。

图 7-50　纵轴三维造型图

知识梳理与总结

通过本单元学习，大家认识了机械零部件及机械图样。熟悉了四大类零件：轴套类、盘盖轮类、叉架类、箱壳类零件。绘制了千斤顶部件中核心零件顶杆的零件图，阅读了搅拌轴、纵轴、叉、箱体等零件图。该部分重点要掌握零件的结构分析、视图表达方案的选定，应融会贯通应用各种图样的表达方法，列出几个备选方案，比较后选择相对清晰简捷的方案绘制零件视图；不同类型零件的尺寸基准的选择、尺寸标注；零件图上表面粗糙度的标注与识读、尺寸公差、几何公差的标注与识读；测绘零件图的方法与步骤；阅读零件图的方法与步骤等内容。

学习单元 8

装配图

教学导航

教	学习目标	熟悉装配图的内容、装配图的规定画法、特殊画法、装配图的画法。掌握阅读装配图的方法
	工作任务	绘制千斤顶装配图；读机用虎钳等装配图
学	学习重点	熟悉装配图的内容、规定画法、特殊画法，掌握阅读装配图的方法
	学习难点	装配图的规定画法、特殊画法、装配结构细节的绘制
	建议课时	8～10 课时

8.1 装配图概述

表达整机和部件构造、规格、尺寸、装配使用性能等内容的图样称为装配图。装配图用于表达机器或部件的工作原理、传动路线和零件间的装配关系等。在机器或部件的设计、零件设计、整机及部件的装配、调试、使用、维修中都需要使用装配图，装配图也是企业的重要技术文件。如图 8-1 所示为千斤顶的装配图，其三维造型图见图 7-1。

从图 8-1 可看出装配图应具有下列内容：一组视图、一组尺寸、技术要求、零（部）件序号及明细栏、标题栏。

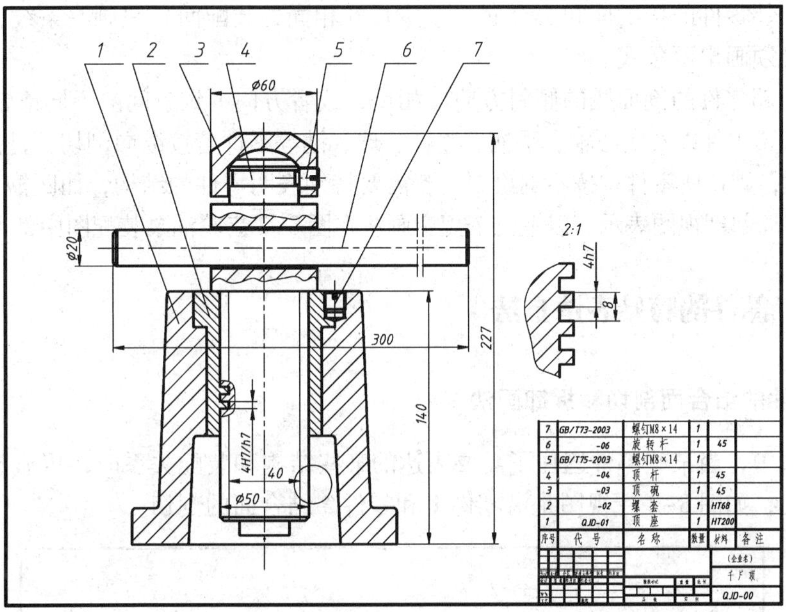

图 8-1 千斤顶装配图

1）一组视图

通过一组视图采用各种表达方法，正确、清晰地表达机器或部件的工作原理与结构；各零件间的装配关系、连接方式、传动关系和零件的主要结构形状等内容。

2）一组尺寸

装配图上要注出表示机器或部件的性能、规格以及装配、安装、检验、运输时必要的一组尺寸。

3）技术要求

装配图上要提出机器或部件性能、装配、调整、试验、验收等方面的要求。

4）零件序号及明细栏

在装配图上必须对每种零件和标准件进行编号，并在明细栏中依次列出零件序号、名称、数量、材料等零件的主要信息，填写时由下向上排序。

5）标题栏

标题栏中必须注明装配体的名称、图号、绘图比例以及设计、较核、审核的相关人员的签名等。

8.2 装配图的表达方法

8.2.1 装配图的规定画法

（1）两相邻零件的接触面和配合面（基本尺寸相同的装配面）只画一条线，否则即使间隙很小，也必须画出两条线。

（2）两相邻零件的剖面线的倾斜方向应相反，或者方向一致、间隔不同或错位。

（3）对于紧固件以及实心轴、手柄、连杆、球、键等零件若按纵向剖切，且剖切平面通过其基本轴线时，则这些零件均按不剖绘制。若需要特别表明零件的结构，如凹槽、键槽、销孔等，则可采用局部剖视图表示。以上三个规定画法在图 8-2 齿轮油泵装配图中都可找到。

8.2.2 部件的特殊表达方法

1. 沿零件的结合面剖切和拆卸画法

在装配图中，当某些零件遮住了需要表达的某些结构和装配关系时，可假想沿某些零件的结合面剖切，如图 8-2 左视图是沿零件 1 和零件 3 结合面的剖切。

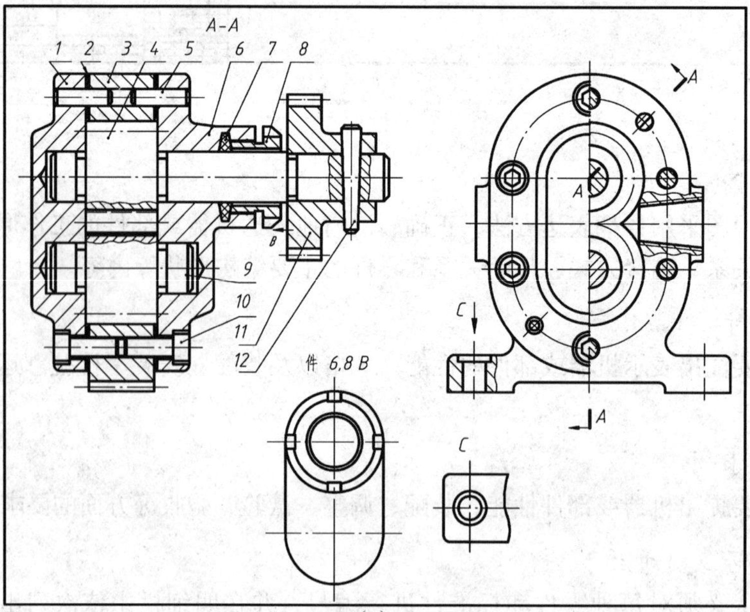

(a)

图 8-2　齿轮油泵装配图

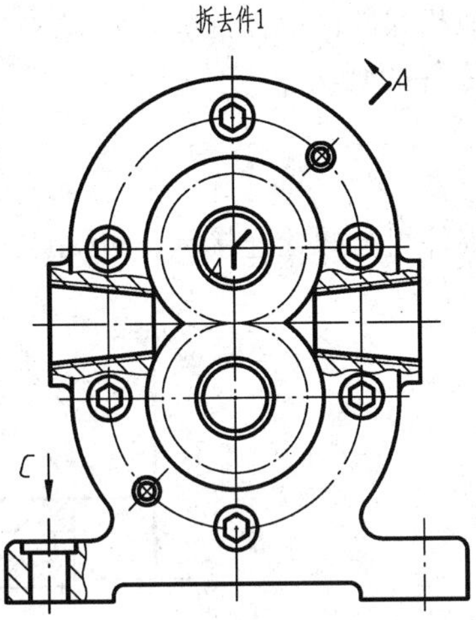

(b)

图 8-2 齿轮油泵装配图（续）

2. 拆卸画法

可假想将某些零件拆卸后绘制，需要说明是，应加注“拆去 × × 等”，如图 8-2（b）中齿轮油泵的左视图，是拆去了泵盖后绘制的。

3. 展开画法

为了表示传动机构的传动路线和零件间的装配关系，可假想按传动顺序沿轴线剖切，然后依次展开使剖切面摊平并与选定的投影面平行再画出它的剖视图。

4. 假想画法

（1）对于运动零件，当需要表明其运动极限位置时，可以在一个极限位置上画出该零件，而在另一个极限位置用双点画线来表示。如图 8-3 所示，浮动支承装配图中用双点画线绘制零件 1 支承销的最高位置。

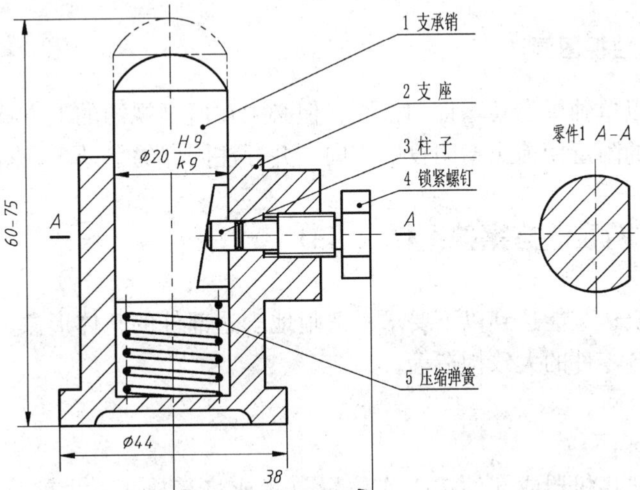

图 8-3 浮动支承装配图

（2）为了表明本部件与其他相邻部件或零件的装配关系，可用双点画线画出该件的轮廓线。如图 8-4 所示为辅助相邻零件的画法。

5. 简化画法

（1）装配图中若干相同的零件组与螺栓连接等，可仅详细地画出一组或几组，其余只需表示装配位置，如图 8-5 所示。

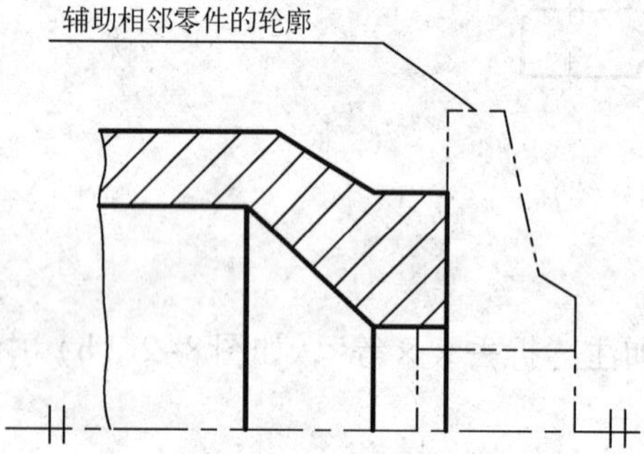

图 8-4　辅助相邻零件的画法

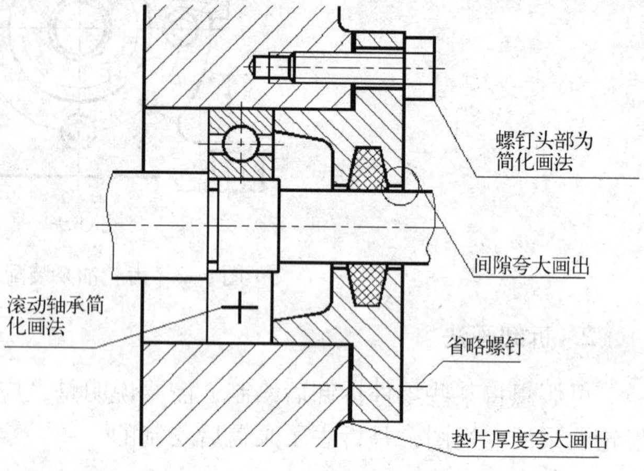

图 8-5　装配图的简化画法

（2）装配图中的滚动轴承允许采用简化画法，如图 8-5 所示。

（3）装配图中零件的工艺结构如圆角、倒角、退刀槽等允许不画出，如图 8-5 所示，省略了轴承盖、箱体孔的倒角等。

6. 夸大画法

在装配图中，如绘制直径或厚度小于 2mm 的孔或薄片以及较小的斜度和锥度，允许该部分不按比例而夸大画出，如图 8-5 所示。

7. 单独零件单独视图画法

在装配图中可以单独画出某零件的视图，但必须在所画视图的上方标注出该零件的视图名称，在相应视图的附近用箭头指明投射方向，并标注同样的字母，见图 8-1 和图 8-2。

8.2.3　装配图表达方案的选择

装配图的视图表达应能达到以下要求：清晰地表达部件的整体形象、工作原理、零件间的装配连接关系、各零件的大致构造等。

1. 主视图选择

（1）放置：一般将机器或部件按工作位置放置或将其放正，也就是使装配体的主要轴线、主要安装面等呈水平或铅垂位置。图 8-1、图 8-2 中齿轮油泵和浮动支承的主视图，就是按工作位置放置的。

（2）视图方案：选择最能反映机器或部件的整体形象、工作原理、传动路线、零件间装配关系及主要零件的主要结构的视图作为主视图，见图 8-1、8-2。

2. 其他视图选择

（1）考虑还有哪些装配关系、工作原理以及主要零件的主要结构还没有表达清楚，再选择若干视图及相应的表达方法。

（2）尽可能地考虑应用基本视图以及基本视图上的剖视图（包括拆卸画法、沿零件结合面剖切等）来表达有关内容。

（3）要考虑合理地布置视图位置，使图样清晰并有利于图幅的充分利用。

8.3　装配图上尺寸、技术要求的标注

8.3.1　尺寸标注

参看装配图中应标注以下几类尺寸。如图 8-6 所示为传动器装配图。

1. 性能（规格）尺寸

这类尺寸表明装配体的工作性能或规格大小，它是设计该部件的原始数据，如图 8-6 中传动器的中心高 100。

2. 装配关系尺寸

这类尺寸是表示装配体上相关联零件之间装配关系的尺寸，有以下几类。

（1）配合尺寸，即零件间有公差配合要求的尺寸，如图 8-6 中的 ϕ62K7、ϕ20H7/h6。

（2）主要轴线到基准面的定位尺寸，如图 8-6 中的中心轴线到基准面的距离 100。

（3）主要平行轴线间的距离。

3. 安装尺寸

部件安装在机器上或机器安装在地基上进行连接、固定所需的尺寸，如图 8-6 中的底板上的 128、80、4 × ϕ9。

4. 总体尺寸

装配图上要标注出装配体的总长、总宽、总高三个方向的尺寸。这类尺寸表明了机器（部件）所占空间的大小，作为包装、运输、安装、车间平面布置的依据，如图 8-6 中的 219、110。

5. 其他重要尺寸

在部件设计时，经过计算或某种需要而确定的比较重要的尺寸，但又不属于上述四类尺寸的尺寸。

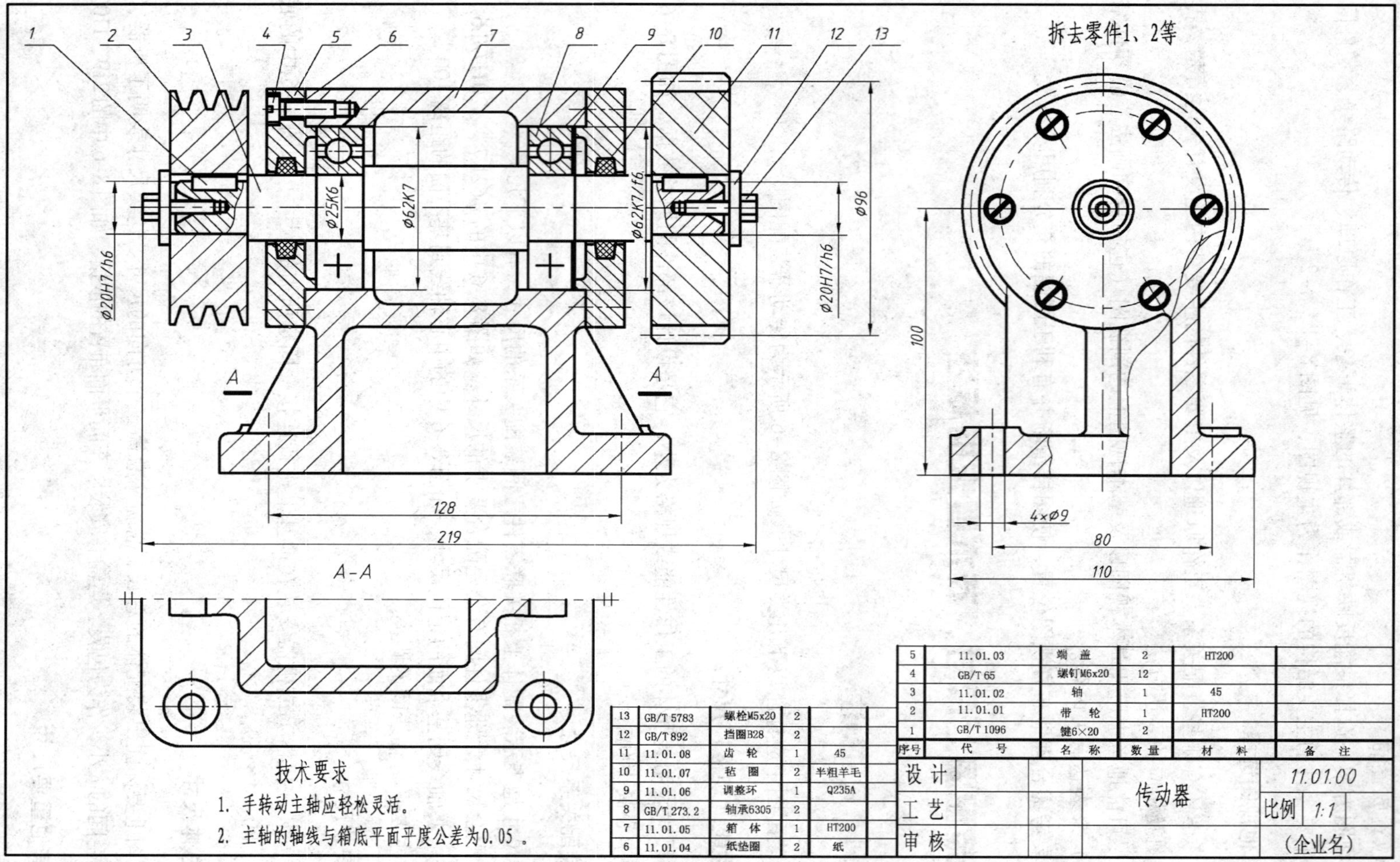

技术要求

1. 手转动主轴应轻松灵活。
2. 主轴的轴线与箱底平面平度公差为0.05 。

序号	代号	名称	数量	材料	备注
13	GB/T 5783	螺栓M5x20	2		
12	GB/T 892	挡圈B28	2		
11	11.01.08	齿轮	1	45	
10	11.01.07	毡圈	2	半粗羊毛	
9	11.01.06	调整环	1	Q235A	
8	GB/T 273.2	轴承6305	2		
7	11.01.05	箱体	1	HT200	
6	11.01.04	纸垫圈	2	纸	
5	11.01.03	端盖	2	HT200	
4	GB/T 65	螺钉M6x20	12		
3	11.01.02	轴	1	45	
2	11.01.01	带轮	1	HT200	
1	GB/T 1096	键6×20	2		

设计		传动器	11.01.00	
工艺			比例	1:1
审核			（企业名）	

图 8-6　传动器装配图

8.3.2　技术要求的注写

不同性能的机器（部件），其技术要求各不相同。主要考虑装配体的装配要求、检验、调试要求及使用要求。例如，“转动灵活，运转平稳，响声均匀”；以及齿轮侧隙要求、轴承寿命要求、润滑及密封要求、运转精度要求等。

8.4　装配图的零件编号及明细栏、标题栏

1. 装配图上的序号

为了便于看图和生产管理，对部件中的每种零件和组件应编排标注序号。同时，在标题栏上方编制相应的明细栏。

（1）装配图中所有的零、部件都必须编写序号，并与明细栏中的序号一致。

（2）每一种相同的零件或组件只编一个序号，并且一般只注写一次。

（3）序号应注写在视图外较明显的位置上，从所标注零件的轮廓内用细实线画出指引线，在指引线的起始处画圆点，另一端画出水平细实线或细实线圆，序号水平标注，序号的字号比该装配图中尺寸标注数字的字号大一号，见图8-1。

（4）指引线不能相交，不要与剖面线平行。必要时可画成一次折线。对一组紧固件或装配关系清楚的零件组，可采用公共指引线，如图8-7所示。

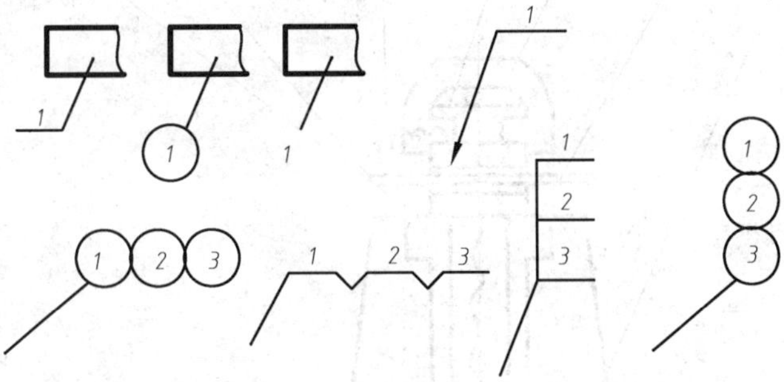

图8-7　序号的编写方法

（5）序号应顺序排列，可矩形、水平线、垂直线排列。

（6）标准部件（如油杯、滚动轴承、电动机等）只须编注一个序号。

2. 明细栏的编制

明细栏是由序号、代号、名称、数量、材料、质量、备注等内容组成的栏目。明细栏一般编注在标题栏的正上方。在图中填写明细栏时，按自下而上顺序进行。当位置不够时，可移至标题栏左边继续编制，也可另外用A4纸单独放置零件明细栏。明细栏的尺寸如图8-8所示。

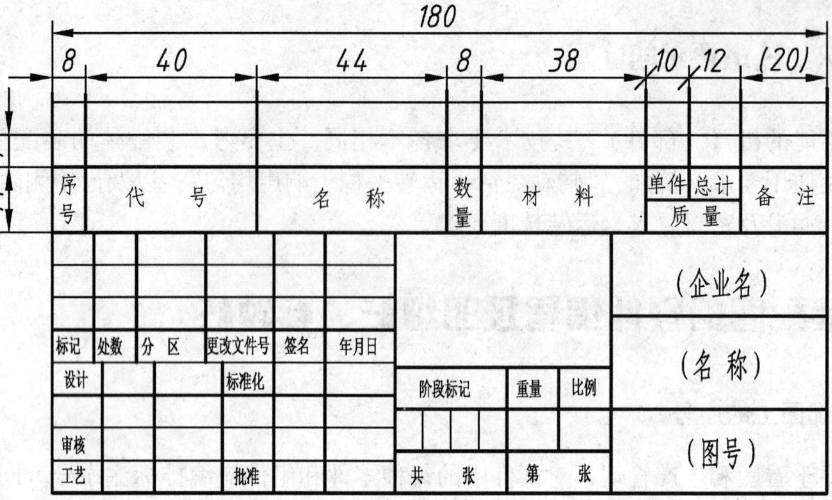

图 8-8 明细栏

8.5 绘制装配图

在绘制装配图前应有资料：装配示意图（图 8-9 为千斤顶装配示意图）、自制件零件图、标准件清单。绘制装配图时要将装配体设置为最小装配位置，以便于绘图，也便于设计包装盒。

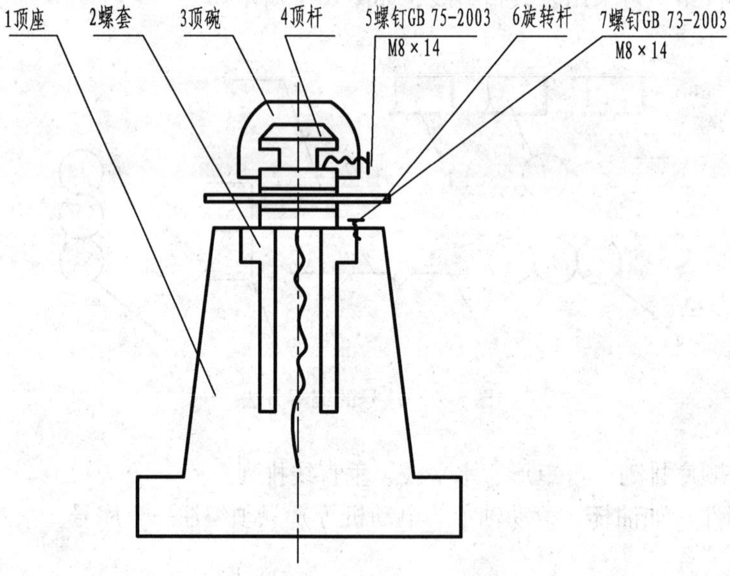

图 8-9 千斤顶装配示意图

8.5.1 绘制装配图的方法步骤

（1）分析装配体结构，确定表达方案。

（2）确定比例、图幅。比例应根据部件的大小、复杂程度及所确定的表达方案来决定，应尽量使用原值比例1:1。

（3）绘制装配图底稿。

① 布图。画基准线，即各视图的主要轴线、底面、端面轮廓线等，合理布置视图位置，要考虑留出足够的空间标注尺寸和零件序号，还应留出明细栏和技术要求的位置。

② 画基础件主轮廓。用细实线勾勒基础件的简单轮廓，这也是建立绘制装配图的思维空间。

③ 绘制核心零件。首先根据装配示意图、零件图确定核心零件与基础件的相对位置，在图上绘制出核心零件的基准线，然后绘制核心零件。

④ 按照装配关系由内向外依次绘制其他零件。从各装配线入手，先画主要零件，依次画出其他零件，主视图和其他视图结合起来同时绘制，注意保持各视图的方位关系、等量关系。

（4）检查、加深图线，绘制剖面线。

（5）标注尺寸、标注技术要求、编制零件序号，填写明细栏和标题栏。

8.5.2 绘制千斤顶装配图

1. 选择千斤顶装配图的表达方案

（1）放置。按工作位置放置，千斤顶的工作位置也是其自然安放位置，并使顶杆调到最低位置。

（2）视图方案。因为底座外形简单，为清晰地反映千斤顶的整体形象、工作原理、装配线、零件间装配关系及零件的主要结构，主视图选择全剖视图，并且在顶杆与旋转杆装配处作局部剖。另外，旋转杆较长、形状简单，做简化处理，采用折断画法；考虑到顶杆的螺纹为非标准螺纹，所以绘制局部放大图，比例为2:1，反映其牙型结构。

2. 绘制千斤顶装配图

已有资料：千斤装配示意图、标准件规格和代号、零件图（底座见图7–3，顶杆零件图见图7–46，顶碗、螺母、旋转杆零件图如图8–10所示）。

3. 绘制底稿

（1）计算出装配最小位置时的高度尺寸227，采用原值比例1:1，并选用A3图幅。布图，绘制视图基准线，底座底面轮廓线、整体轴线。

（2）用细实线勾勒底座的简单轮廓，如图8–11所示。

（3）核心零件顶杆在图中定位，将顶杆大外圆台阶面靠住底座顶线，然后绘制顶杆的图形，如图8–12所示。

（4）按照装配关系由内向外依次绘制其他零件，如旋转杆6、顶碗3、螺钉5、螺母、螺钉7的主视图以及绘制局部放大图，如图8–13、图8–14所示。

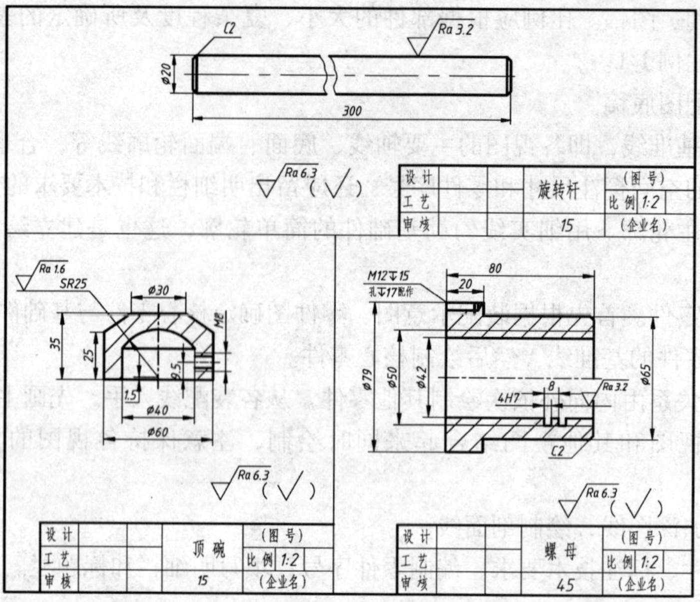

图 8-10　顶碗、螺母、旋转杆零件图

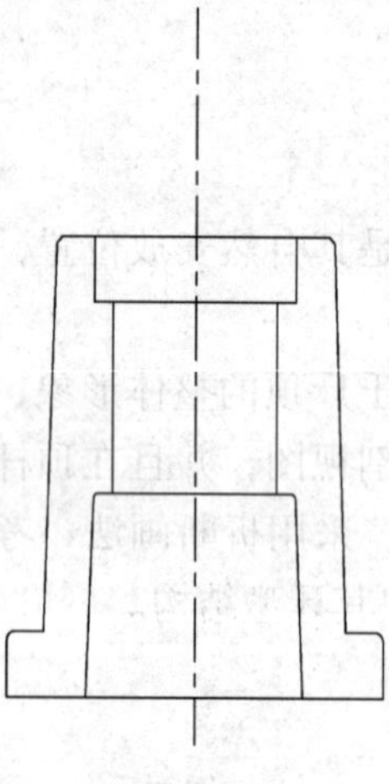

图 8-11　勾勒千斤顶底座的简单轮廓

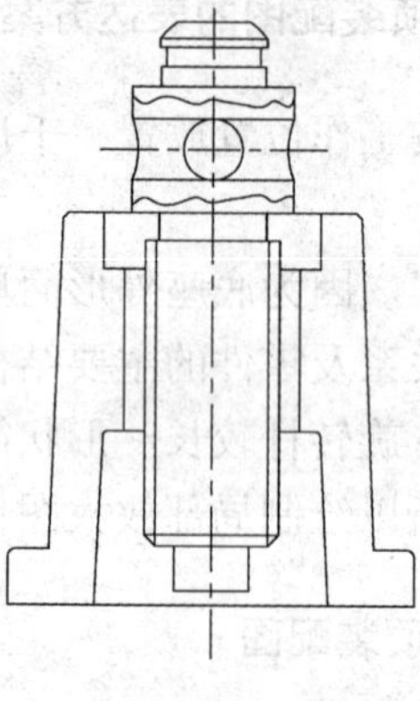

图 8-12　添加千斤顶的顶杆

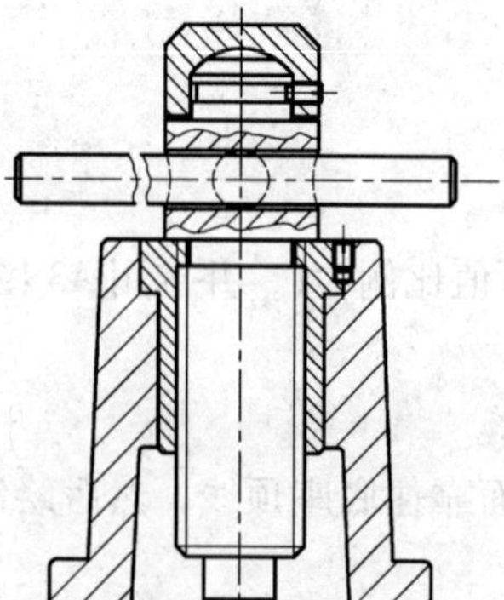

图 8-13　添加千斤顶的旋转杆、螺钉、端盖

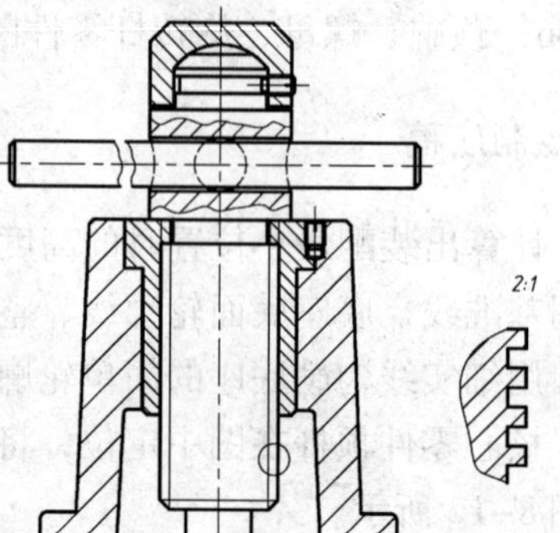

图 8-14　螺杆牙型的局部放大

4. 检查、加深图线，绘制剖面线

检查、加深，绘制剖面线，完成一组视图。

5. 标注尺寸、技术要求，编制序号，填写标题栏和明细栏

（1）标注尺寸。

规格尺寸——227 ～ 260（顶高范围）、ϕ64（工作面大小）；

装配尺寸——局部放大图上的螺纹尺寸；

其他重要尺寸——300（旋转杆长度）。

（2）技术要求。标注尺寸公差 4H7/h7，标注起重螺杆的垂直度要求。

（3）序号、明细栏、标题栏。因为装配线为垂直走向，故图中序号排列采用垂直方向排列，按明细栏要求填写各栏目。绘制完整的千斤顶装配图见图 8-1。

8.6 了解装配工艺结构

为使零件理想装配，并拆卸方便，应在零件设计时根据零件在部件中的装配连接关系考虑装配工艺结构。

1. 面与面之间的接触性能

（1）应能保证轴肩面与孔端面接触良好。为避免如图 8-15（a）所示装不到位的缺陷，可采用孔口倒角、轴肩根部开槽等结构保证轴肩面与孔端面接触良好，如图 8-15（b）和（c）所示。

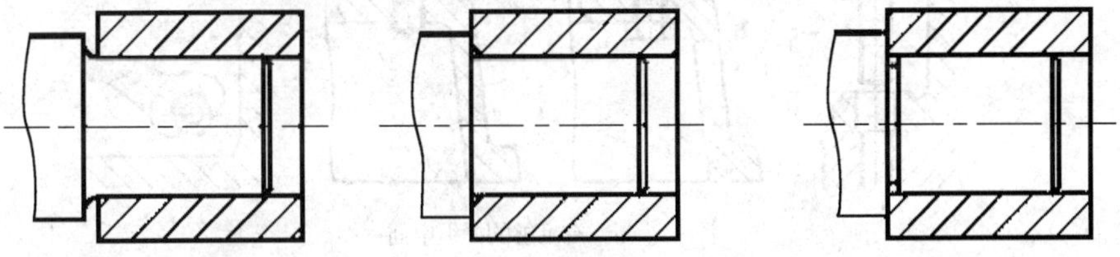

（a）不合理结构　（b）孔口倒角　（c）轴肩根部开槽

图 8-15　轴肩面与孔端面接触结构

（2）相邻两个零件在同一方向上只有一组接触面。为保证在某一方向有可靠定位面，相邻两个零件在某一方向上只能有一个接触面，如图 8-16 所示，图（a）为径向接触面，图（b）为轴向接触面，图（c）为不合理结构。

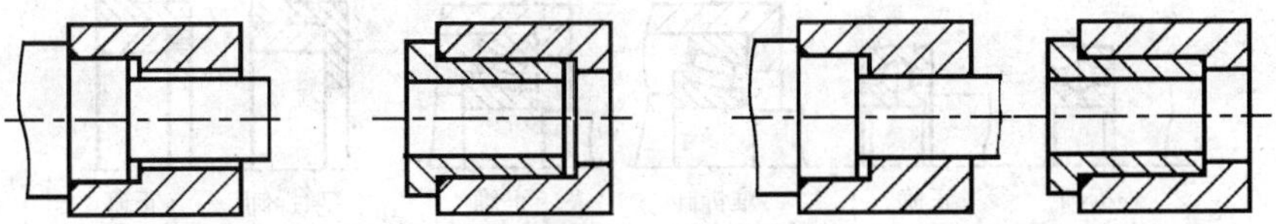

（a）径向接触面　（b）轴向接触面　（c）不合理结构

图 8-16　轴肩面与孔端面接触结构

（3）在螺纹紧固件连接中被连接件表面应该为加工面。为保证螺纹连接时被连接零件与螺纹连接件接触良好，被连接零件的表面应该经机械加工，可使接触面制成凸台或沉孔、锪平结构，如图 8-17 所示。

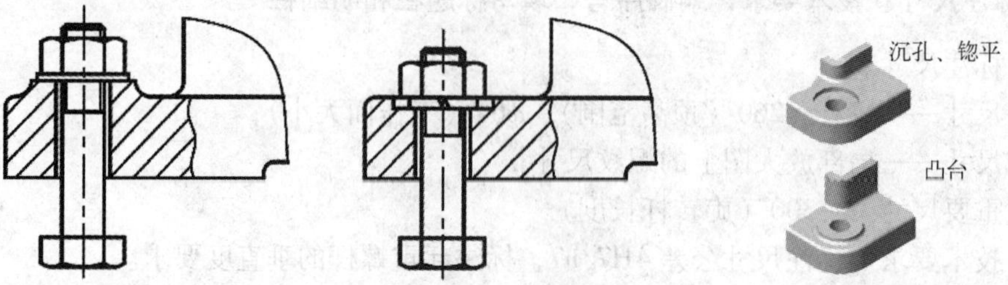

（a）凸台接触面　（b）沉孔、锪平接触面　（c）凸台、沉孔、锪平结构立体面

图 8-17　轴肩面与孔端面接触结构

2. 应保证有足够的装配、拆卸操作空间

为了使零件拆装方便，应留出足够的操作空间，如图 8-18 所示。图 8-18（a）是螺纹连接结构的拆装空间示意，图 8-18（b）所示显然无法操作；图 8-18（c）所示为滚动轴承装配结构，它们的左图所示只可装上很难拆卸，右图所示就能可靠地装拆；图 8-18（d）所示为衬套的装配、拆卸空间分析，左图所示结构不易拆卸，右图所示在外侧零件上开螺纹孔，拆卸时可用螺钉把衬套顶出来。

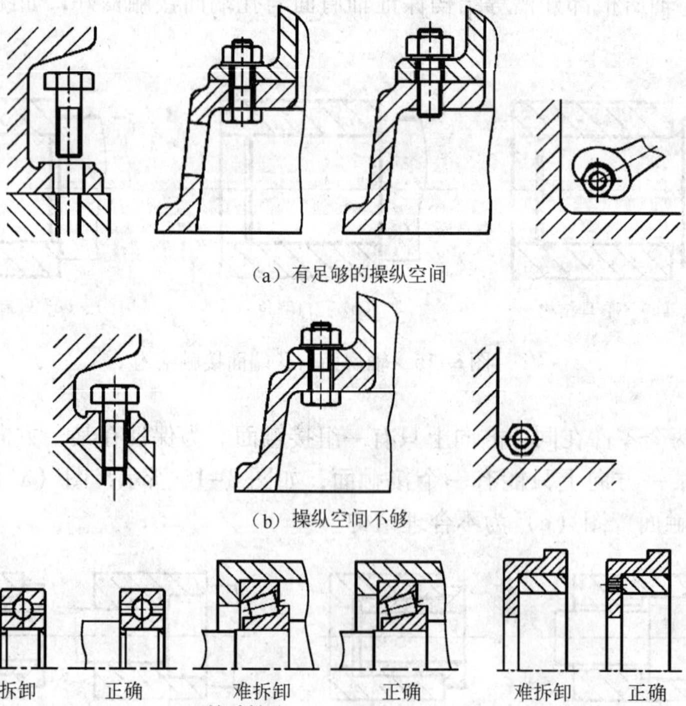

（a）有足够的操纵空间

（b）操纵空间不够

（c）滚动轴承　（d）衬套

图 8-18　装配操纵空间

8.7 读装配图

8.7.1 阅读装配图的要求

(1) 了解装配体的名称、用途、性能、规格、工作原理和结构特点。
(2) 明确各零件之间的相互位置、装配关系及连接方式。
(3) 明确各零件的结构形状和作用。
(4) 明确装配体的重要尺寸（工作范围、配合尺寸、安装尺寸等）。

8.7.2 读装配图的方法和步骤

1. 概括了解

浏览全图，知其概貌，结合标题栏和明细栏中内容了解部件名称、规格，各零件的名称、材料和数量；按图上的编号了解各零件的大体装配情况。

2. 分析表达方案，细读各视图

在一组视图中判别出主视图，即表达装配体整体形象的视图，分析出其他视图的对应关系，如剖切位置、投射方向，绘制方式等。再以主视图为中心，结合其他视图，对照明细栏和图上编号，逐一了解图样表达的各部分内容。

3. 归纳总结，想象整体形状

经过分析，在看懂各零件的形状后，对整个装配体还不能形成完整的概念，必须把看懂了的各个零件的作用和结构，按其在装配体中的位置及给定的装配连接关系，加以综合、想象，从而获得一个完整的装配体形象。

8.7.3 读机用虎钳装配图

机用虎钳装配图如图 8-19 所示。

1. 概括了解

阅读图 8-19 中的内容，浏览全图，知其概貌：该装配体的大致结构为长方块，规格为 0 ～ 70；读标题栏和明细栏了解部件名称为“机用虎钳”，共有 11 种零件，其中标准件 2 种，自制零件 9 种。可结合装配图上的序号及明细栏了解各零件的名称、材料和数量，以及装配体上各零件的大体装配情况。

2. 分析表达方案，细读各视图

(1) 分析表达方案：这一组视图由六个视图组成，主、俯、左三个基本视图关系清晰，

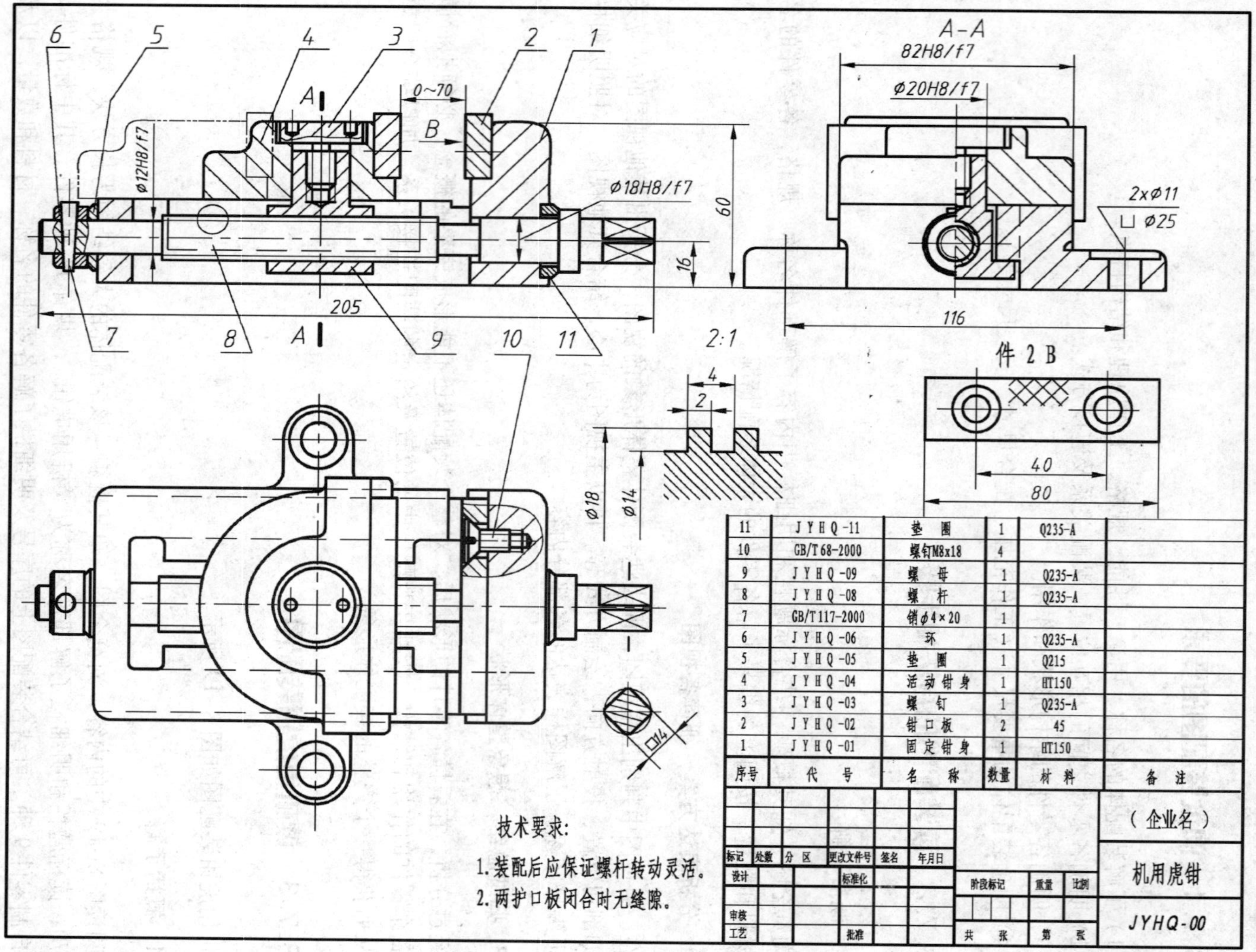

序号	代 号	名 称	数量	材 料	备 注
11	JYHQ-11	垫 圈	1	Q235-A	
10	GB/T 68-2000	螺钉M8x18	4		
9	JYHQ-09	螺 母	1	Q235-A	
8	JYHQ-08	螺 杆	1	Q235-A	
7	GB/T 117-2000	销 ϕ4×20	1		
6	JYHQ-06	环	1	Q235-A	
5	JYHQ-05	垫 圈	1	Q215	
4	JYHQ-04	活动钳身	1	HT150	
3	JYHQ-03	螺 钉	1	Q235-A	
2	JYHQ-02	钳口板	2	45	
1	JYHQ-01	固定钳身	1	HT150	

技术要求:

1.装配后应保证螺杆转动灵活。

2.两护口板闭合时无缝隙。

图 8-19　机用虎钳装配图

主视图为全剖视图，并带有局部剖、假想画法；俯视图为局部剖视图；左视图为半剖视图；另外有局部放大图、断面图、单独零件图。

(2) 细读各视图，分析工作原理、装配关系与零件的主要结构形状。

主视图——表达了机用虎钳的整体形象、工作范围，也表达了装配体的主装配线。

工作原理分析：我们能从图中读出固定钳身 1 可安装在机床的工作台上，起机座作用，用扳手转动螺杆 8，能带动螺母 9 做左右移动。因为螺旋线有两种运动：转动和轴向移动，螺杆被轴向固定所以只能转动，轴向移动传递给了螺母，螺母带着螺钉 3（自制螺钉）、活动钳身 4、钳口板 2 做左右移动起夹紧或松开工件的作用，这就是该装配体的工作原理。

在分析工作原理的同时也读出了相关零件的装配关系、部分结构。

俯视图——进一步表达了装配体的整体形象，以及各零件的形状特征，局部剖视图表示了螺钉 10 把钳口板 2 固定并连接在固定钳身 1 上，按逻辑分析，钳口板 2 与活动钳身 4 的连接方式与之相同。

左视图——进一步表达整体形象、零件形状特征、装配连接关系，这里能清晰地看出固定钳身与活动钳身的配合关系。

局部放大图——表达了螺杆及螺母的牙型。

断面图——表达了螺杆操纵结构“方身”的形状特征及规格。

单独画法——表达了钳口板 2 上的特殊结构为网状槽结构，作用是增大摩擦力，使工件夹紧可靠。

(3) 尺寸分析如下。

规格尺寸：0 ～ 70。

装配尺寸：中心高 16、ϕ12H8/f7、ϕ18H8/f7、ϕ20H8/f7、80H8/f7。

安装尺寸：116、2 × ϕ11/锪平 ϕ25。

总体尺寸：60、205、116。

其他重要尺寸：螺杆、螺母牙型尺寸 ϕ14、ϕ18、2、4；螺杆方身尺寸 14 × 14；钳口板 2 主要尺寸包括螺钉中心距 40，长 80。

3. 总结归纳

总结归纳是对读图过程进行简明连贯的叙述，想象整体形象、部件工作的动作过程。如图 8-20 所示为机用虎钳的三维实体模型。

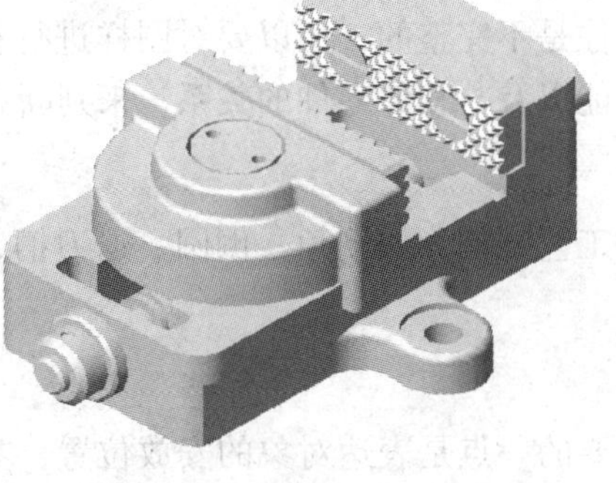

图 8-20 机用虎钳的三维实体模型

8.7.4 由装配图拆画零件图

拆画零件图是设计工作中的一个重要环节，对于初学者其难点在于从整体中分解出零件的技能建立过程，要多加实践才能掌握方法与步骤，并找出窍门，逐步学会拆图技巧。

1. 拆画零件图的要求

经过阅读装配图，对装配体设计有了深刻理解后，才能绘制出充分体现装配图设计意图的零件图，拆画的图样应包含零件图的完整内容，即视图、尺寸、技术要求、标题栏。

画图时，要从设计上考虑零件的作用和要求，从工艺上考虑零件的制造和装配，使拆画出的零件图既符合原装配图的设计要求，又符合生产要求。

2. 拆画零件图的方法和步骤

1）从装配图中分离出零件

装配图中对零件的表达主要是它们之间的装配关系，而且零件之间的视图重叠，首先要从装配图中把拆画对象分离出来。在装配图的一组视图中把拆画对象有关的投影找出来。如图 8-21 所示为在机用虎钳装配图中分离出的螺母零件图。

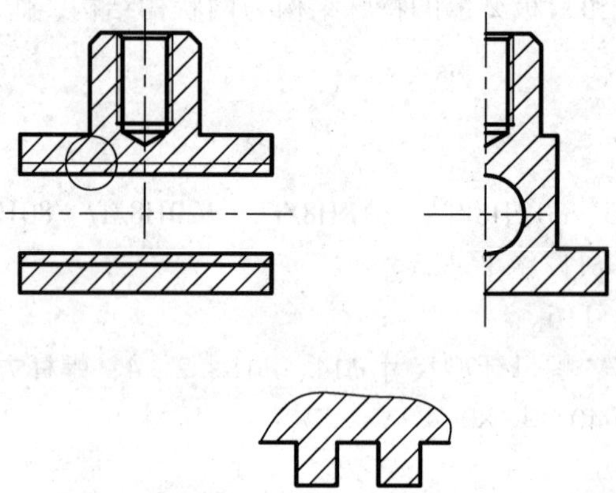

图 8-21　在装配图中分离出的螺母图

2）构思零件的完整结构

因为绘制装配图时只须表达零件的大致或主要结构，又因往往出现零件之间的投影重叠，使得分离出的图形也往往是不完整的，所以要对图样进行补充完善，这就是零件的继续设计。这时可依据零件的功能以及与相邻零件的关系，来判断和构思出零件的完整结构。

3）补全工艺结构

在装配图上，常常省略工艺结构，如倒角、倒圆、退刀槽、砂轮越程槽等，在拆画零件图时要补全这些结构。

4）重新选择表达方案

零件图视图表达的最重要的一点是表达对象的安放位置，零件在装配图中的位置是在绘制装配图时从装配图的表达角度考虑而决定的，不一定符合零件图的表达特点。在以前学习零件图的有关项目中，我们知道绘制零件图时零件安放的原则依次是：加工位置、工作位置、自然安放位置、主要几何要素水平或垂直放置，在拆画零件图时依然遵循这些原则考虑零件安放以及投影方向的选择。如图 8-22 所示为装配图 8-19 中的螺母 9 的零件图，其加工位置有几个，且无相对主要加工工序，所以选择工作位置。

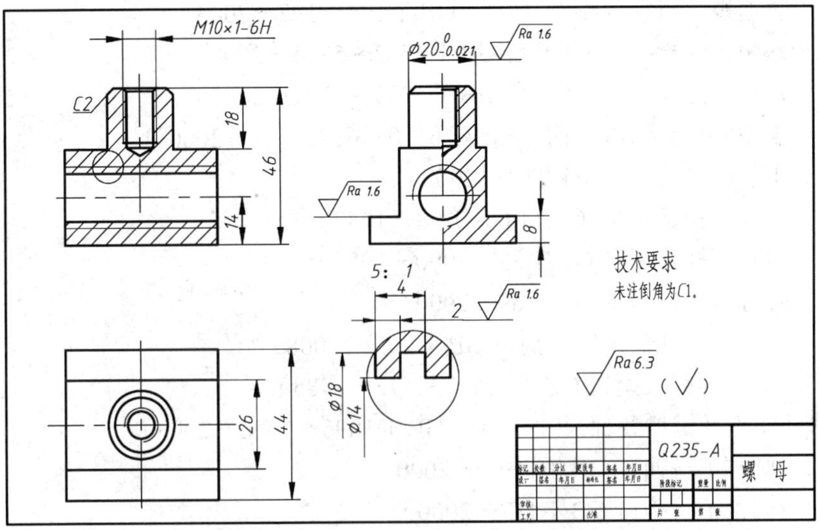

图 8-22　螺母 9 的零件图

5）标注尺寸

首先是抄注，凡是装配图上已标注出的尺寸，都是设计时确定的尺寸，必须直接标注到零件图上，即抄注。对于标准结构或工艺结构，应查找有关标准核对后再进行标注。而对于在装配图中未标注出的尺寸，可从装配图中直接量取，再按绘图比例折算并经圆整后标注。

注意： 对有装配关系的尺寸，在零件图上标注相关的尺寸时，要注意相互对应，不可出现矛盾。

6）零件图上技术要求的确定

装配图上标注出尺寸公差应直接抄注在零件图上，其他表面可根据零件在装配体中的作用，参考有关资料或按同类产品类比确定。表面粗糙度、几何公差，技术要求应根据零件在装配图中的作用，参考有关资料或按同类产品类比而确定。

知识梳理与总结

本单元中学习了装配图的相关知识，以千斤顶部件为主要案例，学习了装配图的规定画法、特殊画法，绘制装配体时视图方案的选择；在装配图上应标注性能规格尺寸、装配尺寸、安装尺寸、总体尺寸，以及其他比较重要的尺寸；在装配图上根据装配、调试、使用、保养等要求来标注相应的技术要求；对装配体中的零件应编号，并填注零件明细栏和标题栏。

通过阅读机用虎钳装配图，拆画零件图，掌握了读装配图的要求、方法和步骤，由装配图拆画零件图的要求、方法和步骤。

附录A 常用的《机械制图》国家标准

本附录收集了在日常工作和学习中经常用到的《机械制图》中的部分内容，主要包括以下表格：

表 A-1 普通螺纹直径与螺距（摘自 GB/T 196～197—2003）
表 A-2 六角头螺栓（一）（摘自 GB/T 5782～5785—2000）
表 A-3 六角头螺栓（二）（摘自 GB/T 5780～5781—2000）
表 A-4 Ⅰ型六角头螺母（摘自 GB/T 6170～6171、41—2000）
表 A-5 平垫圈（摘自 GB/T 97.1—2002）
表 A-6 标准型弹簧垫圈（摘自 GB/T 93—1987）
表 A-7 双头螺柱（摘自 GB/T 897～900—1988）
表 A-8 螺钉（摘自 GB/T 65～69—2000）
表 A-9 内六角圆柱头螺钉（摘自 GB/T 70.1—2008）
表 A-10 紧定螺钉（摘自 GB/T 71、73、75—1985）
表 A-11 平键及键槽各部尺寸（摘自 GB/T 1095～1096—2003）
表 A-12 圆柱销（摘自 GB/T 119.1—2000）
表 A-13 圆锥销（摘自 GB/T 117—2000）
表 A-14 滚动轴承（摘自 GB/T 276、297—1994、GB/T 301—1995）
表 A-15 标准公差（摘自 GB/T 1800.2—2009）
表 A-16 优先配合中轴的极限偏差（摘自 GB/T 1800.3—1998）（μm）
表 A-17 优先配合中孔的极限偏差（摘自 GB/T 1800.3—1998）（μm）
表 A-18 倒圆和倒角（摘自 GB/T 6403.4—2008）
表 A-19 回转面及端面砂轮越程槽（摘自 GB/T 6403.5—2008）
表 A-20 普通螺纹收尾、肩距、退刀槽和倒角（摘自 GB/T 3—1997）
表 A-21 紧固件通孔（摘自 GB/T 5277—1985）及沉头座尺寸（摘自 GB/T 152.2－1988）
表 A-22 滚花（摘自 GB/T 6403.3—2008）
表 A-23 常用金属材料
表 A-24 常用非金属材料
表 A-25 材料常用热处理和表面处理名词解释

表A-1　普通螺纹直径与螺距（摘自GB/T 196～197—2003）　　(mm)

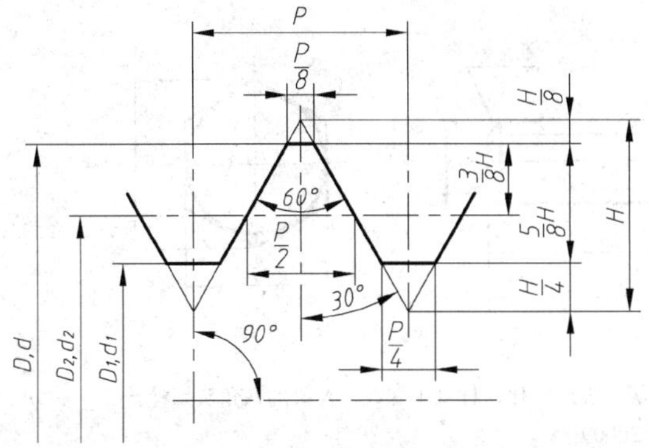

D—内螺纹基本大径（公称直径）；
d—外螺纹基本大径（公称直径）；
D_2—内螺纹基本中径；
d_2—外螺纹基本中径；
D_1—内螺纹基本小径；
d_1—外螺纹基本小径；
P—螺距；
H—原始三角形高度

公称直径 D，d		螺距 P		粗牙中径 D_2，d_2	粗牙小径 D_1，d_1
第一系列	第二系列	粗牙	细　牙		
3		0.5	0.35	2.675	2.459
	3.5	（0.6）		3.110	2.850
4		0.7	0.5	3.545	3.242
	4.5	（0.75）		4.013	3.688
5		0.8		4.480	4.134
6		1	0.75，（0.5）	5.350	4.917
8		1.25	1，0.75，（0.5）	7.188	6.647
10		1.5	1.25，1，0.75，（0.5）	9.026	8.376
12		1.75	1.5，1.25，1，（0.75），（0.5）	10.863	10.106
	14	2	1.5，（1.25），1，（0.75），（0.5）	12.701	11.835
16		2	1.5，1，（0.75），（0.5）	14.701	13.835
	18	2.5	2，1.5，1，（0.75），（0.5）	16.376	15.294
20		2.5		18.376	17.294
	22	2.5	2，1.5，1，（0.75），（0.5）	20.376	19.294
24		3	2，1.5，1，（0.75）	22.051	20.752
	27	3	2，1.5，1，（0.75）	25.051	23.752
30		3.5	（3），2，1.5，1，（0.75）	27.727	26.211
	33	3.5	（3），2，1.5，（1），（0.75）	30.727	29.211
36		4	3，2，1.5，（1）	33.402	31.670
	39	4		36.402	34.670
42		4.5	（4），3，2，1.5，（1）	39.077	37.129
	45	4.5		42.077	40.129
48		5		44.752	42.587
	52	5	（4），3，2，1.5，（1）	48.752	46.587
56		5.5	4，3，2，1.5，（1）	52.428	50.046
	60	（5.5）		56.428	54.046
64		6		60.103	57.505
	68	6		64.103	61.505

注：1. 公称直径优先选用第一系列，第三系列未列入。括号内的螺距尽可能不用。

2. M14×1.25仅用于火花塞。

表 A-2　六角头螺栓（一）（摘自 GB/T 5782～5786—2000）　　　　（mm）

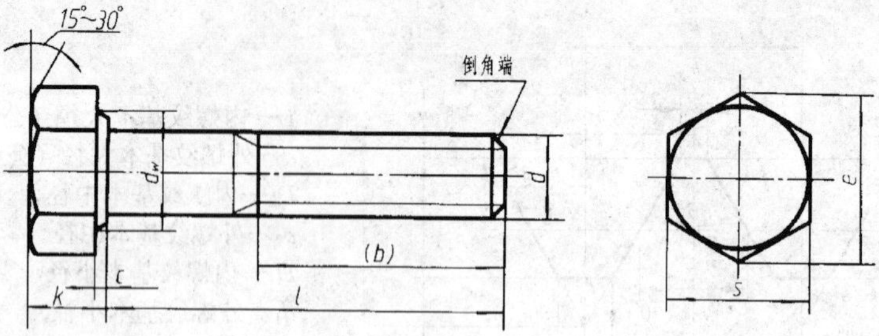

标记示例：螺栓　GB/T 5782　M12×100

螺纹规格 d=M12、公称长度 l=100、性能等级为 8.8 级、表面氧化、杆身半螺纹、A 级的六角头螺栓。

六角头螺栓—全螺纹—A 和 B 级（摘自 GB/T 5783—2000）

六角头螺栓—细牙—全螺纹—A 和 B 级（摘自 GB/T 5786—2000）

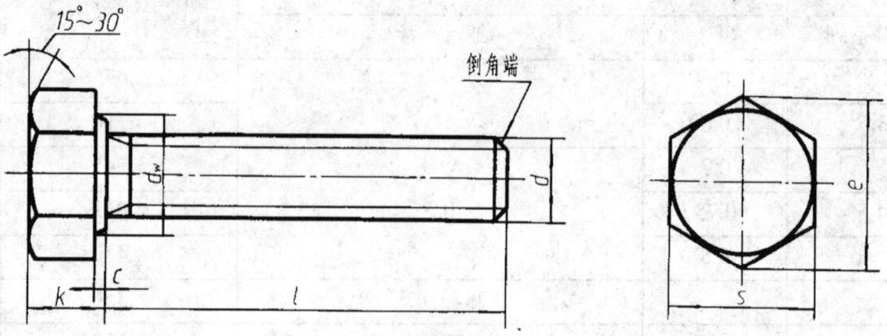

标记示例：螺栓　GB/T 5786　M30×2×80

螺纹规格 d=M30×2、公称长度 l=80、性能等级为 8.8 级、表面氧化、全螺纹、B 级的细牙六角头螺栓。

螺纹规格	d	M4	M5	M6	M8	M10	M12	M16	M20	M24	M30	M36	M42	M48
	$D×P$	—	—	—	M8×1	M10×1	M12×15	M16×15	M20×2	M24×2	M30×2	M36×3	M42×3	M48×3
$b_{参考}$	l≤125	14	16	18	22	26	30	38	46	54	66	78	—	—
	125<l≤200	—	—	—	28	32	36	44	52	60	72	84	96	108
	l>200	—	—	—	—	—	—	57	65	73	85	97	109	121
c_{max}		0.4	0.5		0.6			0.8					1	
$k_{公称}$		2.8	3.5	4	5.3	6.4	7.5	10	12.5	15	18.7	22.5	26	30
$d_{s\,max}$		4	5	6	8	10	12	16	20	24	30	36	42	48
s_{max}=公称		7	8	10	13	16	18	24	30	36	48	55	65	75
e_{min}	A	7.66	8.79	11.05	14.38	17.77	20.03	26.75	33.53	39.98	—	—	—	—
	B	—	8.63	10.89	14.2	17.59	19.85	26.17	32.95	39.55	50.85	60.79	72.02	82.6
$d_{w\,min}$	A	5.9	6.9	8.9	11.6	14.6	16.6	22.5	28.2	33.6	—	—	—	—
	B	—	6.7	8.7	11.4	14.4	16.4	22	27.7	33.2	42.7	51.1	60.6	69.4
$l_{范围}$	GB 5782	25～40	25～50	30～60	35～80	40～100	45～120	55～160	65～200	80～240	90～300	100～360	130～400	140～400
	GB 5785											110～300		
	GB 5783	8～40	10～50	12～60	16～80	20～100	25～100	35～100	40～100				80～500	100～500
	GB 5786	—	—	—			25～120	35～160	40～200				90～400	100～500
$l_{系列}$	GB 5782 GB 5785	20～65（5 进位）、70～160（10 进位）、180～400（20 进位）												
	GB 5783 GB 5786	6、8、10、12、16、18、20～65（5 进位）、70～160（10 进位）、180～500（20 进位）												

注：1．P——螺距。末端按 GB/T 2—2000 规定。2．螺纹公差：6g；机械性能等级：8.8。

3．产品等级：A 级用于 d≤24mm 和 l≤10d 或 d≤150mm（按较小值）；B 级用于 d>24mm 和 l>10d 或 d>150mm（按较小值）。

表 A-3 六角头螺栓（二）（摘自 GB/T 5780～5781—2000） （mm）

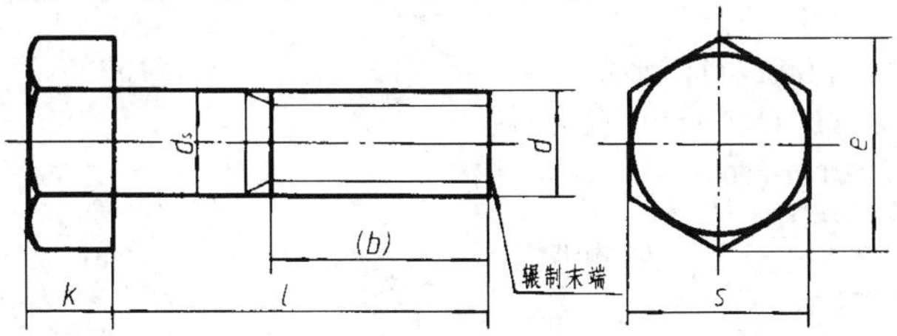

标记示例：螺栓 GB/T 5780 M20×100

螺纹规格 d=M20，公称长度 l=100、性能等级为 4.8 级，不经表面处理、杆身半螺纹、C 级的六角头螺栓。

六角头螺栓—全螺纹—C 级（摘自 GB/T 5781—2000）

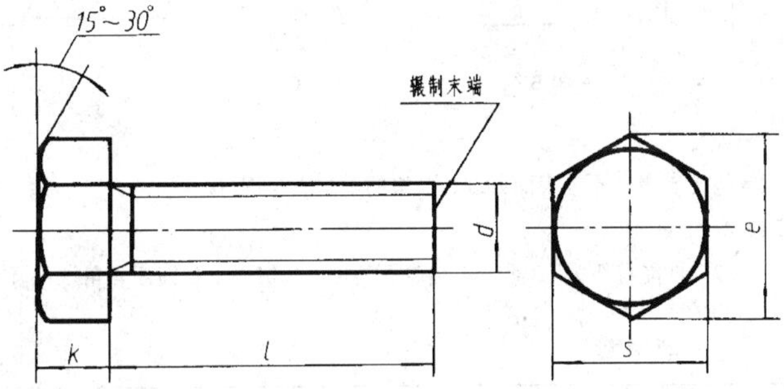

标记示例：螺栓 GB/T 5781 M12×80

螺纹规格 d=M12，公称长度 l=80、性能等级为 4.8 级，不经表面处理、全螺纹、C 级的六角头螺栓。

螺纹规格 d		M5	M6	M8	M10	M12	M16	M20	M24	M30	M36	M42	M48
$b_{参考}$	l≤125	16	18	22	26	30	38	40	54	66	78	—	—
	125<l≤1200	—	—	28	32	36	44	52	60	72	84	96	108
	l>1200	—	—	—	—	—	57	65	73	85	97	109	121
$k_{公称}$		3.5	4.0	5.3	6.4	7.5	10	12.5	15	18.7	22.5	26	30
s_{max}		8	10	13	16	18	24	30	36	46	55	65	75
e_{max}		8.63	10.9	14.2	17.6	19.9	26.2	33.0	39.6	50.9	60.8	72.0	82.6
d_{smax}		5.48	6.48	8.58	10.6	12.7	16.7	20.8	24.8	30.8	37.0	45.0	49.0
$l_{范围}$	GB/T 5780—2000	25～50	30～60	35～80	40～100	45～120	55～160	65～200	80～240	90～300	110～300	160～420	180～480
	GB/T 5781—2000	10～40	12～50	16～65	20～80	25～100	35～100	40～100	50～100	60～100	70～100	80～420	90～480
$l_{系列}$		10、12、16、20～50（5 进位）、（55）、60、（65）、70～160（10 进位）、180、220～500（20 进位）											

注：1. 括号内的规格尽可能不用。末端按 GB/T 2—2000 规定。

2. 螺纹公差：8g（GB/T 5780—2000）；6g（GB/T 5781—2000）；机械性能等级：4.6、4.8；产品等级：C。

表 A-4　I 型六角头螺母（摘自 GB/T6170～6171、41—2000）　（mm）

I 型六角螺母—A 和 B 级（摘自 GB/T 6170—2000）

I 型六角头螺母—细牙—A 和 B 级（摘自 GB/T 6171—2000）

I 型六角螺母—C 级（摘自 GB/T 41—2000）

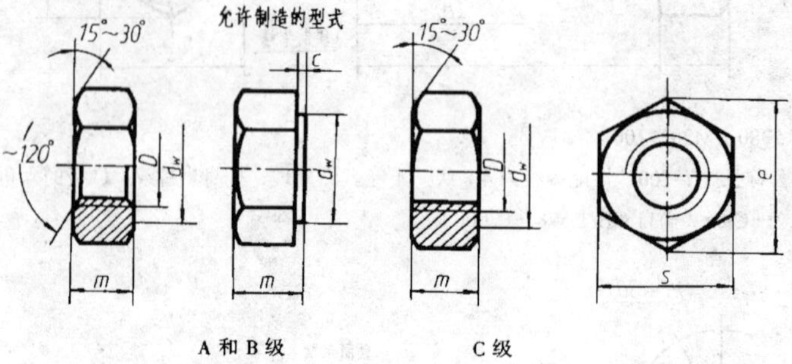

标记示例：螺母　GB/T 41　M12

螺纹规格 D=M12、性能等级为 5 级、不经表面处理、C 级的 I 型六角螺母。

螺母　GB/T 6171　M24×2

螺母规格 D=M24、螺距 P=2、性能等级为 10 级、不经表面处理、B 级的 I 型细牙六角螺母。

螺纹规格														
螺纹规格	D	M4	M5	M6	M8	M10	M12	M16	M20	M24	M30	M36	M42	M48
	$D\times P$	—	—	—	M8×1	M10×1	M12×1.5	M16×1.5	M20×2	M24×2	M30×2	M36×3	M42×3	M48×3
C		0.4	0.5		0.6			0.8				1		
S_{max}		7	8	10	13	16	18	24	30	36	46	55	65	75
e_{min}	A、B 级	7.66	8.79	11.05	14.38	17.77	20.03	26.75	32.95	39.95	50.85	60.79	72.02	82.6
	C 级	—	8.63	10.89	14.2	17.59	19.85	26.17						
m_{max}	A、B 级	3.2	4.7	5.2	6.8	8.4	10.8	14.8	18	21.5	25.6	31	34	38
	C 级	—	5.6	6.1	7.9	9.5	12.2	15.9	18.7	22.3	26.4	31.5	34.9	38.9
$d_{w\,min}$	A、B 级	5.9	6.9	8.9	11.6	14.6	16.6	22.5	27.7	33.2	42.7	51.1	60.6	69.4
	C 级	—	6.9	8.7	11.5	14.5	16.5	22						

注：1．P——螺距。2．A 级用于 $D\leqslant16$ 的螺母；B 级用于 $D>16$ 的螺母；C 级用于 $D\geqslant5$ 的螺母。

3．螺纹公差：A、B 级为 6H，C 级为 7H；机械性能等级：A、B 级为 6、8、10 级，C 级为 4、5 级。

表A-5 平垫圈（摘自GB/T97.1—2002） （mm）

平垫圈—A级（GB/T 97.1—2002） 平垫圈 倒角型—A级（GB/T 92.2—2002）

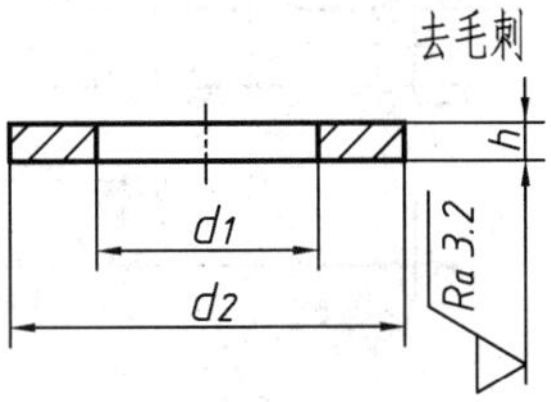

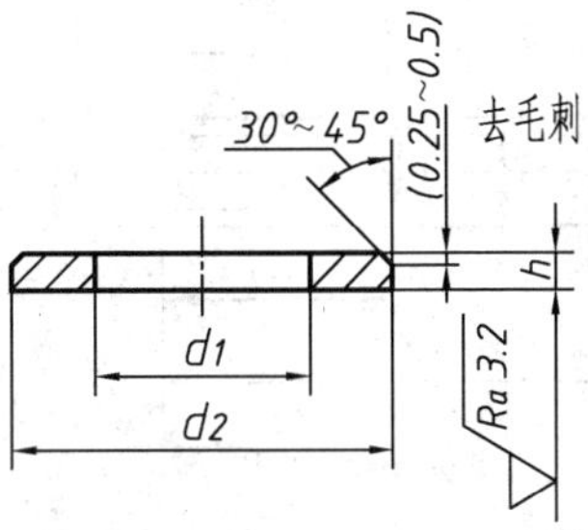

标记示例：垫圈 GB/T97.1 8 140HV

标准系列、公称尺寸 d=80、性能等级为140HV级、不经表面处理的平垫圈。

公称尺寸（螺纹规格）d	3	4	5	6	8	10	12	14	16	20	24	30	36
内径 d_1	3.2	4.3	5.3	6.4	8.4	10.5	13	15	17	21	25	31	37
外径 d_2	7	9	10	12	16	20	24	28	30	37	44	56	66
厚度 h	0.5	0.8	1	1.6	1.6	2	2.5	2.5	3	3	4	4	5

表A-6 标准型弹簧垫圈（摘自GB/T 93—1987） （mm）

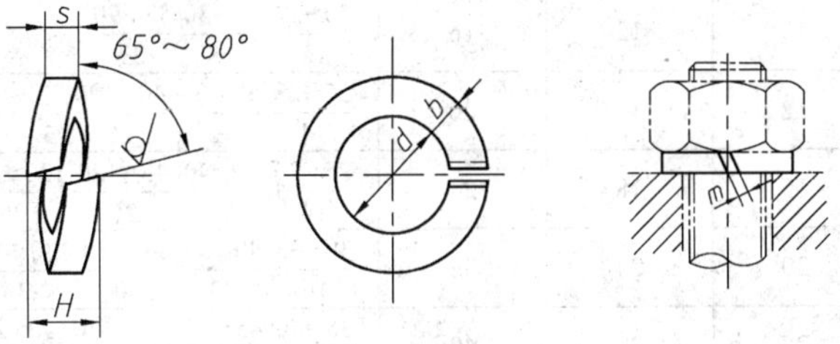

标记示例：垫圈 GB/T93 10

规格10、材料为65Mn、表面氧化的标准弹簧垫圈。

规格（螺纹大径）	4	5	6	8	10	12	16	20	24	30	36	42	48
$d_{1\min}$	4.1	5.1	6.1	8.1	10.2	12.2	16.2	20.2	24.5	30.5	36.5	42.5	48.5
$S=b_{公称}$	1.1	1.3	1.6	2.1	2.6	3.1	4.1	5	6	7.5	9	10.5	12
$m\leqslant$	0.55	0.65	0.8	1.05	1.3	1.55	2.05	2.5	3	3.75	4.5	5.25	6
$H_{\max}$	2.75	3.25	4	5.25	6.5	7.75	10.25	12.5	15	18.75	22.5	26.25	30

注：m 应大于零。

表 A-7　双头螺柱（摘自 GB/T 897～900—1988）　（mm）

$b_m=d$（GB/T 897—1988）；$b_m=1.25d$（GB/T 898—1988）；$b_m=1.5d$（GB/T 899—1988）；$b_m=2d$（GB/T 900—1988）

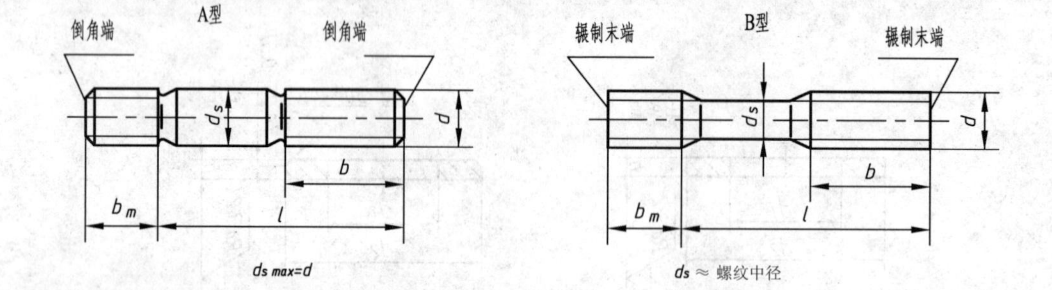

标记示例：螺柱　GB/T 900—1988　M10×50

两端为粗牙普通螺纹、d=10、l=50、性能等级为 4.8 级、不经表面处理、B 型、$b_m=2d$ 的双头螺柱。

螺柱　GB/T 900—1988　AM10-10×1×50

旋入机体一端为粗牙普通螺纹，旋入螺母为细牙普通螺纹，螺距 P=1，d=10、l=50、性能等级为 4.8 级、不经表面处理、A 型、$b_m=2d$ 的双头螺柱。

螺纹规格 d	b_m（旋入机体端长度）				l/b（螺柱长度/旋螺母端长度）
	GB/T 897	GB/T 898	GB/T 899	GB/T 900	
M4	—	—	6	8	16～22/8　25～40/14
M5	5	6	8	10	16～22/10　25～50/16
M6	6	8	10	12	20～22/10　25～30/14　32～75/18
M8	8	10	12	16	20～22/12　25～30/16　32～90/22
M10	10	12	15	20	25～28/14　30～38/16　40～120/26　130/32
M12	12	15	18	24	25～30/14　32～40/16　45～120/26　130～180/26
M16	16	20	24	32	30～38/16　40～55/20　60～120/30　130～200/36
M20	20	25	30	40	35～40/20　45～65/30　70～120/38　130～200/36
（M24）	24	30	36	48	45～50/25　55～75/35　80～120/46　130～200/52
（M30）	30	38	45	60	60～65/40　70～90/50　95～120/66　130～200/72　210～250/85
M36	36	45	54	72	65～75/45　80～110/60　120/78　130～200/84　210～300/97
M42	42	52	63	84	70～80/50　85～110/70　120/90　130～200/96　210～300/109
l 系列	12、（14）、16、（18）、20、（22）、25、（28）、30、（32）、35、（38）、40、45、50、55、60、（65）、70、75、80、（85）、90、（95）、100～260（10 进位）、280、300				

注：1．尽可能不用括号内的规格。末端按 GB/T 2—2000 规定。

2．$b_m=d$，一般用于钢对钢；$b_m=(1.25～1.5)d$，一般用于钢对铸铁；$b_m=2d$，一般用于钢对铝合金。

表 A-8 螺钉（摘自 GB/T 65～69—2000） （mm）

开槽圆柱头螺钉（GB/T 65—2000）

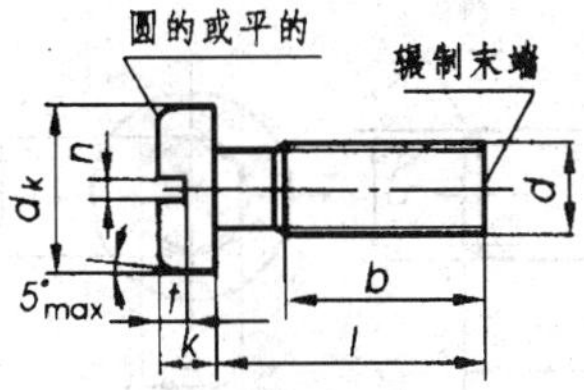

开槽盘头螺钉（GB/T 67—2008）

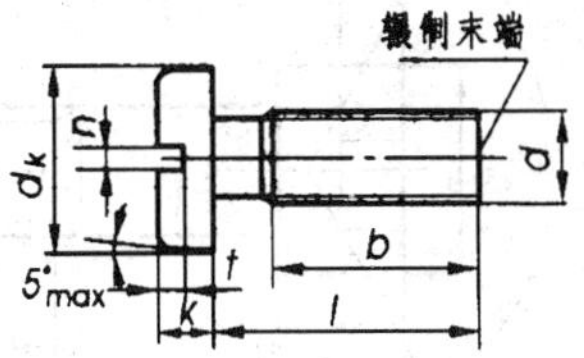

开槽圆沉头螺钉（GB/T 68—2000）

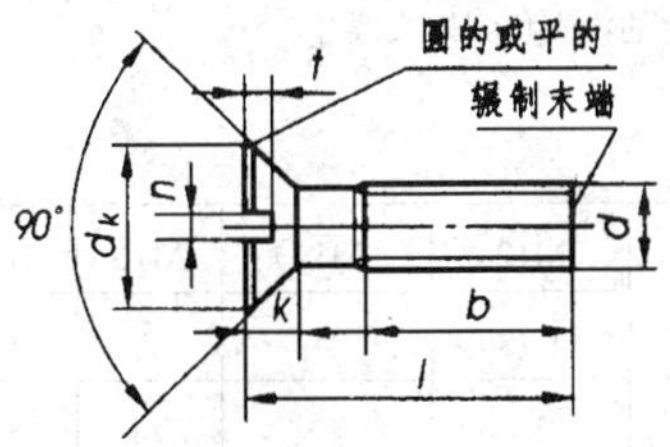

开槽半沉头螺钉（GB/T 69—2000）

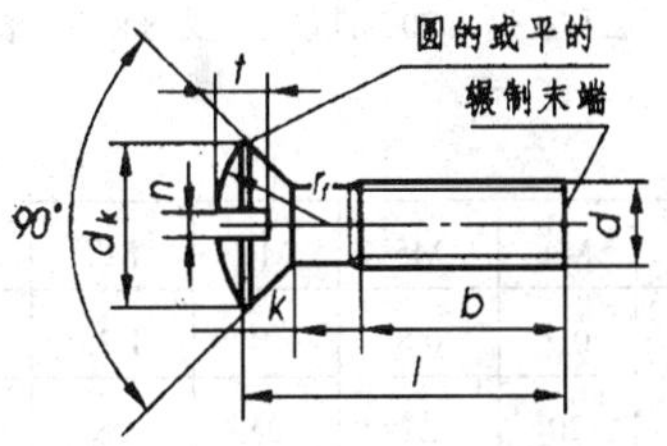

无螺纹部分杆径≈中径或=螺纹大径

标记示例：螺钉 GB/T 65 M5×20

螺纹规格 d=M5、公称长度 l=20、性能等级为 4.8 级、不经表面处理的 A 级开槽圆柱头螺钉。

螺纹规格 d	P	b_{min}	n 公称	r_f	k_{max}			d_{kmax}			t_{min}				$l_{范围}$
				GB/T69	GB/T65	GB/T67	GB/T68 GB/T69	GB/T65	GB/T67	GB/T68 GB/T69	GB/T65	GB/T67	GB/T68	GB/T69	
M3	0.5	25	0.8	6	2	1.8	1.65	5.5	5.6	5.5	0.85	0.7	0.6	1.2	4～30
M4	0.7	38	1.2	9.5	2.6	2.4	2.7	7	8	8.4	1.1	1	1	1.6	5～40
M5	0.8	38	1.2	9.5	3.3	3.0	2.7	8.5	9.5	9.3	1.3	1.2	1.1	2	6～50
M6	1	38	1.6	12	3.9	3.6	3.3	10	12	11.3	1.6	1.4	1.2	2.4	8～60
M8	1.25	38	2	16.5	5	4.8	4.65	13	16	15.8	2	1.9	1.8	3.2	10～80
M10	1.5	38	2.5	19.5	6	6	5	16	20	18.3	2.4	2.4	2	3.8	12～80
$l_{系列}$			4、5、6、8、10、12、（14）、16、20、25、30、35、40、50、（55）、60、（65）、70、（75）、80												

表 A-9　内六角圆柱头螺钉（摘自 GB/T 70.1—2008）　　（mm）

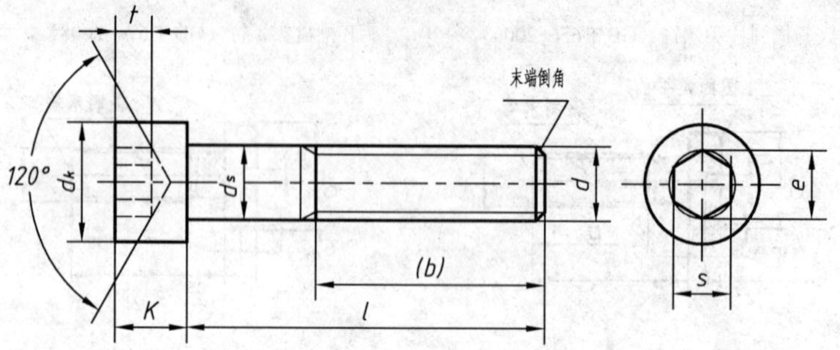

标记示例：螺钉 GB/T 70.1—2000　M5×20

螺纹规格 d=5、公称长度 l=20、性能等级为 8.8 级、表面氧化的内六角圆柱头螺钉。

螺纹规格 d		M4	M5	M6	M8	M10	M12	（M14）	M16	M20	M24	M30
螺距 P		0.7	0.8	1	1.25	1.5	1.75	2	2	2.5	3	3.5
b 参考		20	22	24	28	32	36	40	44	52	60	72
$d_{k\,max}$	光滑头部	7	8.5	10	13	16	18	21	24	30	36	45
	滚花头部	7.22	8.72	10.22	13.27	16.27	18.27	21.33	24.33	30.33	36.39	45.39
k_{max}		4	5	6	8	10	12	14	16	20	24	30
t_{min}		2	2.5	3	4	5	6	7	8	10	12	22
S 公称		3	4	5	6	8	10	12	14	17	19	15.5
e_{min}		3.44	4.58	5.72	6.86	9.15	11.43	13.72	16	19.44	21.72	30.35
$d_{s\,max}$		4	5	6	8	10	12	14	16	20	24	30
l 范围		6～40	8～50	10～60	12～80	16～100	20～120	25～140	25～160	30～200	40～200	45～200
全螺纹时最大长度		25	25	30	35	40	45	55	55	65	80	90
l 系列		6、8、10、12、（14）、（16）、20～50（5 进位）、（55）、60、（65）、70～160（10 进位）、180、200										

注：1．尽可能不用括号内的规格。末端按 GB/T 2—2000 规定。

2．机械性能等级：8.8、12.9。

3．螺纹公差：机械性能为 8.8 级时为 6g，12.9 级时为 5g、6g。

4．产品等级：A。

表A-10 紧定螺钉（摘自GB/T 71、73、75—1985） （mm）

开槽锥端紧定螺钉 GB/T 71—1985

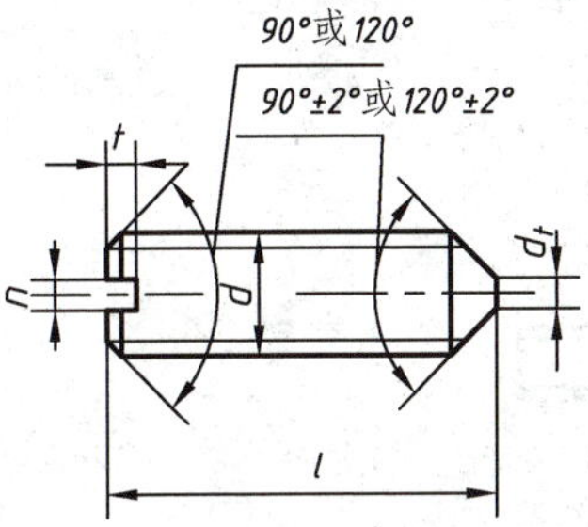

开槽平端紧定螺钉 GB/T 73—1985

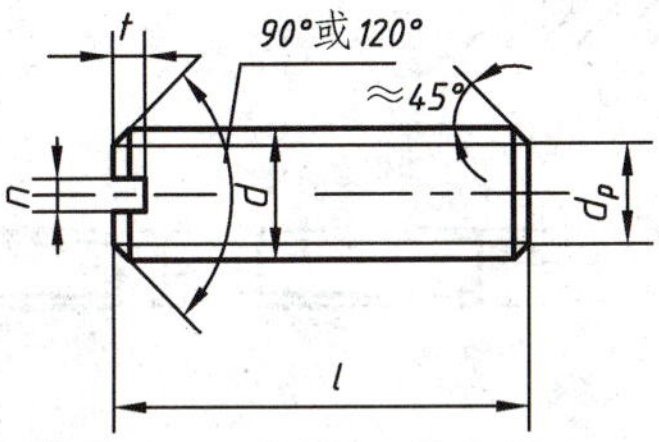

开槽长圆柱紧定螺钉 GB/T 75—1985

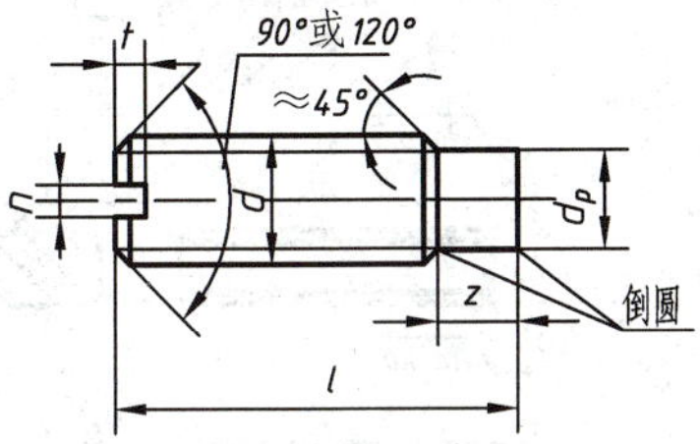

标记示例：螺钉 GB/T 71—1985 M5×20

螺纹规格 d=5、公称长度 l=20、性能等级为14H级、表面氧化的开槽紧定螺钉。

螺纹规格 d		M2	M3	M4	M5	M6	M8	M10	M12
螺距 P		0.4	0.5	0.7	0.8	1	1.25	1.5	1.75
$d_{t\,max}$		0.2	0.3	0.4	0.5	1.5	2	2.5	3
$d_{p\,max}$		1	2	2.5	3.5	4	5.5	7	8.5
n		0.25	0.4	0.6	0.8	1	1.2	1.6	2
t_{max}		0.84	1.05	1.42	1.63	2	2.5	3	3.6
z_{max}		1.25	1.75	2.25	2.75	3.25	4.3	5.3	6.3
$l_{范围}$	GB/T 71	3～10	4～16	6～20	8～25	8～30	10～40	12～50	14～60
	GB/T 73	2～10	3～16	4～20	5～25	6～30	8～40	10～50	12～60
	GB/T 75	3～10	5～16	6～20	8～25	8～30	10～40	12～50	14～60
$l_{系列}$		2、2.5、3、4、5、6、8、10、12、（14）、16、20、25、30、35、40、45、50、（55）、60							

注：螺纹公差，6g；机械性能等级14H、22H；产品等级，A。

表 A-11 平键及键槽各部尺寸（摘自 GB/T 1095～1096—2003） （mm）

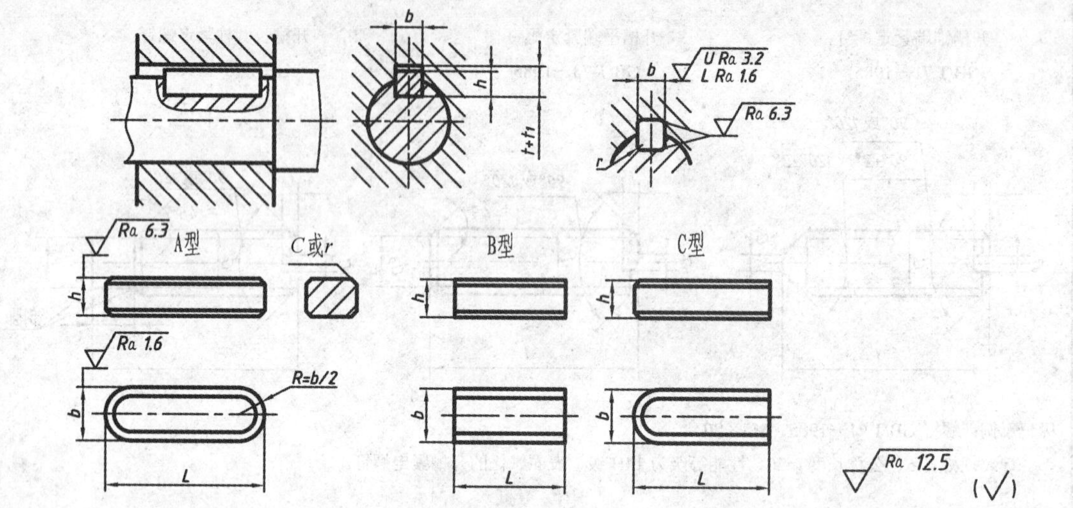

标记示例：

键 16×10×100 GB/T 1096—2003（圆头普通平键，b=16、h=10、L=100）

键 B16×10×100 GB/T 1096—2003（平头普通平键，b=16、h=10、L=100）

键 C16×10×100 GB/T 1096—2003（单圆头普通平键，b=16、h=10、L=100）

轴	键		键槽											
公称直径 d	公称尺寸 b×h（h9）	长度 L（h11）	宽度 b						深度				半径 r	
			公称尺寸 b	极限偏差					轴 t		毂 t_1			
				较松键连接		一般键连接		较紧键连接	公称尺寸	极限偏差	公称尺寸	极限偏差		
				轴 H9	毂 D10	轴 N9	毂 JS9	轴和毂 P9					最大	最小
>10～12	4×4	8～45	4	+0.0300	+0.078 +0.030	0 −0.030	±0.015	−0.012 −0.042	2.5	+0.10	1.8	+0.10	0.08	0.16
>12～17	5×5	10～56	5						3.0		2.3		0.16	0.25
>17～22	6×6	14～70	6						3.5		2.8			
>22～30	8×7	18～90	8	+0.0360	+0.098 +0.040	0 −0.036	±0.018	−0.015 −0.051	4.0	+0.20	3.3	+0.20		
>30～38	10×8	22～110	10						5.0		3.3		0.25	0.40
>38～44	12×8	28～140	12	+0.0430	+0.120 +0.050	0 −0.043	±0.022	−0.018 −0.061	5.0		3.3			
>44～50	14×9	36～160	14						5.5		3.8			
>50～58	16×10	45～180	16						6.0		4.3			
>58～65	18×11	50～200	18						7.0		4.4			
>65～75	20×12	56～220	20	+0.0520	+0.149 +0.065	0 −0.052	±0.026	−0.022 −0.074	7.5		4.9		0.40	0.60
>75～85	22×14	63～250	22						9.0		5.4			
>85～95	25×14	70～280	25						9.0		5.4			
>95～100	28×16	80～320	28						10		6.4			

注：1.（$d-t$）和（$d+t_1$）两个组合尺寸的极限偏差，按相应的 t 和 t_1 的极限偏差选取，但（$d-t$）极限偏差应取负号（−）。

2. $L_{系列}$：6～22（2 进位）、25、28、32、36、40、45、50、56、63、70、80、90、100、110、125、140、160、180、200、220、250、280、320、360、400、450、500。

3. 键 b 的极限偏差为 h9，键 h 的极限偏差为 h11，键长 L 的极限偏差为 h14。

表A-12　圆柱销（摘自GB/T 119.1—2000）　　　　（mm）

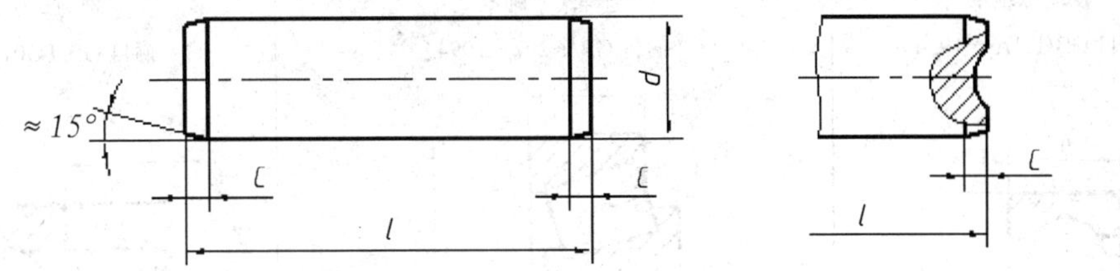

标记示例：销　GB/T 119.1　6　m6×30

公称直径 d=6、公差为m6、公称长度 l=30、材料为钢、不经表面处理的圆柱销。

销　GB/T 119.1　6　m6×30——A1

公称直径 d=6、公差为m6、公称长度 l=30、材料为A1组奥氏体不锈钢、表面简单处理的圆柱销。

d（公称）m6/h8	2	3	4	5	6	8	10	12	16	20	25
$C\approx$	0.35	0.5	0.63	0.8	1.2	1.6	2	2.5	3	3.5	44
$l_{范围}$	6～20	8～30	8～40	10～50	12～60	14～80	18～95	22～140	26～180	35～200	50～200
$l_{系列}$（公称）	2、3、4、5、6～22（2进位）、35～100（5进位）、120～200（20进位）										

表A-13　圆锥销（不淬硬钢和奥氏体不锈钢）（摘自GB/T 117—2000）　　　　（mm）

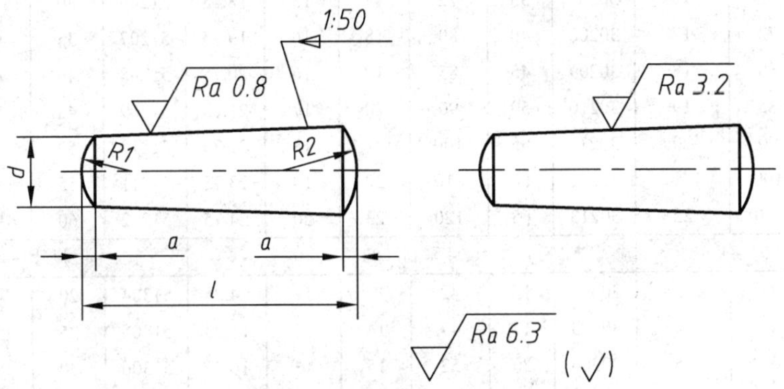

标记示例：销　GB/T 117　10×60

公称直径 d=10、长度 l=60、材料为35#钢、热处理硬度28～38HRC、表面氧化处理的A型圆柱销。

$d_{公称}$	2	2.5	3	4	5	6	8	10	12	16	20	25
$a\approx$	0.25	0.3	0.4	0.5	0.63	0.8	1.0	1.2	1.6	2.0	2.5	3.0
$l_{范围}$	10～35	10～35	12～45	14～55	18～60	22～90	22～120	26～160	32～180	40～200	45～200	50～200
$l_{系列}$	2、3、4、5、6（2进位）、35～100（5进位）、120～200（20进位）											

表 A-14　滚动轴承（摘自 GB/T 276、297—1994、GB/T 301—1995）　（mm）

深沟球轴承（摘自 GB/T 276—1994）	圆锥滚子轴承（摘自 GB/T 297—1994）	推力球轴承（摘自 GB/T 301—1995）
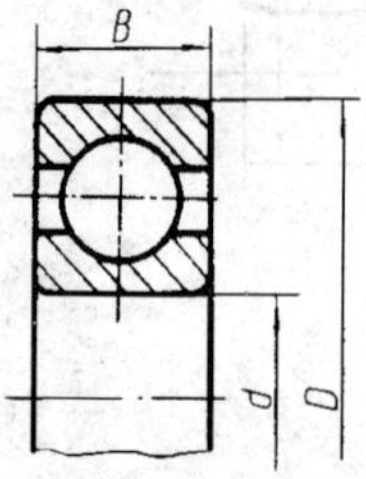	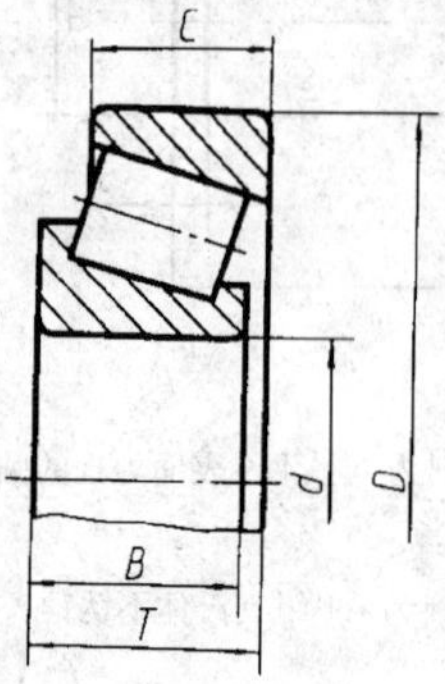	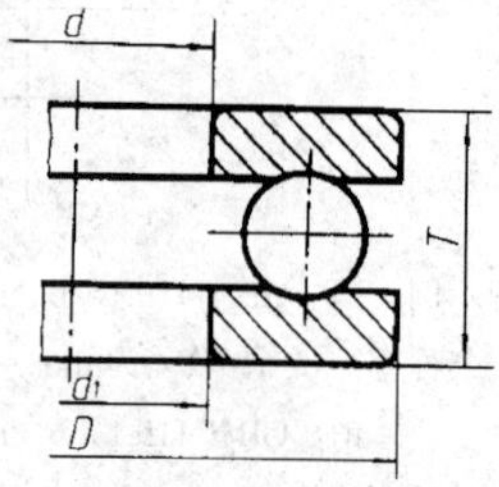
标记示例：滚动轴承 6310 GB/T 276—1994	标记示例：滚动轴承 30212 GB/T 297—1994	标记示例：滚动轴承 51305 GB/T 301—1995

轴承型号	*d*	*D*	*B*	轴承型号	*d*	*D*	*B*	*C*	*T*	轴承型号	*d*	*D*	*T*	d_1
尺寸系列〔(0) 2〕				尺寸系列〔02〕						尺寸系列〔12〕				
6202	15	35	11	30203	17	40	12	11	13.25	51202	15	32	12	17
6203	17	40	12	30204	20	47	14	12	15.25	51203	17	35	12	19
6204	20	47	14	30205	25	52	15	13	16.25	51204	20	40	14	22
6205	25	52	15	30206	30	62	16	14	17.25	51205	25	47	15	27
6206	30	62	16	30207	35	72	17	15	18.25	51206	30	52	16	32
6207	35	72	17	30208	40	80	18	16	19.75	51207	35	62	18	37
6208	40	80	18	30209	45	85	19	16	20.75	51208	40	68	19	42
6209	45	85	19	30210	50	90	20	17	21.75	51209	45	73	20	47
6210	50	90	20	30211	55	100	21	18	22.75	51210	50	78	22	52
6211	55	100	21	30212	60	110	22	19	23.75	51211	55	90	25	57
6212	60	110	22	30213	65	120	23	20	24.75	51212	60	95	26	62
尺寸系列〔(0) 3〕				尺寸系列〔03〕						尺寸系列〔13〕				
6302	15	42	13	30302	15	42	13	11	14.25	51304	20	47	18	22
6303	17	47	14	30303	17	47	14	12	15.25	51305	25	52	18	27
6304	20	52	15	30304	20	52	15	13	16.25	51306	30	60	21	32
6305	25	62	17	30305	25	62	17	15	18.25	51307	35	68	24	37
6306	30	72	19	30306	30	72	19	16	20.75	51308	40	78	26	42
6307	35	80	21	30307	35	80	21	18	22.75	51309	45	85	28	47
6308	40	90	23	30308	40	90	23	20	25.25	51310	50	95	31	52
6309	45	100	25	30309	45	100	25	22	27.25	51311	55	105	35	57
6310	50	110	27	30310	50	110	27	23	29.25	51312	60	110	35	62
6311	55	120	29	30311	55	120	29	25	31.50	51313	65	115	36	67
6312	60	130	31	30312	60	130	31	26	33.50	51314	70	125	40	72

注：圆括号中的尺寸系列代号在轴承代号中省略。

表 A-15 标准公差（摘自 GB/T 1800.2—2009）

基本尺寸 mm		标准公差等级																	
		IT1	IT2	IT3	IT4	IT5	IT6	IT7	IT8	IT9	IT10	IT11	IT12	IT13	IT14	IT15	IT16	IT17	IT18
大于	至	μm											mm						
—	3	0.8	1.2	2	3	4	6	10	14	25	40	60	0.1	0.14	0.25	0.4	0.6	1	1.4
3	6	1	1.5	2.5	4	5	8	12	18	30	48	75	0.12	0.18	0.3	0.48	0.75	1.2	1.8
6	10	1	1.5	2.5	4	6	9	15	22	36	58	90	0.15	0.22	0.36	0.58	0.9	1.5	2.2
10	18	1.2	2	3	5	8	11	18	27	43	70	110	0.18	0.27	0.43	0.7	1.1	2.8	2.7
18	30	1.5	2.5	4	6	9	13	21	33	52	84	130	0.21	0.33	0.52	0.84	1.3	2.1	3.3
30	50	1.5	2.5	4	7	11	16	25	39	62	100	160	0.25	0.39	0.62	1	1.6	2.5	3.9
50	80	2	3	5	8	13	19	30	46	74	120	190	0.3	0.46	0.74	1.2	1.9	3	4.6
80	120	2.5	4	6	10	15	22	35	54	87	140	220	0.35	0.54	0.87	1.4	2.2	3.5	5.4
120	180	3.5	5	8	12	18	25	40	63	100	160	250	0.4	0.63	1	1.6	2.5	4	6.3
180	250	4.5	7	10	14	20	29	46	72	115	185	290	0.46	0.72	1.15	1.85	2.9	4.6	7.2
250	315	6	8	12	16	23	32	52	81	130	210	320	0.52	0.81	1.3	2.1	3.2	5.2	8.1
315	400	7	9	13	18	25	36	57	89	140	230	360	0.57	0.89	1.4	2.3	3.6	5.7	8.9
400	500	8	10	15	20	27	40	63	97	155	250	400	0.63	0.97	1.55	2.5	4	6.3	9.7
500	630	9	11	16	22	32	44	70	110	175	280	440	0.7	1.1	1.75	2.8	4.4	7	11
630	800	10	13	18	25	36	50	80	125	200	320	500	0.8	1.25	2	3.2	5	8	12.5
800	1000	11	15	21	28	40	56	90	140	230	360	560	0.9	1.4	2.3	3.6	5.6	9	14
1000	1250	13	18	24	33	47	66	105	165	260	420	660	1.05	1.65	2.6	4.2	6.6	10.5	16.5
1250	1600	15	21	29	39	55	78	125	195	310	500	780	1.25	1.95	3.1	5	7.8	12.5	19.5
1600	2000	18	25	35	46	65	92	150	230	370	600	920	1.5	2.3	3.7	6	9.2	15	23
2000	2500	22	30	41	55	78	110	175	280	440	700	1100	1.75	2.8	4.4	7	11	17.5	28
2500	3150	26	36	50	68	96	135	210	330	540	860	1350	2.1	3.3	5.4	8.6	13.5	21	33

注：1. 基本尺寸大于 500mm 的 IT1 至 IT5 的标准公差数值为试行的。

2. 基本尺寸小于或等于 1mm 时，无 IT14 至 IT18。

表 A–16　优先配合中轴的极限偏差（摘自 GB/T 1800.3—1998）　　（μm）

基本尺寸/mm		公差带													
		c	d	f	g	h					k	n	p	s	u
大于	至	11	9	7	6	6	7	8	9	11	6	6	6	6	6
—	3	−60 −120	−20 −45	−6 −16	−2 −8	0 −6	0 −10	0 −14	0 −25	0 −60	+6 0	+10 +4	+12 +6	+20 +14	+24 +18
3	6	−70 −145	−30 −60	−10 −22	−4 −12	0 −8	0 −12	0 −18	0 −30	0 −75	+9 +1	+16 +8	+20 +12	+27 +19	+31 +23
6	10	−80 −170	−40 −76	−13 −28	−5 −14	0 −9	0 −15	0 −22	0 −36	0 −90	+10 +1	+19 +10	+24 +15	+32 +23	+37 +28
10	14	−95 −205	−50 −93	−16 −34	−6 −17	0 −11	0 −18	0 −27	0 −43	0 −110	+12 +1	+23 +12	+29 +18	+39 +28	+44 +33
14	18														
18	24	−110 −240	−65 −117	−20 −41	−7 −20	0 −13	0 −21	0 −23	0 −52	0 −130	+15 +2	+28 +15	+35 +22	+48 +35	+54 +41
24	30														+61 +48
30	40	−120 −280	−80 −142	−25 −50	−9 −25	0 −16	0 −25	0 −39	0 −62	0 −160	+18 +2	+33 +17	+42 +26	+59 +43	+76 +60
40	50	−130 −290													+86 +70
50	65	−140 −330	−100 −174	−30 −60	−10 −29	0 −19	0 −30	0 −46	0 −74	0 −190	+21 +2	+39 +20	+51 +32	+72 +53	+106 +87
65	80	−150 −340												+78 +59	+121 +102
80	100	−170 −390	−120 −207	−36 −71	−12 −34	0 −22	0 −35	0 −54	0 −87	0 −220	+25 +3	+45 +23	+59 +37	+93 +71	+146 +124
100	120	−180 −400												+101 +79	+166 +144
120	140	−200 −450	−145 −245	−43 −83	−14 −39	0 −25	0 −40	0 −63	0 −100	0 −250	+28 +3	+52 +27	+68 +43	+117 +92	+195 +170
140	160	−210 −460												+125 +100	+215 +190
160	180	−230 −480												+133 +108	+235 +210
180	200	−240 −530	−170 −285	−50 −96	−15 −44	0 −29	0 −46	0 −72	0 −115	0 −290	+33 +4	+60 +31	+79 +50	+151 +122	+265 +236
200	225	−260 −550												+159 +130	+287 +258
225	250	−280 −570												+169 +140	+313 +284
250	280	−300 −620	−190 −320	−56 −108	−17 −49	0 −32	0 −52	0 −81	0 −130	0 −320	+36 +4	+66 +34	+88 +56	+190 +158	+347 +315
280	315	−330 −650												+202 +170	+382 +350
315	355	−360 −720	−210 −350	−62 −119	−18 −54	0 −36	0 −57	0 −89	0 −140	0 −360	+40 +4	+73 +37	+98 +62	+226 +190	+426 +390
355	400	−400 −760												+244 +208	+471 +435
400	450	−440 −840	−230 −385	−68 −131	−20 −60	0 −40	0 −63	0 −97	0 −155	0 −400	+45 +5	+80 +40	+108 +68	+272 +232	+530 +490
450	500	−480 −880												+292 +252	+580 +540

表A-17 优先配合中孔的极限偏差（摘自GB/T 1800.3—1998） （μm）

基本尺寸/mm		公差带													
		C	D	F	G	H					K	N	P	S	U
大于	至	11	9	8	7	7	8	9	10	11	7	7	7	7	7
—	3	+120 +60	+45 +20	+20 +6	+12 +2	+10 0	+14 0	+25 0	+40 0	+60 0	0 −10	−4 −14	−6 −16	−14 −24	−18 −28
3	6	+145 +70	+60 +30	+28 +10	+16 +4	+12 0	+18 0	+30 0	+48 0	+75 0	+3 −9	−4 −16	−8 −20	−15 −17	−19 −31
6	10	+170 +80	+76 +40	+35 +13	+20 +5	+15 0	+22 0	+36 0	+58 0	+90 0	+5 −10	−4 −19	−9 −24	−17 −32	−22 −37
10	14	+205 +95	+93 +50	+43 +16	+24 +6	+18 0	+27 0	+43 0	+70 0	+110 0	+6 −12	−5 −23	−11 −29	−21 −39	−26 −44
14	18														
18	24	+240 +110	+117 +65	+53 +20	+28 +7	+21 0	+33 0	+52 0	+84 0	+130 0	+6 −15	−7 −28	−14 −35	−27 −48	−33 −54
24	30														−40 −61
30	40	+280 +120	+142 +80	+64 +25	+34 +9	+25 0	+39 0	+62 0	+100 0	+160 0	+7 −18	−8 −33	−17 −42	−34 −59	−51 −76
40	50	+290 +130													−61 −86
50	65	+330 +140	+174 +100	+76 +30	+40 +10	+30 0	+46 0	+74 0	+120 0	+190 0	+9 −21	−9 −39	−21 −51	−42 −72	−76 −106
65	80	+340 +150												−48 −78	−91 −121
80	100	+390 +170	+207 +120	+90 +36	+47 +12	+35 0	+54 0	+87 0	+140 0	+220 0	+10 −25	−10 −45	−24 −59	−58 −93	−111 −146
100	120	+400 +180												−66 −101	−131 −166
120	140	+450 +20	+245 +145	+106 +43	+54 +14	+40 0	+63 0	+100 0	+160 0	+250	+12 −28	−12 −52	−28 −68	−77 −117	−155 −195
140	160	+460 +210												−85 −125	−175 −215
160	180	+480 +230												−93 −133	−195 −235
180	200	+530 +240	+285 +170	+122 +50	+61 +15	+46 0	+72 0	+115 0	+185 0	+290 0	+13 −33	−14 −60	−33 −79	−105 −151	−219 −265
200	225	+550 +260												−113 −159	−241 −287
225	250	+570 +280												−123 −169	−267 −313
250	280	+620 +300	+320 +190	+137 +56	+69 +17	+52 0	+81 0	+130 0	+210 0	+320 0	+16 −36	−14 −66	−36 −88	−138 −190	−295 −347
280	315	+650 +330												−150 −202	−330 −382
315	355	+720 +360	+350 +210	+151 +62	+75 +18	+57 0	+89 0	+140 0	+230 0	+360 0	+17 −40	−16 −73	−41 −98	−169 −226	−369 −426
355	400	+760 +400												−187 −244	−414 −471
400	450	+840 +440	+385 +230	+165 +68	+83 +20	+63 0	+97 0	+155 0	+250 0	+400 0	+18 −45	−17 −80	−45 −108	−209 −272	−467 −530
450	500	+880 +480												−229 −292	−517 −580

表 A-18 倒圆和倒角（摘自 GB/T 6403.4—2008）

（mm）

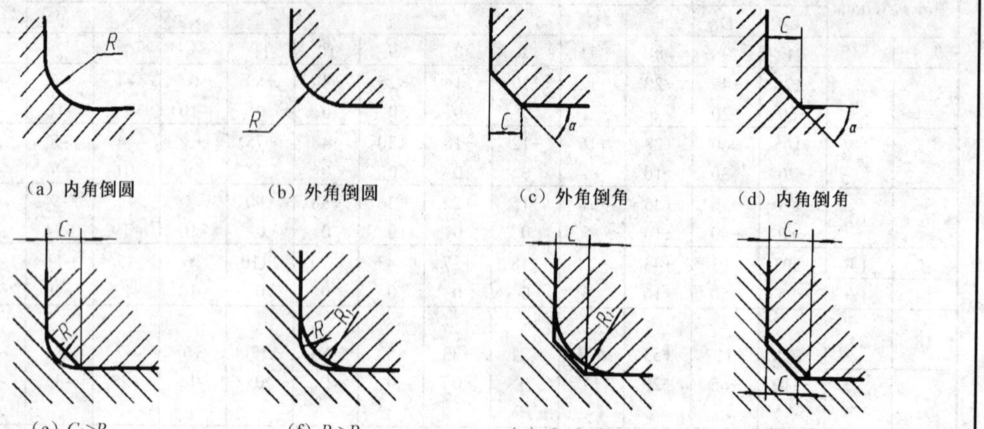

（a）内角倒圆 （b）外角倒圆 （c）外角倒角 （d）内角倒角

（e）$C_1>R$ （f）$R_1>R$ （g）$C<0.58R_1$ （h）$C_1>C$

直径 D		~3		>3~6		>6~10		>10~18	>18~30	>30~50		>50~80
C、R	R_1	0.1	0.2	0.3	0.4	0.5	0.6	0.8	1.0	1.2	1.6	2.0
C_{max}（$C<0.58R_1$）		—	0.1	0.1	0.2	0.2	0.3	0.4	0.5	0.6	0.8	1.0
直径 D		>80~120	>120~180	>180~250	>250~320	>320~400	>400~500	>500~630	>630~800	>800~1000	>1000~1250	>1250~1600
C、R	R_1	2.5	3.0	4.0	5.0	6.0	8.0	10	12	16	20	25
C_{max}（$C<0.58R_1$）		1.2	1.6	2.0	2.5	3.0	4.0	5.0	6.0	8.0	10	12

注：α 一般采用 45°，也可采用 30°或 60°。

表 A-19 回转面及端面砂轮越程槽（摘自 GB/T 6403.5—2008）

（mm）

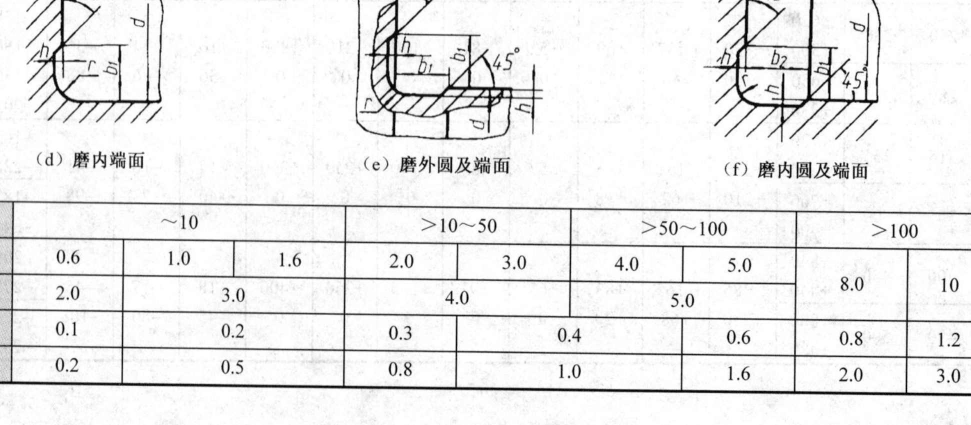

（a）磨外圆 （b）磨内圆 （c）磨外端面

（d）磨内端面 （e）磨外圆及端面 （f）磨内圆及端面

D	~10			>10~50		>50~100		>100	
b_1	0.6	1.0	1.6	2.0	3.0	4.0	5.0	8.0	10
b_2	2.0	3.0		4.0		5.0			
h	0.1	0.2		0.3	0.4		0.6	0.8	1.2
r	0.2	0.5		0.8	1.0		1.6	2.0	3.0

表A-20　普通螺纹收尾、肩距、退刀槽和倒角（摘自GB/T 3—1997）　（mm）

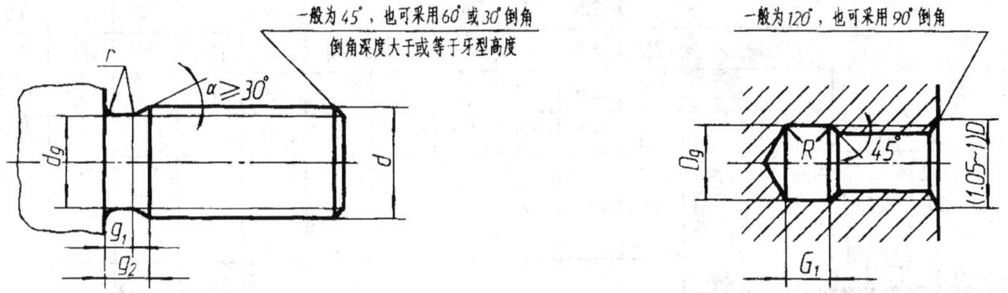

螺距 P	粗牙螺纹大径 d、D	外螺纹				内螺纹			
		g_2 max	g_1 min	d_g	$r\approx$	G_1 一般	G_1 短的	D_g	$R\approx$
0.5	3	1.5	0.8	d–0.8	0.2	2	1	D+0.3	0.2
0.6	3.5	1.8	0.9	d–1	0.4	2.4	1.2		0.3
0.7	4	2.1	1.1	d–1.1		2.8	1.4		0.4
0.75	4.5	2.25	1.2	d–1.2		3	1.5		
0.8	5	2.4	1.3	d–1.3		3.2	1.6		
1	6:7	3	1.6	d–1.6	0.6	4	2	D+0.5	0.5
1.25	8:9	3.75	2	d–2		5	2.5		0.6
1.5	10:11	4.5	2.5	d–2.3	0.8	6	3		0.8
1.75	12	5.25	3	d–2.6	1	7	3.5		0.9
2	14:16	6	3.4	d–3		8	4		1
2.5	18:20	7.5	4.4	d–3.6	1.2	10	5		1.2
3	24:27	9	5.2	d–4.4	1.6	12	6		1.5
3.5	30:33	10.5	6.2	d–5		14	7		1.8
4	36:39	12	7	d–5.7	2	16	8		2
4.5	42:45	13.5	8	d–6.4	2.5	18	9		2.2
5	48:52	15	9	d–7		20	10		2.5
5.5	56:60	17.5	11	d–7.7	3.2	22	11		2.8
6	64:68	18	11	d–8.3		24	12		3
参考值	—	≈3P	—	—	—	≈4P	≈2P	—	≈0.5P

注：1. d、D 为螺纹公称直径代号。“短”退刀槽仅在结构受限制时采用。

2. d_g 公差为：d>3mm 时，为 h13；d≤3mm 时，为 h12。D_g 公差为 H13。

表 A-21　紧固件通孔（摘自 GB/T 5277—1988）及沉头座尺寸（摘自 GB/T 152.2—1988）（mm）

螺纹规格			2	2.5	3	4	5	6	8	10	12	14	16	18	20
通孔直径	精装配		2.2	2.7	3.2	4.3	5.3	6.4	8.4	10.5	13	15	17	19	21
	中等装配		2.4	2.9	3.4	4.5	5.5	6.6	8.9	11	13.5	15.5	17.5	20	22
	粗装配		2.6	3.1	3.6	4.8	5.8	7	10	12	14.5	16.5	18.5	21	23
用于六角螺栓连接 t 刮平为止 GB/T 152.4-2000 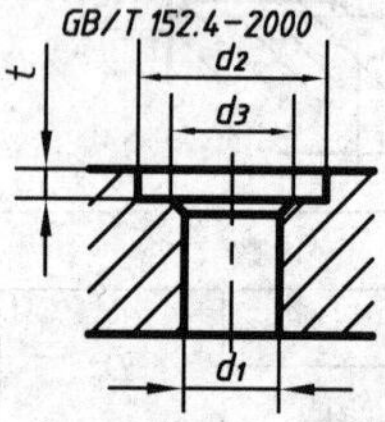		d_2	6	8	9	10	11	13	18	22	26	30	33	36	40
		d_3	—	—	—	—	—	—	—	—	16	18	20	22	24
		d_1	2.4	2.9	3.4	4.5	5.5	6.6	8.9	11	13.5	15.5	17.5	20	22
用于圆柱头螺钉连接 GB/T 152.3-2000 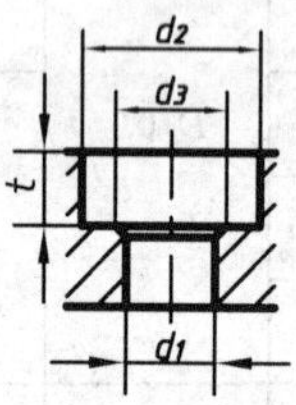	GB/T 70	d_2	4.3	5.0	6.0	8.0	10	11	15	18	20	24	26	—	33
		t	2.3	2.9	3.4	4.6	5.7	6.8	9	11	13	15	17.5	—	21.5
		d_3	—	—	—	—	—	—	—	—	16	18	20	—	24
		d_1	2.4	2.9	3.4	4.5	5.5	6.6	8.9	11	13.5	15.5	17.5	—	22
	GB/T 65 GB/T 67	d_2	—	—	—	8.0	10	11	15	18	20	24	26	—	33
		t	—	—	—	3.2	4	4.7	6	7	8	9	10.5	—	12.5
		d_3	—	—	—	—	—	—	—	—	16	18	20	—	24
		d_1	—	—	—	4.5	5.5	6.6	8.9	11	13.5	15.5	17.5	—	22
用于沉头、半沉头螺钉连接 GB/T 152.2-2000 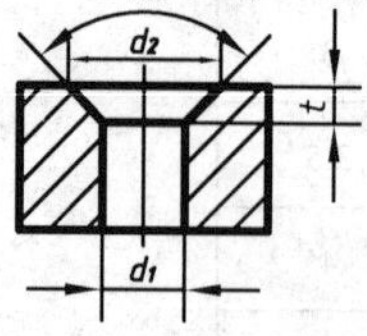		d_2	4.5	5.6	6.4	9.6	10.6	12.8	17.6	20.3	24.4	28.4	32.4	—	40.4
		t	1.2	1.5	1.6	2.7	2.7	3.3	4.6	5	6	7	8	—	10
		d_1	2.4	2.9	3.4	4.5	5.5	6.6	8.9	11	13.5	15.5	17.5	—	22

表 A-22　滚花（摘自 GB/T 6403.3—2008）　（mm）

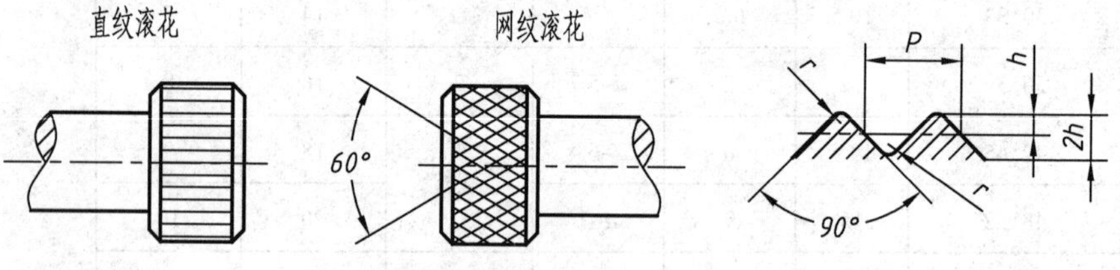

标记示例：	模数 m	h	r	节距 P
直纹 m=0.3 GB/T 6403.3—2000	0.2	0.132	0.06	0.628
模数 m=0.3 直纹滚花	0.3	0.198	0.09	0.942
直纹 m=0.5 GB/T 6403.3—2000	0.4	0.264	0.12	1.257
模数 m=0.5 网纹滚花	0.5	0.326	0.16	1.571

注：1. 表中 h=0.785m−0.414r。

2. 滚花前零件表面 Ra 值不得低于 12.5μm。

3. 滚花后零件外径略增大，增量Δ=(0.8～1.6)m。

表 A-23　常用金属材料

标　准	名　称	牌　号		应用举例	说　明
GB/T 700—1988	普通碳素结构钢	Q215	A 级	金属结构件、拉杆、套圈、铆钉、螺栓、短轴、心轴、凸轮（载荷不大的）、垫圈、渗碳零件及焊接件	“Q”为碳素结构钢屈服点“屈”字的汉语拼音首位字母，后面的数字表示屈服点的数值。如 Q235 表示碳素结构钢的屈服点为 235MPa 新旧牌号对照： Q215——A2 Q235——A3 Q275——A5
			B 级		
		Q235	A 级	金属结构件，心部强度要求不高的渗碳或氰化零件，吊钩、拉杆、套圈、汽缸、齿轮、螺栓、螺母、连杆、轮轴、楔、盖及焊接件	
			B 级		
			C 级		
			D 级		
		Q275		轴、轴销、刹车杆、螺母、螺栓、垫圈、连杆、齿轮以及其他强度较高的零件	
GB/T 699—1999	优质碳素结构钢	10		用做拉杆、卡头、垫圈、铆钉及用做焊接零件	牌号的两位数字表示平均碳的质量分数，45#钢即表示碳的质量分数为 0.45%； 碳的质量分数≤0.25%的碳钢属低碳钢（渗碳钢）； 碳的质量分数在（0.25～0.6）%之间的碳钢属中碳钢（调质钢）； 碳的质量分数＞0.6%的碳钢属高碳钢； 锰的质量分数较高的钢，须加注化学元素符号“Mn”
		15		用于受力不大和韧性较高的零件、渗碳零件及紧固件（如螺栓、螺钉）、法兰盘和化工储器	
		35		用于制造曲轴、转轴、轴销、杠杆、连杆、螺栓、螺母、垫圈、飞轮（多在正火、调质下使用）	
		45		用做要求综合机械性能高的各种零件，通常经正火或调质处理后使用。用于制造轴、齿轮、齿条、链轮、螺栓、螺母、销钉、键、拉杆等	
		60		用于制造弹簧、弹簧垫圈、凸轮、轧辊等	
		15Mn		制作心部机械性能要求较高且需渗碳的零件	
		65Mn		用做要求耐磨性高的圆盘、衬板、齿轮、花键轴及弹簧等	
GB/T 3077—1999	合金结构钢	20Mn2		用做渗碳小齿轮、小轴、活塞销、柴油机套筒、气门推杆、缸套等	钢中加入一定量的合金元素，提高了钢的力学性能和耐磨性，也提高了钢的淬透性，保证金属在较大截面上获得高的力学性能
		15Cr		用于要求心部韧性较高的渗碳零件，如船舶主机用螺栓、活塞销、凸轮、凸轮轴、汽轮机套环、机车小零件等	
		40Cr		用于受变载、中速、中载、强烈磨损而无很大冲击的重要零件，如重要的齿轮、轴、曲轴、连杆、螺栓、螺母等	
		35SiMn		耐磨、耐疲劳性均佳，适用于小型轴类、齿轮及 430℃以下的重要紧固件等	
		20CrMnTi		工艺性特优，强度、韧性均高，可用于承受高速、中等或重负荷以及冲击、磨损等的重要零件，如渗碳齿轮、凸轮等	

续表

标　　准	名　　称	牌　　号	应 用 举 例	说　　明
GB/T 11352—1989	铸钢	ZG230-450	轧机机架、铁道车辆摇枕、侧梁、机座、箱体、锤轮、450℃以下的管路附件等	“ZG”为“铸钢”汉语拼音的首位字母，后面的数字表示屈服点和抗拉强度。如ZG230-450 表示屈服点为230MPa 、抗拉强度为450MPa
		ZG310-570	适用于各种形状的零件，如联轴器、齿轮、汽缸、轴、机架、齿圈等	
GB/T 9439—1988	灰铸铁	HT150	用于小负荷和对耐磨性无特殊要求的零件，如端盖、外罩、手轮、一般机床的底座、床身及其复杂零件、滑台、工作台和低压管件等	“HT”为“灰铁”的汉语拼音的首位字母，后面的数字表示抗拉强度。如 HT200 表示抗拉强度为 200MPa 的灰铸铁
		HT200	用于中等负荷和对耐磨性有一定要求的零件，如机床床身、立柱、飞轮、汽缸、泵体、轴承座、活塞、齿轮箱、阀体等	
		HT250	用于中等负荷和对耐磨性有一定要求的零件，如阀壳、油缸、汽缸、联轴器、机体、齿轮、齿轮箱外壳、飞轮、液压泵和滑阀的壳体等	
GB/T 1176—1987	5-5-5 锡青铜	ZCuSn5 Pb5Zn5	耐磨性和耐蚀性均好，易加工，铸造性和气密性较好。用于较高负荷、中等滑动速度下工作的耐磨、耐腐蚀零件，如轴瓦、衬套、缸套、活塞、离合器、蜗轮等	“Z”为“铸造”汉语拼音的首位字母，各化学元素后面的数字表示该元素含量的百分数，如 ZCuAl10 Fe3 表示含： w_{Al}=8.1%～11% w_{Fe}=2%～4% 其余为 Cu 的铸造铝青铜
	10-3 铝青铜	ZCuAl10 Fe3	机械性能高，耐磨性、耐蚀性、抗氧化性好，可以焊接，不易钎焊，大型铸件自 700℃空冷可防止变脆。可用于制造强度高、耐磨、耐蚀的零件，如蜗轮、轴承、衬套、管嘴、耐热管配件等	
	25-6-3-3 铝黄铜	ZCuZn 25Al6 Fe3Mn3	有很高的力学性能，铸造性良好，耐蚀性较好，有应力腐蚀开裂倾向，可以焊接。适用于高强耐磨零件，如桥梁支承板、螺母、螺杆、耐磨板、滑块、蜗轮等	
	58-2-2 锰黄铜	ZCuZn38 Mn2Pb2	有较高的力学性能和耐蚀性，耐磨性较好，切削性良好。可用于一般用途的构件、船舶仪表等使用的外形简单的铸件、如套筒、衬套、轴瓦、滑块等	
GB/T 1173—1995	铸造 铝合金	ZAlSi12 代号 ZL102	用于制造形状复杂，负荷小、耐腐蚀和薄壁零件和工作温度≤200℃的高气密性零件	w_{Si}=10%～13%的铝硅合金
GB/T 3190—1996	硬铝	2Al2 （原 LY12）	焊接性能好，适于制作高载荷的零件及构件（不包括冲压件和锻件）	2Al2 表示 w_{Cu}=3.8%～4.9%、w_{Mg}=1.2%～1.8%、w_{Mn}=0.3%～0.9%的硬铝
	工业纯铝	1060（代 12）	塑性、耐腐蚀性高，焊接性好，强度低。适于制作储槽、热交换器、防污染及深冷设备等	1060 表示含杂质≤0.4%的工业纯铝

表 A-24 常用非金属材料

标准	名称	牌号	说明	应用举例
GB/T 359—1995	耐油石棉橡胶板	NY250 HNY300	有0.4～3.0mm的十种厚度规格	供航空发动机用的煤油、润滑油及冷气系统结合处的密封衬垫材料
GB/T 5574—1994	耐酸碱橡胶板	2707 2807 2709	较高硬度 中等硬度	具有耐酸碱性能，在温度-30℃～+60℃的20%浓度的酸碱液体中工作，用于冲制密封性能较好的垫圈
	耐油橡胶板	3707 3807 3709 3809	较高硬度	可在一定温度的全损耗系统用油、变压器油、汽油等介质中工作，适用于冲制各种形状的垫圈
	耐热橡胶板	4708 4808 4710	较高硬度 中等硬度	可在-30℃～+100℃、且压力不大的条件下，于热空气、蒸汽介质中工作，用于冲制各种垫圈及隔热垫板

表 A-25 材料常用热处理和表面处理名词解释

名称	代号	说明	目的
退火	5111	将钢件加热到适当温度，保温一段时间，然后以一定速度缓慢冷却	实现材料在性能和显微组织上的预期变化、如细化晶粒、消除应力等。并为下道工序进行显微组织准备
正火	5121	将钢件加热到临界温度以上，保温一段时间，然后在空气中冷却	调整钢件硬度，细化晶粒，改善加工性能，为淬火或球化退火做好显微组织准备
淬火	5131	将钢件加热到临界温度以上，保温一段时间，然后急剧冷却	提高机件强度及耐磨性。但淬火后会引起内应力，钢件变脆，所以淬火后必须回火
回火	5141	将淬火后的钢件重新加热到临界温度以下某一温度，保温一段时间冷却	降低淬火后的内应力和脆性，保证零件尺寸稳定性
调质	5151	淬火后在500℃～700℃进行高温回火	提高韧性及强度。重要的齿轮、轴及丝杠等零件需调质
感应加热淬火	5132	用高频电流将零件表面迅速加热到临界温度以上，急速冷却	提高机件表面的硬度及耐磨性、而芯部又保持一定的韧性，使零件既耐磨又能承受冲击，常用来处理齿轮等
渗碳及直接淬火	5311g	将零件在渗碳剂中加热，使碳渗入钢的表面后，再淬火、回火	提高机件表面的硬度、耐磨性、抗拉强度等。主要适用于低碳结构钢的中小型零件
渗氮	5330	将零件放入氨气内加热，使渗氮工作表面获得含氮强化层	提高机件表面的硬度、耐磨性、疲劳强度和抗蚀能力。适用于合金钢、碳钢、铸铁件，如机床主轴、丝杠、重要液压元件中的零件
时效处理	时效	机件精加工前，加热到100℃～150℃后，保温5～20h，空气冷却；铸件可天然时效露天放一年以上	消除内应力，稳定机件形状和尺寸，常用于处理精密机件，如精密轴承、精密丝杠等
发蓝发黑	发蓝或发黑	将零件置于氧化性介质内加热氧化，使表面形成一层氧化铁保护膜	防腐蚀、美化，如用于螺纹连接件
镀镍	镀镍	用电解方法，在钢件表面镀一层镍	防腐蚀、美化
镀铬	镀铬	用电解方法，在钢件表面镀一层铬	提高机件表面的硬度、耐磨性和耐蚀能力，也用于修复零件上磨损的表面
硬度	HB（布氏硬度） HRC（洛氏硬度） HV（维氏硬度）	材料抵抗硬物压入其表面的能力，依测定方法不同有布氏、洛氏、维氏硬度等几种	用于检验材料经热处理后的硬度。HB用于退火、正火、调质的零件及铸件；HRC用于经淬火、回火及表面渗碳、渗氮等处理的零件；HV用于薄层硬化零件

参考文献

[1] 国家标准化技术委员会. 技术制图. 北京：中国标准出版社，2007.

[2] 国家标准化技术委员会. 机械制图. 北京：中国标准出版社，2007.

[3] 中国标准出版社. 表面结构. 北京：中国标准出版社，2007.

[4] 张小红. 机械制图与识图职业技能训练教程. 北京：高等教育出版社，2007.

[5] 陈桂芬. 机械制图与计算机绘图. 西安：西安电子科技大学出版社，2006.

[6] 金大鹰. 机械制图. 北京：机械工业出版社，2004.

[7] 陈宏钧. 实用金属切削手册. 北京：机械工业出版社，2007.